高等院校心理健康教育系列教材
金宏章　高铁春　主编

大学生朋辈心理辅导
——交往·互助·成长

许素萍　吕冬诗　主编

科学出版社
北　京

图书在版编目（CIP）数据

大学生朋辈心理辅导——交往·互助·成长/许素萍，吕冬诗主编. —北京：科学出版社，2010.2

（高等院校心理健康教育系列教材/金宏章，高铁春主编）

ISBN 978-7-03-026808-2

I. ①大… II. ①许…②吕… III. ①大学生－心理卫生－健康教育－高等学校－教材 IV. ①B844.2

中国版本图书馆 CIP 数据核字（2010）第 025935 号

丛书策划：侯俊琳/责任编辑：汪旭婷　王昌凤
责任校对：宋玲玲/责任印制：赵　博/封面设计：无极书装
编辑部电话：010-64035853
E-mail：houjunlin@mail.sciencep.com

科学出版社 出版
北京东黄城根北街 16 号
邮政编码：100717
http://www.sciencep.com

固安县铭成印刷有限公司印刷
科学出版社发行　各地新华书店经销

*

2010 年 3 月第 一 版　开本：B5（720×1000）
2024 年 3 月第八次印刷　印张：14
字数：280 000

定价：48.00 元

（如有印装质量问题，我社负责调换）

高等院校心理健康教育系列教材

编委会

主　任　张　信　魏　潾

委　员　韩玉霞　张仲孚　李广才
　　　　　高铁春　金宏章

主　编　金宏章　高铁春

副主编　刘晓明　杨　平　于成学

主　审　张　信

序

大学生心理健康教育是素质教育的重要内容，也是高校培养合格人才的重要环节。党的十七大报告强调，要"加强和改进思想政治工作，注重人文关怀和心理疏导，用正确方式处理人际关系"，并对进一步加强和改进大学生心理健康教育工作提出了新的更高的要求。教育部把"进一步加强和改进大学生心理健康教育工作"作为深入贯彻落实中发〔2004〕16号文件精神的工作重点，并采取了一系列具体措施。多年来，黑龙江省各高校及广大教师都在积极实践和探索，各项工作均取得不同程度的进步，有的高校已步入全国先进行列。但是，我们的工作还不够完善，还应以更高的标准扎扎实实向前推进。

实践证明，开设大学生心理健康教育课程是开展大学生心理健康教育工作的重要环节和主要渠道之一。2001年，黑龙江省教育厅组织专家编写了第一本大学生心理健康教育教材，对大学生心理健康教育工作起到重要推动作用。2009年，我们再次组织力量编写了一套六本"高等院校心理健康教育系列教材"。教材从指导思想上，贯彻党中央、教育部关于加强大学生思想政治教育工作的总体要求，针对大学生的身心特点，力求体现心理健康教育的现代理念，密切结合大学生学习、生活实际，全面服务于大学生成长、成才。六本书的内容分别为主课程教材《大学生心理健康教育——体验·认知·训练》、供教师使用的《大学生心理健康教育（教师用书）——理解·规范·提高》、供学生课外阅读的《大学生心理自助读本——感悟·求实·升华》，以及帮助学生提升心理素质和应对实际问题能力的《大学生成功心理训练——关注·进取·目标》、《大学生朋辈心理辅导——交往·互助·成长》、《大学生职业生涯指导——规划·发展·未来》。这套教材不仅丰富了课程体系和教学内容，而且在教学规律、教学方法的认识以及运用等方面做了深入的思考。这套教材在帮助大学生了解心理健康的基本知识、优化个性心理品质、增强心理调适和社会适应能力，以及促进大学生全面发展和健康成才等方面将发挥更大的作用。

当前，各高校正在深入开展学习实践科学发展观活动。可以说，加强大学生心理健康教育充分体现了科学发展观的要求。近年来，部分高校发生的极端心理危机事件表明，没有健康的心态和良好的心理素质，大学生的素质就无从保证；不关心大学生的心理成长，以人为本就无从谈起；没有良好的心理素质，人与社会的和谐将是一句空话。编写和推广"高等院校心理健康教育系列教材"是加强大学生心理健康教育的又一积极尝试。希望各有关院校进一步提高认识，在更高的起点上构建高校心理健康教育新格局，在教学与工作实践中不断总结经验。实践证明，抓好大学生心理健康教育课程建设和教学工作，是普及心理健康知识、帮助大学生树立心理健康意识的一种最优化、最高效的模式。希望各高校在教学过程中充分理解教材思想和内容，考虑学生心理发展规律和特点，贴近实际、贴近生活、贴近学生，使课堂成为大学生提高心理素质、掌握心理自我调适方法、树立科学心理健康观念的主阵地，并有进一步的总结和提高。

黑龙江省大学生心理健康教育工作一直得到教育部及国内外一大批知名心理专家的关心和支持，这套教材的出版也饱含他们的关心和支持。教育部思想政治教育司杨振斌司长在百忙中亲自为《大学生心理健康教育——体验·认知·训练》作序。在此，我代表中共黑龙江省委高校工委、黑龙江省教育厅对关心支持黑龙江高校心理健康教育事业的领导、专家表示衷心感谢！同时，希望"高等院校心理健康教育系列教材"为黑龙江省乃至全国高校培养德智体美全面发展的中国特色社会主义事业的建设者和接班人，为全面建设小康社会、实现中华民族的伟大复兴贡献一份力量。

黑龙江省教育厅厅长
2009年12月2日

前　言

随着改革开放的不断深化,我国的高等教育也逐渐由精英化教育转向大众化教育,与此同时,大学生的心理健康问题也日益凸显。近些年,因心理问题退学、休学的大学生人数逐年增加,而自残、自杀、他杀的个案也时有发生,这不仅妨碍了学生的健康发展,也给家庭和社会带来了巨大的影响。因此,增强大学生的心理素质,提高大学生的心理健康水平,已成为高等教育的迫切要求。

近几年,高校的心理健康教育工作虽然有了一定的发展,但总体而言尚处于起步阶段,还有许多亟待解决的问题,而心理辅导与咨询专业人员的严重不足,无法满足日益增长的学生需要就是其中之一。通过多年的实践和探索,越来越多的人认识到大学生朋辈心理辅导在高校心理健康教育工作中的重要作用。朋辈即朋友、同辈,在高校就是指年龄相当的大学生。大学生朋辈心理辅导是指大学生中经过一定培训的非专业人员对其同龄人提供倾听、理解和帮助的过程,通过他们的工作使有心理困扰的大学生能更有效地处理学习、生活中的问题。大学生朋辈心理辅导不仅弥补了专业人员缺乏的不足,而且通过宣传普及心理健康知识和开展朋辈心理辅导活动,扩大了心理健康教育的覆盖面,使更多的学生获得有益的知识,同时,朋辈心理辅导这一模式还为大学生自我服务、自我教育提供了广阔的空间。因此,加强大学生朋辈心理辅导员队伍的建设就显得尤为重要。

要建设好这支队伍,使他们成为合格的大学生朋辈辅导员,并真正发挥朋辈心理辅导的作用,必须要对他们进行严格而科学的培训。因此,编写一本具有较强理论性与应用性的朋辈心理辅导用书就显得十分必要,也正是出于这一目的,我们编写了这本《大学生朋辈心理辅导》。本书对大学生朋辈心理辅导的基本理论做了全面阐述,详细介绍了大学生朋辈心理辅导员的选拔、培训以及在高校开展朋辈心理辅导的途径和方法,还介绍了作为大学生朋辈心理辅导员需要掌握的基本心理咨询技巧及简单有效的干预方法。此外,本书还对心理问题的识别与解决、大学生常见心理问题的分析和策略、团体活动的开展、危机干预等知识做了详细的论述。本书在写作过程中突出两点：一是要适应大学生的知识水平和认知特点，做到通俗易懂；二是理论联系实际，在阐释理论的基础上更侧重于朋辈心理辅导方法的介绍，力求做到理解容易、操作简单实用。

本书的编写者均为在黑龙江省高校从事大学生心理咨询工作的一线教师，许素萍（黑龙江大学）、吕冬诗（哈尔滨工程大学）任主编，冯建国（大庆师范学院）、李东（齐齐哈尔高等师范专科学校）、林岚（哈尔滨体育学院）任副主编。各章执笔者如下：第一章，王俊红、吕冬诗（哈尔滨工程大学）；第二章，尹静（黑龙江大学）；第三章，冯建国、王天雪、余桦（大庆师范学院）；第四章，王俊红（哈尔滨工程大学）、林岚（哈尔滨体育学院）、邹昱音（黑龙江工商职业技术学院）；第五章，秦泗岩（黑龙江大学）；第六章，李东、孙伟（齐齐哈尔高等师范专科学校）；第七章，冯建国、曹海丽、王兴华（大庆师范学院）；第八章，张雨龙、赵福杰（齐齐哈尔高等师范专科学校）；第九章，许素萍、王莹（黑龙江大学）。

本书既是编写者多年从事心理健康教育及朋辈心理辅导员培训的经验总结，又是他们对未来工作的思考和设想。由于可借鉴的资料和编者水平有限，书中疏漏与不足在所难免，在此，真诚地欢迎各位专家同仁批评指正。希望在大家的共同努力下，大学生朋辈心理辅导这种模式能在高校心理健康教育工作中发挥更大的作用。

目 录
大学生朋辈心理辅导——交往·互助·成长

序
前言

第一章 朋辈心理辅导概述

第一节 朋辈心理辅导的形成与发展 /1
　一、美国朋辈心理辅导的形成与发展 /1
　二、我国朋辈心理辅导的形成与发展 /5
第二节 朋辈心理辅导的实质与特点 /9
　一、朋辈心理辅导的实质 /10
　二、朋辈心理辅导的特点 /14
第三节 朋辈心理辅导的分类与人员组织 /16
　一、朋辈心理辅导的分类 /16
　二、朋辈心理辅导的人员组织 /20
第四节 朋辈心理辅导的意义与未来发展趋势 /22
　一、朋辈心理辅导的意义 /22
　二、朋辈心理辅导的未来发展趋势 /24

第二章 朋辈心理辅导员的选拔与培养

第一节 朋辈心理辅导员的角色功能与素质要求 /27
　一、朋辈心理辅导员的角色功能 /27
　二、朋辈心理辅导员的素质要求 /29
第二节 朋辈心理辅导员的选拔与培养 /36
　一、朋辈心理辅导员的选拔 /36
　二、朋辈心理辅导员的培养 /39

第三章 与朋辈心理辅导相关的理论介绍

第一节 心理辅导的人性观 /44
　一、中国传统的人性观 /45
　二、心理辅导理论的人性观 /46
　三、整合的人性观 /53

第二节　心理问题的成因 /54
　　一、认知歪曲 /54
　　二、需要未被满足 /55
　　三、环境影响 /56
　　四、人格冲突 /63

第四章　朋辈心理辅导关系的建立

第一节　朋辈心理辅导过程中的基本态度 /69
　　一、共情 /69
　　二、积极关注、尊重与温暖 /73
　　三、真诚 /77
第二节　朋辈心理辅导关系建立的技巧 /80
　　一、倾听的技巧 /80
　　二、反应的技巧 /85
　　三、会谈的技巧 /88

第五章　朋辈心理辅导的操作技术

第一节　合理情绪疗法 /95
　　一、合理情绪疗法的原理 /96
　　二、不合理信念的特征 /97
　　三、合理情绪疗法的技术 /99
　　四、合理情绪疗法的运用 /102
　　五、朋辈心理辅导员需要注意的几个方面 /107
第二节　行为矫正法 /108
　　一、系统脱敏法 /108
　　二、厌恶疗法 /111
　　三、冲击疗法 /113
　　四、情绪宣泄法 /115
　　五、自信训练法 /115

第六章　团体心理辅导方案的设计与操作

第一节　团体心理辅导方案设计的特点和原则 /118
　　一、团体心理辅导方案设计的特点 /118
　　二、团体心理辅导方案设计的原则 /119
第二节　团体心理辅导方案设计的步骤 /120
　　一、团体心理辅导方案设计的一般步骤 /121
　　二、团体心理辅导方案设计应注意的问题 /128

第三节　团体心理辅导方案设计实例 /129
　　一、新生适应团体心理辅导方案设计实例 /129
　　二、人际关系团体心理辅导方案设计实例 /131
　　三、恋爱团体心理辅导方案设计实例 /136
　　四、成长小组团体心理辅导方案设计实例 /139
　　五、情绪管理团体心理辅导方案设计实例 /142
　　六、提高自信心团体心理辅导方案设计实例 /145

第七章　心理问题分类与症状识别

第一节　心理问题 /150
　　一、一般与严重心理问题的界定 /151
　　二、大学生的一般心理问题 /151

第二节　神经症与人格障碍 /153
　　一、神经症 /153
　　二、人格障碍 /158

第三节　精神障碍 /162
　　一、精神病及精神病典型症状 /162
　　二、大学生中常见的精神病 /165
　　三、精神病的早期识别 /168

第八章　日常心理问题的朋辈心理辅导

第一节　新生适应问题 /170
　　一、问题表现及原因分析 /170
　　二、解决方式和应对策略 /172

第二节　学习问题 /173
　　一、问题表现及原因分析 /173
　　二、解决方式和应对策略 /174

第三节　人际交往问题 /177
　　一、问题表现及原因分析 /177
　　二、解决方式和应对策略 /180

第四节　恋爱问题 /184
　　一、问题表现及原因分析 /184
　　二、解决方式和应对策略 /185

第五节　网络成瘾问题 /189
　　一、问题表现及原因分析 /189
　　二、解决方式和应对策略 /192

第九章 心理危机的朋辈心理干预

第一节　**心理危机与危机干预** /194
　　一、心理危机概述 /194
　　二、危机干预概述 /197
第二节　**大学生心理危机的干预** /199
　　一、大学生心理危机的特点 /199
　　二、大学生心理危机的分类 /200
　　三、大学生心理危机的表现 /201
　　四、朋辈心理辅导员的心理干预 /202
第三节　**自杀与干预** /202
　　一、自杀概述 /203
　　二、大学生自杀的识别 /205
　　三、自杀的预防与干预 /206
　　四、朋辈心理辅导员的自我身心保护 /209

参考文献 / 211

第一章
朋辈心理辅导概述

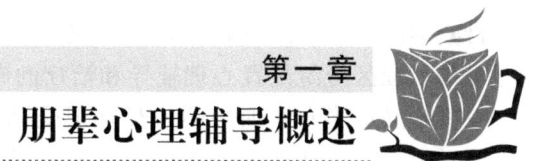

近年来,大学生朋辈心理辅导(以下简称朋辈心理辅导)成为增强大学生心理素质、提高大学生心理健康水平的一种重要形式。朋辈心理辅导不同于专业的心理辅导,它是同龄人之间互相开展的心理互助活动,是受过一定训练的同学为他人提供心理帮助、支持和关爱的活动。朋辈心理辅导不仅是一种心理辅导技术,更重要的是它突出了心理辅导的组织功能。"预防重于治疗、预警优先干预"的工作理念从西方传到东方,与"扶危救困"、"经世济民"的文化传统和民族精神相结合,熔铸出心理辅导的东方特色。尽管它有"朋辈辅导"、"朋辈心理辅导"等不同名称,但含义基本相同。本章从朋辈心理辅导的形成和发展进行溯源,对朋辈心理辅导的概念进行界定,并分析朋辈心理辅导的种类和人员组织,阐述在高校开展大学生朋辈心理辅导的意义及其未来发展趋势。

第一节　朋辈心理辅导的形成与发展

朋辈心理辅导起源于美国,20世纪80年代逐渐传入我国台湾,近几年,中国内地才开始对此项工作进行研究和实践。

一、美国朋辈心理辅导的形成与发展

(一)有关社会福利的立法(20世纪20年代至50年代初)

心理卫生半专业人员在美国的兴起,可追溯到20世纪20年代。由于《社会安全法案》、《贫民健康保险》、《儿童安全法案条款》等的立法,美国福利机构开始征募一些失业人员、社会青年及可能休学的学生,对他们进行短暂的培训后,让他们担任社会福利领域的半专业协助者。[①]

---

① 李泰山.1996.同侪辅导的理论基础与效果研究.辅导季刊,31(4)

美国人主张"实用主义",非常重视学校和社区的心理服务工作。在美国名目繁多的基金组织支持下,众多义务心理援助机构应运而生。美国高校、医疗机构、社区纷纷配置心理辅导和治疗的专业人员,但是由于专业人员严重不足,一些接受过半专业训练的人员逐渐受到重视,甚至有些只是粗通专业的人员也临时上岗。这在社会上曾引起比较激烈的争论,有些专家坚持"专业的纯粹性和光荣孤立",信守专业心理的"孤岛",抨击非专业咨询人员的专业能力。

专业意识是一个人的"专业直觉",心理服务工作者在尚未完全掌握专业技术和达到一定专业水平的时候,凭着基本的"保密、尊重、平等"等专业态度开始从事心理服务工作,也就是所谓的"态度即技术"。正如踢足球,一个人百米10秒,盘带和马拉多纳差不多,但是这个人最大的问题就是不想向对方的球门里踢球,这就是"只有专业水平,没有专业意识"。而另一个人,速度和盘带技术都不是太优秀,但是他有一种强烈的欲望,就是"向对方的球门里踢球",这是"有专业意识,没有专业水平"。"专业水平"可以慢慢培养,而缺少"专业意识"却是致命的。所以,朋辈心理辅导这种全新的心理工作模式就是顶着缺少专业水平的批评迅速发展起来的。毕竟,很多服务的需求往往都不是在你准备充分时出现的,正因为如此,"在路上"成为朋辈心理辅导者"做中学"的职业特色和工作写照。

(二)以儿童为中心的教育的推动(20世纪60年代至80年代)

20世纪60年代,种族暴乱、校园骚乱等社会危机波及美国的家庭和学校。美国青年一代受到家庭、学业和就业压力等问题的困扰,各种心理问题日趋突出,出现了滥交、吸毒、辍学和犯罪等不良现象。因此,美国学校教育中的青少年教育任务日益繁重,而此时美国学校的教师以及能够辅导学生的专业心理教师都严重缺乏,虽然不断培养专业人员,但仍然无法满足学生适应及发展的需要。社会公众对此也非常不满,要求重新设计教育并提倡以儿童为中心的教育。因此,半专业助人者再一次引起了教育专家和社会的高度重视。

1965年,卡库(Carkhu)出版了训练"门外汉"成为半专业者的著作,指出半专业人员的功能不亚于专业人员。半专业人员的功能逐渐被肯定,半专业辅助计划也随之增加。1969年威兰德(Vriend)发表了受训的高成就高中学生以团体咨询方式帮助低成就学生的研究报告,用数据证实了朋辈心理辅导在成员人格发展和学业成就上的效果,被称为有关美国学校朋辈心理辅导效果研究的首篇论文。此后,陆续有研究证实,适应困难、被同伴拒绝的学生的社交技巧训练以及生涯规划训练等都取得了一定的成效。[①]"事实胜于雄辩",开端的顺利,使得家长和社会都没有多大的异议。

---

① 李泰山.1996.同侪辅导的理论基础与效果研究.辅导季刊.31(4)

1972年，心理辅导专家哈姆伯格（Hamburg）和他的同事们在美国加利福尼亚州发起了非专业心理咨询运动（也称朋辈心理辅导运动），使朋辈心理辅导逐渐被大家熟悉和认可。最初，朋辈心理辅导主要集中在各级各类学校，应用的领域主要涉及人格咨询、情绪咨询、自我探索咨询、生涯咨询、适应性（包括跨文化适应和学校适应）咨询、性心理咨询、学业咨询、道德伦理咨询、药物滥用咨询、酗酒咨询、问题解决咨询、人际关系咨询、辍学咨询、危机干预咨询、经济问题咨询、时间管理咨询、社会兴趣咨询等。[1] 后来，在企业、社区、医院、宗教团体等不同组织中也得到发展。在实际操作中，对朋辈心理辅导模式的逐渐认可与朋辈心理辅导显现出的积极效果打消了很多人的疑虑。

1973年依维（Ivey）和阿尔斯切勒（Alschuler）等人也表示出对朋辈互助理念的支持，他们指出"如果认为心理咨询者只包括那些少量的专家那是错误的，因为专家只对特殊对象提供帮助，不能教给我们的同事、管理者、老师、家长和孩子帮助他人的基本原理，从而人为地制造了援助资源的缺失"[2]。

（三）项目建设逐渐盛行（20世纪末至今）

1984年，美国成立全美朋辈互助者协会（The National Peer Helpers Association，NPHA），后来更名为全美朋辈教育联合会（The National Association of Peer Programs，NAPP）。全美朋辈教育联合会是一个非营利性组织，目的是为朋辈计划的实施提供优质的理论和技术支持，其开展的活动主要包括举办年度大会、开办培训班、创办简报和专业性杂志——《朋辈计划前瞻》。该会聚集了全美501个致力于朋辈心理咨询推广的合作伙伴，与全美37个州的协会保持着密切联系，在国外设有14个附属机构，会员遍布世界各地。其中最多的是全美的中小学和大学，他们共同探讨朋辈心理辅导的发展，制定实施朋辈心理咨询的统一标准，并提供不间断的职后培训和监督。[3]

20世纪末，关于朋辈心理咨询的理论研究日渐成熟和深入，朋辈心理辅导活动的实施也逐渐形成规范的项目管理模式。由全美朋辈教育联合会修订的项目标准 NAPP *Programmatic Standards*（2002），对各行各类实施的朋辈心理辅导从项目启动（计划、义务、人事、组织结构）、项目实施（选拔、培训、服务、监督）、项目维护（评估、公众联系、长远规划）等三个阶段进行标准化的规范和指导，以提高朋辈心理辅导的实施质量。目前，在美国较为常见的项目可以归结为朋辈健康教育、朋辈伴读、朋辈调解、朋辈心理咨询四种基本

---

[1] 黄小忠，龚阳春，方婷等.2007.朋辈咨询的发展与启示.中国学校卫生，(12)
[2] Ivey A E, Alschuler A F. 1973. An introduction to the field. Personnel and Guidance Journal，(51)：592
[3] 石芳华.2007.美国学校朋辈心理咨询述评.上海教育科研，(8)

类型。①

1. 朋辈健康教育

朋辈健康教育（peer health education）项目被美国学校广泛运用于饮食紊乱、酗酒、吸烟、吸毒、性心理卫生、艾滋病的防治等方面的学生健康教育。实施方式是从学校里选出一些"健康使者"，为其他同学进行健康知识宣传，也可以是由具有同样困惑的学生组成支持小组，在成员的相互支持和帮助下获得成长。伯纳德（Benard）在《朋辈教育项目案例研究》一书中指出，青年朋辈互助可以减轻青少年因吸毒、酗酒、辍学和少女妈妈等社会问题而被家庭、学校和社会抛弃所体验到的孤独感。②伯纳德还将朋辈辅导称为"心理干预的天然磁石"，认为它对学校心理健康教育具有重要的意义。布莱克（Black）、托伯（Tobler）、赛斯卡（Sciacca）等人通过120个系列研究分析得出的结论是，参与朋辈干预的7～9年级的孩子对烟草、大麻、酒精等其他违法物品的抵御能力要明显优于教师干预的孩子。③

2. 朋辈伴读

朋辈伴读（peer tutoring or mentoring）项目被应用于新生适应、学习能力较弱、身体残疾、留学生等有特殊困难学生的学习和生活辅导。实施方式是从高年级挑选出一些成绩优秀的学生，经过一定的培训后，为需要帮助的学生提供学习技能、生活技巧和心理问题等方面的朋辈咨询。1977年，美国国家科学院执行机构美国国家研究委员会通过对美国大量院校的研究指出，朋辈伴读能够提高学生的学习动力，特别是对基本学习技能很差的学生有着明显的帮助作用。

3. 朋辈调解

朋辈调解（peer mediation）是指学校从学生中选拔出的朋辈调解员（peer mediator）依靠沟通和调解技巧为有冲突或争端的学生双方提供第三者的介入和帮助，从而有效地解决问题。美国25岁以下青少年的暴力冲突多发生在校园里，大多数冲突是因学生不正确的处理方式使矛盾升级而成的。朋辈调解的目标是使学生与教师、学校领导和心理指导老师共同担负起维护安全稳定的校园环境的责任，通过朋辈调解的培训和其过程使双方增强对自我和他人的认识，提高冲突中进行沟通的技巧。1992～1994年，约翰（Jones）等人对费城公学区60多所中学开展朋辈调解项目的有效性研究，表明朋辈调解使90%的争端得到

---

① 石芳华.2007.探析美国学校中的朋辈心理咨询.健康教育与健康促进，（1）

② Benard B. 1990. The Case for Peers. Northwest Regional Educational Laboratory. 101 S. W, Main Street，Portland，Oregon

③ Black D R，Tobler N，Sciacca J P. 1998a. Peer helping/involvement: an efficacious way of meeting the challenge of reducing illicit drug use. Journal of School Health，（68）：87～93

和解,且能够改变学生用身体暴力处理争端的错误认知,提高学生处理冲突的能力。[①]

4. 朋辈心理咨询

朋辈心理咨询(peer counseling)指在美国的大学和中学,一些学生在接受一定的专业心理咨询培训后,经常辅助或代替专业心理咨询老师,通过热线电话和门诊咨询两种形式,为寻求心理咨询的学生提供主动倾听和支持性疗法,帮助他们宣泄情感、解决问题和促进个人成长。哈佛大学心理健康服务中心下设六七个朋辈辅导团体,如"13号室"、"反应"、"回响热线"、"共同热线"等,为学生提供学校适应、人际关系、学业、压力、性、饮食、酗酒等方面的咨询。

综上所述,朋辈心理辅导成为美国学校教育中不可或缺的补充,是最具成本效益的教育策略之一。1996 年,芭芭拉(Barbara)在《朋辈为什么重要》(*Why peer helping?*)一文中指出,对于美国青少年的教育,单靠讲课、灌输是无法将正确的价值观体系传递给他们的,只有通过朋辈互助去讨论和探索才能有助于他们学会合作、关爱他人、诚实守信和敢于负责。

二、我国朋辈心理辅导的形成与发展

20 世纪 60 年代前后,心理辅导走出美国,在世界范围内得到发展。

(一) 中国香港地区

中国香港高校学生心理辅导从 20 世纪 70 年代初起步,在开始引入时,就将"psychological counseling"译为心理辅导,侧重协助同学认识自己、接纳自己,培养独立自主的能力,具备勇于面对困难、解决问题的能力,建立融洽的人际关系,充分发挥个人的潜能,以适应大学生活和社会环境。香港高校的师资配备、资料设备与经费投入都比较充足。至 2005 年,政府资助的 8 所高校师生比约为 1∶1000～1∶2000,心理辅导员均获得辅导学、辅导心理学、教育心理学、社会工作学、临床心理学等一种以上硕士学位。

早期心理健康教育工作的开展十分主动,教师走出辅导室,深入学生当中,了解学生的实际情况与需要,而后针对不同的情况,逐渐开展个人辅导、团体辅导。在活动开展的过程中,香港高校历来很重视发挥学生的作用,如香港浸会大学举办的"精神健康大使"、"学友计划"、"学长先锋工程"、"亲善家庭计划"等活动,香港教育学院的"最佳老友"、"友伴 fun 享计划"、"朋辈辅导训练课程"等,均不同程度利用了学生和社会的资源与力量。

---

① Joes T S, Carlin D. 1994. Philadelphia Peer Mediation Program: Report for 1992～1994 Period. Good Shepherd Neighborhood House

香港浸会大学辅导中心每年都要招募一班"精神健康大使",通过精神健康大使特质、助人技巧、精神病的识别、如何计划大型活动等训练课程的培训,使其肩负起推广精神健康的任务,在校内筹办精神健康周活动,其内容包括摄影比赛、讲座/工作坊、展览、摊位游戏、心意娃娃留言及探访等。"学友计划"是为每位一年级同学安排一位学长为"学友",每位"学友"担任约10位一年级同学的组长。"学友"通过定期的联系给予一年级同学支持、咨询及协助,提高他们对校内资源的认识与使用,鼓励他们参与校园活动及建立人际网络,增强其对大学的认识和归属感,推动校园内朋辈互助精神的发扬,同时增加学友助人的体验。为给予"学友"充分的支持,辅导中心会提供以"沟通与面见技巧"、"带领小组活动"、"个人蜕变"等为内容的工作坊训练。"学长先锋工程"是通过朋辈辅导训练来培养学生的关爱精神,这个计划的重点项目是在国内举办的"朋辈辅导冬令营",参加者要运用他们的朋辈辅导知识和技巧,训练一群小学生成为校园内的学长。为使内地学生更快地适应香港高校的语言和文化生活,辅导中心每年还发动浸会大学教职工或由被认可社会团体推荐的家庭开展"亲善家庭计划",邀请内地学生进行家庭拜访、地方参观、户外郊游等。①

香港教育学院于2001年11月启动"伴我同行——朋辈互助发展计划",朋辈辅导训练课程是为促进学生的个人成长、提倡互助精神和缔造关爱的校园环境而设计的。通过在中学生之间推广朋辈支持的精神,朋辈辅导员可以增进自我认识,发展解难技巧,发挥助人自助精神。"最佳老友"是建立与智障人士一对一的友谊,增强学生及小区人士对智障人士的认识,促进社会共融。"友伴fun享计划"是一项为大专院校学生和中小学生而设的师友计划,目的是加强年青一代的社会责任感,利用"义工墟"提供志愿服务。②

(二) 中国台湾地区

在我国台湾,朋辈被称为"同侪",因此朋辈辅导就被称为"同侪辅导"。在20世纪80年代,台湾的各级学校心理辅导体制已经逐步确立,社会及医疗机关附设的辅导机构也日益增多,如"生命线"、"家扶中心"、"家服中心"……但是同样存在专业人员力量不足的问题,由此半专业的辅助者和同侪辅导者随即被纳入辅助的系统。到90年代,根据李泰山的调查研究,台湾中区大专院校已有72.7%设置了协助推动辅导工作的学生组织,其中有54.5%为心理辅导义工。③

随后,学者们围绕朋辈心理辅导的机构设置、工作模式、功能功效、方案

---

① 香港浸会大学辅导中心. http://sa.hkbu.edu.hk/cdc/
② 香港教育学院学生事务处网站. http://www.ied.edu.hk/sao/c/index.htm
③ 李泰山.1994. 中区大专院校同侪辅导实施现况调查研究. 中区大专同侪辅导工作研讨会手册

设计等开展了大量实证研究，同时加强对同侪辅导员的系统训练和评估。在同侪辅导的成效研究上，大量结论证实了同侪辅导对增进社交技巧、人际关系、生涯规划能力、自我发展、学业成就、操行成绩及降低停学率的作用。[1]

目前，朋辈心理辅导已成为台湾本土心理学的重要发展方向。本土化心理学研究中，特定群体的辅导领域在台湾形成了很多独特的学术方向，如有关网络成瘾的辅导研究，经过陈淑惠、林以正等多年的努力，在网络成瘾量表和心理理论方面取得了相当的成果。生命辅导在台湾的中小学广泛铺开，传统文化的涉入也使生命教育的内涵更加富有深意。

（三）中国内地

中国内地的高校心理辅导起步较晚，第一个为学生服务的心理咨询机构成立于20世纪80年代中期。经过了20多年的发展，到目前已有80％的高校成立了心理咨询服务机构。尽管如此，相对于大学生不断增长的心理辅导需求，专职人员依然是不够的。近年来，随着学生社团和第二课堂活动的开展，朋辈心理辅导的形式也越来越多地引起心理健康教育工作者的重视。中国内地的朋辈心理辅导大致有如下几方面发展路径。

1. 以学习和社会问题为主，最初多为学校日常学生管理提供佐证

在朋辈心理辅导形成以前，我国中小学、大专院校就已经开展了多种形式的"同伴辅导"教学，如"一帮一对子"、"学习小组"等。这种"同伴辅导"的教学模式突出了小组成员之间的相互关心、爱护，形成一种无拘无束的学习气氛，以达到鼓励积极思考和奋发努力的目的。[2] 经验丰富的学生也可以作为"教练"来帮助经验相对薄弱的学生，帮助他们找到提高学业成就的有效方法，形成必要的学习策略和技术技能，并将适当的技术整合到学习中。[3]

此后关于大学生的同伴教育则主要集中于艾滋病等社会问题方面，如徐刚等在某医科大学挑选了18名大学生担当同伴教育者，经过2周培训后由他们对本校的265名大学生开展艾滋病教育，可以使学生的艾滋病知识、态度得分比没有经过帮助的学生有大幅度的提高。[4] 另有一项关于艾滋病、性病、安全性行为同伴教育的研究也表明，93.2％的受教育者喜欢同伴教育的形式。[5]

---

[1] 李泰山.1996.同侪辅导的理论基础与效果研究.辅导季刊,31（4）
[2] 周一贯.1988."同伴辅导法"的理论和实践.湖南教育,（12）
[3] 李群.2008.运用"同伴辅导"模式促进学生合作学习的研究.网络科技时代,（8）
[4] 徐刚,叶冬青,王德斌等.2004.某医科大学学生艾滋病同伴教育效果评价.中国学校卫生,25（4）：422～424
[5] 施榕,朱静芬,蔡泳等.2001.大学生艾滋病/性病/安全性行为同伴教育过程评价.上海预防医学杂志,13（1）

2. 朋辈辅导理论和技术的引入

21世纪初,一些研究者才开始系统地介绍"朋辈辅导"和"朋辈心理辅导"的相关理论和研究成果,目前已出版、发表2部著作和近30篇学术论文。关于朋辈心理辅导的理论体系,陈国海在《心理倾诉:朋辈心理咨询》一书中从理论和实践两个部分,系统地阐述了朋辈辅导的含义、主要理论与技术、朋辈辅导员的素质和培养,并从压力、人际关系、婚恋、学习、职业、物质依赖、自杀等7个方面探讨了朋辈辅导的具体应用。颜农秋编著的《朋辈心理辅导理论与技巧》包含了基本理论与技巧、应知应会、常用的测验与使用方法、案例与点评4个部分。其中基本理论和技巧涉及朋辈心理辅导员的素质和心理保护,朋辈心理辅导的过程和态度、谈话、认知干预、行为矫正、热线电话、成长小组、心理沙龙等常用活动方式及自杀干预等。有关论文则主要涉及朋辈心理辅导的意义分析、模式构建、实践应用、效能分析等方面,为在高校开展朋辈心理辅导提供了较为详细的理论指导和实施建议。

3. 学生社团的兴起

目前我国多数大学和中学都创办了类似于朋辈辅导组织的学生社团,如心理协会、心理研究会、心理社团等,通过讲座、团体活动、电影、沙龙、心理剧等形式,宣传心理健康知识,提高学生的心理健康水平。这些社团的工作性质及侧重点和学校是否有心理专业学生有关,在有心理专业本科生或研究生的院校,活动的开展会增加一项"朋辈心理咨询"的服务内容。例如,成立于1993年的河北师范大学"心理协会"[①],协会成员本着"学以致用,助人自助"的原则,定期在校园里开展个体咨询活动,解决大学生学习精力不集中、记忆力减弱、考试紧张焦虑、失眠健忘、人际失调与失恋等心理困扰。协会为提高成员的专业素质,还不定期地邀请专业教师举办讲座或培训,成员之间定期地开展经验交流,保证了心理咨询服务的质量。有些学校的心理社团,则主要是由一些对心理学感兴趣的学生参加,在心理健康专业教师的指导下,开展全校范围内的心理健康教育活动,如编辑出版心理读物、讲座、心理沙龙、团体活动、素质拓展训练、心理电影解析、校园心理剧等,目的是普及心理健康知识,在全校范围内形成维护心理健康的良好氛围,优化大学生心理品质,提高心理健康水平。

4. 危机干预工作受到重视

单就高校来看,朋辈心理辅导的发展更重要的是实现危机干预的功能。近年来,大学生危机干预工作逐渐受到全社会的重视,各级大中专院校纷纷建立

---

① 河北师范大学教育学院心理协会. http://202.206.100.3/xi/jky/wangye/xueshtd/xinxie/index.html

了危机干预的三级网络。

一级网络是学校的心理健康教研室和心理辅导中心的专兼职人员。作为心理危机干预工作的职能部门，其职责是实施抑制危机的基础教育工程、具体参与制定不同层次危机干预程序，针对性辅导和直接干预危机事件；同时承担着开展学生心理健康普查、建立危机预警档案、开展个案跟踪、培训院系学生工作专职人员及学生骨干的工作任务。

二级网络是在各院系设立的心理辅导员、班主任、副书记等专职学生工作干部。院系学生工作专职人员的主要任务是面向本院学生开展一般性心理健康教育，正确区分学生的思想问题和心理问题，以关心爱护为主要切入点，结合学生学习、生活实际情况帮助学生排解心理问题，及时反馈有关工作信息。这些专职人员自身具备较完备的心理咨询和危机干预的理论及实践能力，取得了心理咨询师的资格。他们需要定期召集学生中的心理联络员开会，听取汇报，对出现的各种心理问题进行及时处理与解决，并负责将容易导致心理冲突的事件及相关人员情况及时通报给学校心理危机干预工作的职能部门。

三级网络是学生心理社团、心理联络员等学生骨干组织。心理联络员（又称"心理委员"）是为预防心理危机事件而设立的以院系为整体、以寝室为最小单位的专门组织。心理联络员主要负责本寝室（本班级或本系）同学的心理危机预警工作，对身边同学心理健康异常情况早发现，并及时与一、二级网络联系，从而避免学生危机事件的发生。同时，他们要定期接受院系或心理健康指导中心组织的专业知识培训，一方面可以维护自己的心理健康，另一方面也可以把健康的信息通过身体力行的方式传达给同寝室（同班级或同系）的其他人，并在一定程度上帮助同学排解情绪困扰和心理困惑。

心理联络员作为最基础、最普遍的信息来源，在危机干预工作中占有重要地位，发挥着重要作用。建立三级危机干预网络，依托心理联络员作为联系心理辅导教师、辅导员和同学之间的纽带，及时将学生出现的问题向教师反馈。这种组织模式在全国已经较为普遍，在"第十届全国大学生心理健康教育与心理咨询学术交流会"上，很多学校都谈到了这种组织模式对于成功干预心理危机的突出作用。

第二节 朋辈心理辅导的实质与特点

什么是朋辈心理辅导？它与早期的同伴辅导有什么区别和联系？它是否等同于朋辈心理咨询？对这些问题的分析，将有助于我们更深入地理解朋辈心理辅导的实质。

一、朋辈心理辅导的实质

(一) 朋辈心理辅导的定义

朋辈心理辅导（peer psychological counseling）是从朋辈辅导（peer counseling）衍生出来的概念，由于翻译和文化的沿袭等多重原因，我们往往把"朋辈辅导"等同于朋辈心理辅导。与朋辈心理辅导类似的概念还有同伴教育（peer education）、同伴辅导（peer tutoring）、朋辈帮助（peer helping）、辅助性咨询（paracounseling）等。

苏珊（Sussman）认为，朋辈辅导是指由受过半专业训练的学生，在专业辅导人员的督导下，帮助需要帮助的同学，而他们所提供的服务，只限于倾听、支持和意见沟通，而不给予建议或劝告。[①] 显然，苏珊认为朋辈辅导者是半专业人员。

格雷和霆多尔（Gray & Tindall）把朋辈辅导定义为"非专业工作者作为帮助者所采取的人际间的帮助行为"[②]，认为朋辈辅导员是非专业人员，而且他们的辅导角色只限于处理人际关系问题。

马歇尔夫（Mamarchev）对朋辈辅导的定义是"非专业心理工作者经过选拔、培训和监督向寻求帮助的年龄相当的受助者，提供具有心理咨询功能的人际帮助的过程"[③]，第一次强调了朋辈辅导的心理咨询功能。

科里（Corey）则认为朋辈辅导者只能在个体和团体辅导中担任催化、支援及激励成员自觉和自我评估的角色。[④]

沃伦豪斯特（Varenhorst）进一步对半专业辅导与朋辈辅导进行了区分，认为朋辈辅导只服务于同年龄层的人或同学，并不从事辅导工作的例行事项，并且工作是义务性质；半专业的辅导人员工作对象是所有需要帮助的人，并担任例行的辅导工作，他们中有的也有酬劳，而不一定是义务性质。[⑤]

综合国外学者的观点，朋辈心理辅导可以被认为：一是由非专业工作者所

---

① Sussman M B. 1973. The development and effects of a model for training peer group counselors in a multi-ethnic junior high school. Dissert Abst Int，（34）：626

② Tindall J A，Gray H D. 1989. Peer Counseling：An In-depth Look at Training Peer Helpers. Muncie，Indiana：Accelerated Development Inc

③ Mamarchev H L. 1981. Peer Counseling. Searchlight Plus：Relevant Resources in High Interest Areas. No. 52+. Ann Arbor，MI：ERIC Clearinghouse on Counseling and Personnel Services

④ 转引自：牛格正. 1995. 同侪辅导的理论基础. 辅导季刊，30（2）

⑤ Varenhorst B B. 1984. Peer counseling：past promises, current status, and future directions. Lent R W，Eds. Handbook of Counseling Psychology. New York：John Wiley and Sons

采取的;二是人际间的帮助过程;三是此过程中提供的帮助内容涉及鼓励、支持、安慰、开导和意见沟通等。

目前,我国学者对朋辈心理辅导的界定与西方学者基本相同。

中国台湾学者庄涵茹认为,朋辈辅导是指学校咨询人员鉴于服务的需求,运用与受辅导对象年龄接近或稍长、有相似经验的学生,经挑选并予以短期的训练,以期这些半专业的助人者即朋辈辅导员,能够对其他学生提供倾听、同理与经验分享,以协助同学探索自我、适应环境,增进自我成长的一种咨询方式。①

中国内地学者中最具代表性的是陈国海、刘勇在《心理倾诉:朋辈心理咨询》一书中给出的定义:"朋辈心理咨询是一种自助式的朋辈心理咨询,是指在人际交往过程中人们互相给予心理安慰、鼓励、劝导和支持,提供一种具有心理咨询功能,可以理解为非专业心理工作者作为帮助者在从事一种类似于心理咨询的帮助活动。"②

其他学者所进行的理论与实践探索,基本上都是采用这一定义,偏重于认为朋辈心理辅导是非专业心理工作者作为帮助者在从事一种类似于心理咨询的帮助活动。尽管所使用的都是"peer counseling"一词,但却被不同的学者翻译为"朋辈心理咨询"、"朋辈心理辅导"、"朋辈辅导"、"朋辈咨询",也有的学者认为它与朋辈帮助、同伴教育、辅助性咨询、半专业咨询(paraprofessional counseling)都是等同的。③ 但是我们认为这几个概念之间仍然存在差异。

(二) 与大学生朋辈心理辅导相关的几个概念

大学生朋辈心理辅导是发生在大学校园中的心理辅导过程,与之相关的概念有学校心理辅导、同伴辅导、朋辈心理咨询、朋辈帮助,以下我们对此进行一一说明和区分。

1. 学校心理辅导

学校心理辅导,是指"在一种新型的建设性的人际关系中,学校辅导人员运用其专业知识和技能,给学生以合乎其需要的协助与服务,帮助学生正确地了解自己、认识环境,根据自身条件确立有益于个人发展和社会进步的生活目标,使其能克服成长中的障碍,在学习、工作及人际关系等各个方面,调整自己行为,增强社会适应,做出明智的抉择,充分发挥自己的潜能"④。

学校心理辅导的目标与学校教育的目标一致,可以归纳为学会调适和寻求

---

① 庄涵茹.2003.高中生同侪生涯团体咨询效果之研究.台湾高雄师范大学硕士学位论文
② 陈国海,刘勇.2001.心理倾诉:朋辈心理咨询.广州:暨南大学出版社:5
③ 黄小忠等.2007.朋辈咨询的发展与启示.中国学校卫生,28(12)
④ 刘华山.1998.学习心理辅导.合肥:安徽人民出版社:1

发展两个方面。调适包括调节与适应，即更好地整合个人的内部精神世界各方面及其相互关系，同时处理好个人与周围环境的关系。发展则指"认清自己的潜力与特长，确立有价值的生活目标，担负起生活责任，扩展生活方式，发展建设性的人际关系，发挥主动性、创造性以及作为社会一员的良好社会功能，过积极而有效率的生活"①。

学校心理辅导所运用的专业知识涉及哲学、心理学、精神医学、教育学、社会学等多个学科，其中心理学知识占有重要地位。除了知识以外，还包含专注、接纳、倾听、同感、澄清、面质、自我袒露、概述等谈话技巧。

大学生朋辈心理辅导属于学校心理辅导的一种形式，所以其辅导目标、所包含的内容、所运用的技术等应该与学校心理辅导一致。

2. 同伴辅导

同伴辅导（peer tutoring，peer instruction）也可称为同伴指教、同伴指导、互助教学或者协作学习，它是一种课堂教学和学习的组织方法，学生以小组的形式，通过轮流讲授或互相交流完成知识和技能的学习过程。同伴辅导最初是针对学业辅导而言的一种有效的教学和学习策略。在这种相互辅导的合作学习过程中，学生可以相互监督、评估、鼓励和促进，这不仅可以提高学生的认知能力、降低个体的焦虑和压抑，还有助于加深友谊、增强自信和提高对课程的满意程度。② 由此可见，同伴辅导是早期朋辈辅导形式的一种，是朋辈辅导在学习领域的运用。

3. 朋辈心理咨询

朋辈心理咨询是指年龄相当者对周围需要心理帮助的同学和朋友给予心理开导、安慰和支持，提供一种类似于心理咨询的帮助，又称准心理咨询或辅助性心理咨询，也可称为半专业咨询。将"peer counseling"译为朋辈心理咨询，代表了学者对在朋辈心理辅导中应用心理学和心理咨询知识的重视，但这也是对"peer counseling"的狭义理解。

4. 朋辈帮助

朋辈帮助是指同伴之间进行的帮助过程。它所包含的内容比朋辈辅导要广泛得多，从学生的生理、心理的成长发展，到戒烟、戒酒、自杀预防等行为问题的矫正，同伴的帮助都能起到一定的作用。对于这一过程中所采用的技术，朋辈帮助则没有过分强调和偏重。

（三）朋辈心理辅导的实质

通过以上分析，我们看到，目前我国学者对朋辈心理辅导的理解多半还停

---

① 刘华山.1998.学习心理辅导.合肥：安徽人民出版社；33
② 王磊.2007.同伴辅导在教学中的作用.职业时空，（17）

留在狭义的层面上，并且尚未与其他相关概念做出明确区分。根据当前我国心理健康教育的实际情况，大学生朋辈心理辅导可以理解为学校心理健康教育部门开展心理健康教育工作的一种补充。通过培训和督导一批志愿从事心理援助工作的学生，在心理辅导基本原则的指导下，他们对周围需要心理帮助的同学给予心理开导、安慰和支持，提供一种具有心理辅导与咨询功能的服务；也可以在全体学生中普及心理健康知识，提高互助意识，协助学生建立良好的社会支持系统。

因此，本书对朋辈心理辅导采取一种广泛的定义。本书认为，朋辈心理辅导是一种新型的建设性的人际关系，是同伴之间运用一定的专业知识、生活经验和助人技巧所进行的同龄人之间的心理互助、激励、支持、指导、训练和咨询活动，其目的是使学生建立良好的社会支持系统，克服成长中的障碍，有效调控行为，形成良好的个性品质，了解自己和他人，增进社会适应能力和充分发挥潜能。大学生朋辈心理辅导则指大专院校心理健康教育工作人员鉴于服务的需求，通过在全校范围内提倡互助意识或经过挑选、培训半专业的助人者，运用大学生之间年龄相近、环境相同、经验和价值观相似等特点，让同学之间相互提供倾听、同理与经验分享，以协助同学探索自我、适应环境，增进自我成长的一种人际帮助过程。

在理解朋辈心理辅导的实质时，应该注意以下几点。

1. 朋辈心理辅导是在同辈、朋友之间发生的

"朋辈"一词含有"朋友"和"同辈"的意思，即指同年龄者或年龄相当者，他们通常具有相同的年龄、性别、生存环境，相近的价值观念、经验、生活方式和文化背景，他们所关注的问题和热爱的事物也常常一致。因此，他们更容易相互沟通和理解。

2. 朋辈心理辅导的目的重在预防和发现

传统意义上的学校心理辅导主要是希望解决学生成长适应中的问题和障碍，对于辅导人员专业知识、理论技巧也有很高的要求。朋辈心理辅导员由于本身的能力有限，所以只能将重点放在构建良好的社会支持系统上，及时发现同学中存在的严重心理问题，并向辅导员和学校咨询机构反映。对于成长中的学生来说，拥有良好的社会支持系统，本身就可以预防心理问题的出现。朋辈之间形成安全、信任的人际关系，是大学生社会支持系统中很重要的一部分。在这种社会支持系统的帮助下，将有助于建立和优化健康、轻松的心理氛围，通过言传身教产生影响。尤为重要的是，在学生发生危机事件时，朋辈组织能够立即制止其自伤、伤人、自杀等危险行为，通报辅导员、专任教师，并进行全程陪护，成为心理辅导人员实施危机干预的有力帮手。

3. 突出辅导者和被辅导者的心理成长

"心理辅导"一词是香港学校心理健康教育活动中常用的概念，近年来，中

国内地学者也较多提到，在多数情况下，心理辅导与心理健康教育的含义相同。朋辈辅导员在接受任务之前，需要接受相关的助人训练，学习如何有效地调整心态、塑造个性，在实际的助人过程中，他们可以学习如何与人交往、如何面对问题、分析问题、解决问题，这本身就是一种成长，有助于朋辈辅导员提升自己、发展自己，可以说是"助人自助"。朋辈心理辅导是双方参与互动的过程，辅导者在助人过程中帮助被辅导者掌握心理健康知识，解决心理困惑和问题；被辅导者在朋辈互动过程中体验到人与人之间的温暖、关爱和接纳，能够增强他们与人交往的信心，锻炼自我成长的能力，实现了"助人自助"的目的。因此，朋辈心理辅导强调的是辅导者和被辅导者双方的心理成长。

4. 所采用的手段可以多种多样

朋辈心理辅导不能等同于朋辈帮助、同伴教育、同伴辅导、辅助性咨询，但是其所运用的手段则可以包含以上所有的形式中的方法。为帮助大学生解决学习和生活中遇到的实际问题，渡过心理危机，可以运用各个学科的专业知识，如哲学、心理学、精神医学、教育学、社会学、人类学等。同时，可以采用多种心理帮助的技巧，如给予陪伴、支持，鼓励宣泄；通过安慰、劝说、解释来安抚情绪；通过提供建议、指导来解决问题；甚至可以通过干预直接帮其改善不良环境。

二、朋辈心理辅导的特点

朋辈心理辅导的特点主要表现在以下五个方面。

（一）普遍性

在针对美籍华人、港台学生所作的有关求助行为的研究显示，当遇到心理问题而需要寻求外界帮助时，他们更多的是向家人或朋友求助。对于中国内地学生来讲，当他们遇到心理社会性的问题（焦虑和抑郁、记忆力和注意力、严重的心理困扰和异性交往）时，也偏好向朋友求助；对于学业和事业问题（课业、未来就业），则偏好向父母咨询；只有涉及要解决失眠和严重的心理困扰时，才会找心理老师或精神科医生。①

中国青少年研究中心的调查报告显示，当大学生出现心理问题时，首先选择的是向朋友倾诉（79.8%），其次是向母亲（45.5%）、同学（38.6%）、恋人（30.9%）、父亲（22.5%）、同龄亲属（15.8%）倾诉，选择向心理咨询师倾诉

---

① 梅锦荣，隋玉杰，曾建国.1998.大学生的求助倾向.中国临床心理学杂志，(4)

的仅占 3.2%。[①] 因此，朋辈心理辅导所应用的概率和涉及的对象比例都比心理咨询要高，可以作为学校心理健康教育的普遍形式。

（二）全员性

全员性即意味着全体学生均可通过不同方式参与到朋辈心理辅导的队伍中来。单纯依靠心理健康教师，很难完成全校所有本科生和研究生的心理辅导工作。在管理层面，学校需要各单位、各部门的密切配合；在学生层面，更需要广大学生的互相帮助和支持。每个学生都建立起自己的社会支持系统，将有助于解决心理困惑和适应大学生活。因此，具有行政职能的大学生心理健康指导中心就需要创造各种有利条件，为尽可能多的学生提供培训、参与和表现的机会。

（三）义务性

人类总是以家庭、群体或集体的方式生活，在遇到自身无法克服的心理困扰时，往往会激发向外寻求帮助的行为。由于利他主义的存在，被求助的人也会主动和自发地给予接受、理解和关心。在人际互动的过程中，人们会自觉或不自觉地介入到对他人的帮助活动中，从这个意义上讲，人类的心理互助是一种本能行为。为此，辅导者会付出一些时间、精力（如情绪受到影响），甚至物质（如在经济上接济求助者），但同时可以满足自己的助人愿望，获得求助者的尊重和感激，提升自我价值感和自尊心。因此，朋辈辅导者一般不会要求物质的报酬，是义务性的付出和奉献。

（四）时效性

在大学校园中，学生通常以班级、寝室或者社团为单位联系在一起。朋辈心理辅导员分布在同学中间，能广泛和同学接触。与专业心理咨询教师相比，朋辈辅导员往往更容易发现问题，也更容易及时和同学沟通。心理咨询总是先经过预约，然后再和老师建立信任关系，这都需要一个过程。而同学、朋友之间在寝室的卧谈会上，在一起吃饭时都可以进行沟通和交流。由于彼此相互了解程度较深，易于交流，帮助和辅导的过程实施起来也比较方便、快捷，可以提高心理辅导和咨询的时效性。

（五）直接干预性

担任朋辈心理辅导工作的通常是求助学生关系较好的朋友或同学，受时间、地域、语言等因素的影响较少，能够更直接有效地干预，及时帮助求助学生缓

[①] 胡伟，胡峰. 2006. 朋辈心理辅导模式在高校中的运用. 江西理工大学学报（社会科学版），27(5)

解心理压力、监督建议实施、矫治问题行为和化解危机。如对网络成瘾的学生，心理咨询老师最多只能帮其在认知上调整，制定行为计划，却难以实现监督的功能。而朋辈辅导员就可以直接在其无法控制自己的行为时将其从网吧拉回来，坚持每天和他一起上自习，帮其建立良好的行为习惯。

第三节　朋辈心理辅导的分类与人员组织

一、朋辈心理辅导的分类

由于我们采用朋辈心理辅导的广泛定义，所以其所包含的内容和实施的形式都有很多层面，下面我们尝试从多个角度进行分类。

（一）按年龄阶段分类

朋辈心理辅导没有年龄界限，按照辅导者和被辅导者的年龄特征可划分为小学生朋辈心理辅导、初中生朋辈心理辅导、高中生朋辈心理辅导、大学生朋辈心理辅导和教师朋辈心理辅导。朋辈心理辅导在美国兴起时，主要集中在中小学、大学、康复中心和心理卫生机构。本书中所述朋辈心理辅导的特征、理论和技术、方法主要指大学生朋辈心理辅导。

（二）按辅导员水平分类

鉴于心理危机干预和心理辅导工作的重要性，在大学会有不同的学生群体从事朋辈心理辅导。按照朋辈辅导员的专业水平可以将朋辈心理辅导划分为准专业、半专业和非专业三种类型。其中系统学习过心理学专业课程，但尚未取得心理咨询师资格证的学生所进行的辅导属于准专业朋辈辅导；没有系统学习过心理学专业课程，而只经过心理健康、危机干预等专题培训的属于半专业朋辈心理辅导；对于未经历任何培训之前所进行的辅导称为非专业的朋辈心理辅导。非专业的朋辈心理辅导在内容上更接近朋辈互助和朋辈教育，强调的是助人的意愿，而无法准确预测效果。当然，也可能会发生"好心没有办成好事"的尴尬状况。因此，学校心理辅导中心应该加强对朋辈辅导员的专业培训和技术指导。

（三）按辅导内容分类

朋辈心理辅导涉及大学生学习和生活的各个方面，如学习辅导、生活辅导、生涯辅导、适应辅导、不良行为矫治、危机干预等。

1. 学习辅导

学习辅导是针对学习过程中发生的各种问题，如针对学习潜能、学习动机、学习兴趣、学习态度、学习习惯、学习方法和策略、学习计划与监控、成败归因、考试焦虑等所进行的辅导。可以通过较高年级或研究生学生组成辅导团，对有学习困扰及成绩较差的同学，运用课余时间进行课业辅导；或者结合学校期中预警制度，主动邀请前一学期或本学期成绩落后、学习有困难的学生参与学习讨论，激发他们的学习动机，培养良好学习习惯。

2. 生活辅导

生活辅导涉及的范围较广，包括生活目标与态度的确立、日常良好生活习惯的养成、课余时间的支配、人际交往、情绪管理、消费、休闲、安全、家庭关系处理等。大学是一个人走向社会的预演，除了学习一定的知识和技能外，学会生活和提高社会适应能力已变得尤为重要。在生活辅导中，以情感问题、人际关系问题的处理发生的频率最高。①

3. 生涯辅导

升学与择业是人生发展的必然过程，是事关个人前途的重要事件。大学生在面临考研和就业的选择时，常常会感到迷茫：是选择升学还是就业？考研是选择考本校还是外校，本专业还是跨专业？就业应该选择什么样的地区和职业？到了新的工作岗位如何适应？对于这些问题，朋辈心理辅导可以通过建立"学长联系制"，让高年级的同学、已经读研或参加工作的同学对低年级的同学提供相关信息和技巧、方向的指导，支持和鼓励低年级同学澄清个人兴趣、价值观，以协助其拟定及实行生涯发展规划。

4. 适应辅导

适应辅导主要是针对大一新生入学后对新环境适应问题所采取的辅导，包括熟悉校园环境、课程体系、学习方法以及休闲、消费等日常生活技能辅导等，以促进大一新生更快地适应大学的生活和学习。同时适应辅导可协助同辈学生处理个人适应或情境引起的压力问题。

5. 不良行为矫治

进入大学后，一些学生认为终于脱离了父母的管制，开始自我放纵，可能出现网瘾、酗酒、吸毒、打架斗殴等问题。针对具有这些不良行为的同学，朋辈辅导者可以在心理健康教师的指导下对其进行矫治。

6. 危机干预

在高校中我们常会看到越来越多的急性个案及精神疾病个案的出现，这些个案被列为危机干预对象，他们可能只是经历了一般生活适应、人际交往问题

---

① 李海红，隋丽丽.2007.高校同辈咨询开展状况的调查分析.广西青年干部学院学报，17（6）

或感情问题,从而延伸到产生自伤、自杀、伤人的危险行为,也可能是某种精神疾病爆发,如抑郁症、躁狂症、惊恐发作、强迫症、精神分裂症等。对于这些个案,朋辈辅导者负有及时发现、通报、看护的职责。

(四) 按参与辅导的人数分类

1. 个体辅导

个体辅导是以一对一的方式提供辅导,是两个人之间发生的单一交往。这种辅导多发生在感情较深厚的朋辈之间,他们相互了解的程度相对较深,所谈论的内容也能涉及内心深处的想法,甚至较为隐私的话题。个体辅导的优势在于只有两个人的环境更容易消除顾虑并建立信任关系,通过充分详尽地了解问题发生的始末缘由,使情感得到彻底宣泄,问题更容易解决。

2. 团体辅导

团体辅导是在多个成员参与的情境下,借助讨论、分享的方式使成员获得支持和知识上的增加的心理帮助过程。团体辅导的优势在于能够通过团体内成员之间的人际互动,促使每个人了解别人对自己的看法,以及自己在人际交往中所采取的模式;通过细心倾听别人的交谈,逐渐学会设身处地地体察别人、理解别人,从而提高人际沟通的能力。

3. 班级辅导

班级辅导是以自然班级为单位开展的团体辅导形式,是一种有目标、有系列、操作性较强、相对稳定而又灵活机动的学校心理健康教育形式。通过一系列活动的设计和实施,使班级成员获得知识、感悟和心灵的成长,目标重在发展和预防。班级辅导的优势在于受众较多,但是与个体辅导和团体辅导比起来,总体效果稍差。①

(五) 按辅导的手段分类

按朋辈心理辅导的开展形式和手段可以划分为互助式心理训练、互助式心理激励、互助式心理辅导、互助式心理暗示。②

1. 互助式心理训练

互助式心理训练是一种群体式的心理互助活动,主要采取角色扮演、心理剧等训练方法。学生既是训练者,又是被训练者。学生通过扮演各种角色,如班长、班主任、教师、企业家、明星、导游、主持人、服务员、清洁工等,用心体会不同角色的思想和内心情感,纠正自己对他人的错误认知,达成相互理

---

① 李泰山.1999.大专学生同侪辅导者训练模式之建立与分析研究:以勤益工商专校为例.台湾彰化师范大学博士学位论文

② 蔡秀娟,黄东,鲍金勇等.2006.大学生朋辈心理辅导的实践与探讨.广东教育学院学报,26(4)

解，学会一定的社交技巧和应变能力。通过话剧、小品的表演，也能取得教育其他同学的效果。

2. 互助式心理激励

互助式心理激励是指同学之间给予积极的刺激，使每一位学生都能以积极的心态对待学习、工作、生活，都能以积极的心态对事、对人、对己，使他们在互相激励中获得一种"高峰体验"。学生在学习、工作、生活中，不仅需要别人的关注，而且需要别人的支持和鼓励。发动学生帮助身边的同学寻找其优点，开展互赠格言活动，帮助个别学生战胜挫折，克服困难，迎接挑战。开展互助式心理激励应当让学生广泛参与，主动投入。

3. 互助式心理辅导

互助式心理辅导主要指通过培训和督导一批志愿从事心理援助工作的学生，在心理辅导基本原则的指导下，对周围需要心理帮助的同学给予心理开导、安慰和支持，提供一种具有心理辅导与咨询功能的服务，即狭义理解上的朋辈心理辅导。学生虽然不具备"心理咨询师"的资格和水平，但他们却具有真诚、友爱、热情等品质，加之同龄人之间经验、背景、观念相似，容易产生共鸣并实现心理上的相通、兼容，所以互助式心理辅导也可以收到良好的效果。

4. 互助式心理暗示

互助式心理暗示是学生采用言语或非言语的手段，含蓄间接地对其他学生的心理和行为施加积极影响的活动。由于人们都有自尊心，不愿意受到别人的干涉和控制，且中国人都很看重面子，所以从效果上看，含蓄的暗示要优于直接的建议和命令式的要求。同学之间往往命令少、要求少、强迫少，从众多、模仿多、默契多，所以同学之间开展互助式心理暗示会取得比较好的效果。开展互助式心理暗示要注意把握积极暗示，克服消极暗示。

除以上心理训练、激励、辅导、暗示的手段外，朋辈心理辅导还可以采取指导、教育、干预等方式进行。

（六）按辅导形式分类[①]

1. 面谈辅导

面谈是朋辈心理辅导的主要形式，通过辅导者与被辅导者的交谈，可以直接观察到当事人的情绪和行为反应，随时调整辅导对策，避免其他因素的干扰。

2. 电话辅导

电话辅导是利用电话对当事人进行劝告和安慰的辅导形式，这种形式适用于朋友不在身边的同学，也可用于心理危机的干预。我国大部分高校都开设有危机干预热线，心理辅导工作人员24小时轮流值班，主要是为了及时处理精神

---

① 颜农秋.2007.朋辈心理辅导理论与技巧.广州：中山大学出版社：16～18

疾病急性发作，防止自杀、暴力行为等恶性事件。

3. 网络辅导

随着社会的发展，互联网已经越来越多地进入人们的生活。网络辅导就是以电子公告、电子邮件、BBS、QQ、MSN等网络工具为媒介所进行的辅导。如在校园网BBS上开设朋辈心理辅导员咨询专栏，学生有任何心理问题，都可以在BBS上发帖进行求助。网络的匿名性和虚拟化可以使学生降低心理防御，更真实地说出自己的问题和困惑；网络的超强复制性也可以扩大辅导的受众，降低辅导成本。

4. 信函辅导

信函辅导是通过信件的形式所进行的辅导。采用这种方式的当事人最初往往是受到路途遥远、交通不便的限制，现在更多是由于当事人暂时不愿意暴露身份，或有些需要咨询的问题难以当面启齿，或出于试探心理。信函辅导也可以在班级内进行，具体做法是：首先，让每一位学生都写出自己希望得到辅导的心理烦恼或心理困惑，装入用代号署名的信封交给组织者，代号与姓名的真实对照只有组织者知道；然后，组织者将问题交错发给每一位学生，让学生以书面形式对该生所述问题进行解答，完成之后在信封背面写上自己的代号；接着，组织者将解答完成的问题发回原来的学生，让其对"辅导者"的辅导予以评价和反馈；最后，将评价和实施效果反馈给"辅导者"。通过这种互动不仅可以协助有问题的同学以隐蔽的方式解决自己的问题，还可以提高辅导者的水平。

尽管电话辅导、网络辅导和信函辅导都有其适用的领域和不可抵挡的优势，但是由于信息传输途径的局限，所以往往容易造成理解不充分或不必要的误会。因此，在实际运用时要注意加以避免。

5. 现场辅导

现场辅导是针对有需要的同学，在其存在不适应的现场进行帮助。如对于存在人际冲突的同学，朋辈辅导者可以到其产生冲突的寝室、班级或其他场合进行调解，用自己的热情和技巧去感染冲突双方，化解矛盾。

二、朋辈心理辅导的人员组织

朋辈心理辅导的形式多样，目标层次不一，任务也有所不同，因此，实施朋辈心理辅导的人员也分为多种，具有多重身份和角色，如朋辈心理咨询员、朋辈辅导员、心理联络员、学生社团、学生骨干，总体上可均称朋辈心理辅导员。在实际工作中可能有所交叉，以下区分只是为了管理的需要。

（一）朋辈心理咨询员

朋辈心理咨询员（peer counselors）是最原始意义上的朋辈辅导者，其辅导主要是通过专业培训、选拔和督导后，针对有问题的学生提供倾听、支持、鼓励、安慰等半专业心理咨询服务，可以在一定程度上帮助学生解决心理困惑和实际问题。这些咨询员可以是心理专业的研究生或经过系统训练的其他专业学生，其工作方式和专业心理咨询一样，采取被动的形式，等待有需要的同学前来预约。工作地点可以在学校的心理咨询中心，如安排晚上或周末为朋辈心理咨询时间。朋辈心理咨询员的身份要对来访学生告知，学生有权自由选择是接受朋辈心理咨询还是专业的心理咨询。心理咨询中心要为每个朋辈心理咨询员指定一名专业教师作为督导，并定期开展案例讨论会，以监督和指导其成长。朋辈心理咨询员也可以充当心理咨询中心的接待员，通过初步判断对学生进行分流，让经验较少的老师接待问题较轻的学生，专业教师处理问题相对严重一些的学生，以保证资源的合理分配和最大限度的利用。

（二）朋辈辅导员

大学生在日常学习和生活中总会遇到一些琐碎的问题，但又没有达到需要心理咨询才能解决的程度。对此，他们经常喜欢向同学、朋友求助，同学、朋友也有很高的热情和爱心，愿意自发、主动地给予帮助。但是由于大学生本身经验和阅历有限，并不是每次都能使求助者获得有效的帮助。有的人在帮助别人的同时，会勾起自己的伤痛，一起陷入负面的情绪当中；也有的总希望自己的心血没有白费，如果同伴没有按照自己的指导去做，就会感到受挫。为此，心理辅导中心可以通过招募志愿者，对其进行"同伴调解计划"、"沟通与助人技巧"、"危机干预"、"突发事件处理"、"学长辅导计划"等专题训练，培养出一批在某个方面较擅长，更有效、更高明的助人者。朋辈辅导员（peer educator）的工作方式较朋辈心理咨询员主动一些，可以采取在专业教师的指导下举办朋辈调解、朋辈伴读、领导示范团体、新生适应辅导等各种有针对性的活动，邀请有需要的同学参加。

（三）心理联络员

心理联络员是为了深入细致地开展学生心理危机干预工作，完善心理危机预警与干预网络体系而设置的基层学生组织，可以分层设置：每个寝室一名寝室心理联络员，每个班级一名班级心理委员（可作为班干部对待），每个年级一名年级负责人（也可由辅导员担任），每个院（系）一名总负责人（也可由主管学生工作的副书记担任）。选拔后的心理联络员要定期进行危机干预、精神疾病识别的培训，掌握心理健康教育工作所需的基础知识和基本技能，不断提高工作能力和专业水平。

心理联络员的职责主要有：①通过多种形式宣传心理健康知识，优化人际网络，营造健康氛围；②发现伤人、自伤、自杀等早期危险信号，及时阻止或减缓应激事件的发生,及时报告辅导员、副书记或专职心理老师;③关注重点问题学生的心理变化动态,定期向辅导员、副书记或专职心理老师反馈;④配合事后心理辅导。

(四)健康天使

"健康天使"或称"健康使者"、"心灵天使"、"阳光天使",是指可以开展朋辈健康教育的人群。每个学生都是潜在的助人者,通过"大学生心理健康教育课"、"心理健康教育活动月"、学生第二课堂等多种形式,向全体学生宣传心理健康知识,提高心理健康意识,倡导"关心自己、关爱他人",努力构建健康、友爱、和谐的校园氛围,每个学生都可以成为"健康天使"。

学校辅导中心可以有针对性地开展饮食紊乱、酗酒、吸烟、吸毒、性心理卫生、艾滋病的防治等方面的知识讲座,培养一些理解和掌握专门领域知识的"健康使者",为其他同学进行健康知识的宣传,并进行疑难解答和问题解决;也可以由学生社团组织筹办,如邀请相关专业教师对"健康天使"进行专业培训和开办个人成长工作坊,让他们关注自身健康,了解相关知识,并能自觉传递给周围的同学。

第四节 朋辈心理辅导的意义与未来发展趋势

朋辈心理辅导近年来之所以受到广泛的关注,是由于其本身对大学生心理健康教育的重要意义和作用。

一、朋辈心理辅导的意义

(一)弥补专业人员的不足,扩大心理辅导的覆盖面

我国高校的心理健康教育工作虽然已经有了较大的进展,但总体而言还处于起步阶段,心理辅导与咨询的专业人员还严重不足。近年来,高校扩招后,这种不足就更加明显。教育部出台的有关大学生心理健康教育的4个文件中,3个文件都强调了加强大学生心理健康教育工作队伍建设的问题。尽管如此,直到2006年我国高校心理健康教育专职教师数量仍然很少,师生比平均为1:10 986。① 这显然无法满足日益发展的心理健康教育工作的需要,一个老师面对

---

① 屈正良,易玉屏,夏金星.2006.高校心理健康教育师资队伍建设的调查与思考.大学教育科学,(6)

1万多名学生，实在难以做到保质保量和面面俱到。每个人在学习和生活中都会遇到各种纷扰和不适应，如果不能深入了解和照顾到每位同学，就可能使其问题向严重化发展。此时，同学和朋友的帮助就显得尤为重要。

朋辈心理辅导事实上与教育学领域中的"导生制"有着异曲同工之妙。导生制早在中国古代的书院就出现了，国内外许多高校也是由高年级学生或研究生担任学生的辅导员或导师。朋辈教育可以使学生获得知识，朋辈互助可以扩大心理辅导的覆盖面，朋辈心理咨询又可以解决一些较简单的心理问题，使专业咨询教师能有更多的时间和精力处理更迫切或更严重的个案，有助于提高学校心理咨询的整体效果。所以朋辈心理辅导虽然是一个比较新的领域，却有着深厚的历史渊源，可以挖掘出深厚的辅导潜力和资源优势。

（二）大学生自我服务、自我教育的有效载体

大学生的年龄一般为18～22岁，在发展心理学上被称为成年初期。成年初期的大学生自我意识发展水平已经比较高，具体表现为自我认识、自我体验和自我控制都较为成熟，且较为协调一致。他们都具有要求自主和独立的人格特征，助人能力也有所提高。这些都为大学生之间的互助和实施朋辈心理辅导提供了可能性。

新精神分析学派的代表人物埃里克森称，亲密感的获得是成年初期（18～25岁）心理成长的主要任务，对友谊的渴望使得大学生愿意与同龄人交流，希望获得同龄人的认可、接纳和关爱。大学生本身的成长经历、生活经验和心理感悟，对同伴的成长会有很大的借鉴意义。这些内容通过文章、演讲、团体交流等方式表达出来，对于他们个人的成长来说也是一种促进。由此可见，朋辈心理辅导为大学生的自我服务、自我教育提供了广阔的空间和有效的载体。

国内的高校广泛利用优秀大学生的先进典型事迹和成长、成才的经验，弘扬学先进、赶先进、团结互助、爱国进步的校园文化风尚，营造敢于冒险、激励创新、宽容失败、追求成功的校园文化氛围，取得了良好的效果。他们针对不同层次和不同类别的心理群体，举办优秀大学生、优秀贫困大学生、优秀少数民族大学生、优秀农村大学生、优秀集体、优秀班长、优秀寝室长、优秀团支部、优秀毕业生等不同层次的报告会、座谈会、交流会，有针对性地为同学提供心理和行为示范导向；设计成功就业、大学生网络与成才、快乐成长、杰出校友、社会实践先进、未来学术之星、未来科技之星、创业之星等主题活动，为同学提供心理和行为上的朋辈指导，使同学"学有目标，学有方法"。这种导向力量对同学的价值观念、人生理想、学习方法都产生了积极影响。[①]

---

① 文秋林.2006.校园朋辈心理辅导的理论思考与实践探索.广西青年干部学院学报，16（6）

(三) 有助于形成良好、和谐、友爱的校园氛围

受高校扩招和全球金融危机的影响,大学生的心理压力越来越大,心理问题也越来越多。但是由于还有一部分同学对心理辅导缺乏正确的认识,把心理辅导看做羞于见人的事情,担心被别人看做心理不健康或精神不正常。因此,把朋辈心理辅导引入高校心理健康教育工作,使朋辈辅导员成为校园内广泛的、有支持和帮助效力的同伴,具有非常重要的意义。在开展朋辈心理辅导的过程中,学生可以学会关爱自己和他人的身心健康,接纳心理辅导,在问题出现时得到及时的帮助,收获成长的快乐。

黑龙江省委常委、宣传部长衣俊卿在 2009 年 4 月召开的全省高校党的建设暨加强和改进思想政治理论课工作会议上,提出高校要培养学生敬重生命、关爱他人、关心团队的人文素养和美德,创建关爱型校园。朋辈心理辅导恰好可以实现这一目标,在全校范围内宣传相互关爱的思想,开展互助活动,将有利于排除拜金主义及其他不良社会风气的影响,形成良好、和谐、关怀、友爱的校园氛围。例如,华南农业大学连续 3 年开展朋辈心理辅导活动,对班集体的建设和院风建设都产生了积极的效果;学生开朗活泼、心理健康、学习情绪高涨;同学之间团结、和谐、真诚、宽容、理解、互助;班纪班风严明纯正,班级生活井然有序,未出现明显的学生问题,营造了优良的学风院风。[①]

二、朋辈心理辅导的未来发展趋势

近年来,大学生朋辈心理辅导在我国高校陆续展开,但由于经验不足,工作仍处在初级探索阶段,地区发展不一致、各学校实际工作差异大、人员组织混乱、体制和任务不明确是目前存在的主要不足。因此,队伍建设的体制化、培训的专业化和规范化、工作模式的理论和实践探索等,是目前高校朋辈心理辅导工作亟待解决的问题。

(一) 队伍建设形成体制

目前,我国朋辈辅导员的招聘、选拔、培训主要是在大学生心理健康教育部门的负责下进行的。有研究者调查了我国 60 所大学,发现朋辈心理辅导的开展具有三种模式:①开设专门的朋辈心理辅导机构,选拔优秀学生面向全校学生开展服务(占被调查学校的 26.7%);②以班级、宿舍或其他团体为单位,选拔少数学生针对其所在团体开展服务(占被调查学校的 56.7%);③两种模式的

---

① 蔡秀娟等.2006.大学生朋辈心理辅导的实践与探讨.广东教育学院学报,26(4)

结合（占被调查学校的 16.6%）。① 朋辈辅导员的身份也有很多种，如朋辈心理咨询员、心理联络员、学生社团等。在服务内容上，有的学校重视个体咨询和团体活动，有的重视知识的宣传和教育。

为了加强对朋辈心理辅导员的统一管理，心理健康教育部门可以建立学生骨干组织"朋辈心理辅导中心"。"朋辈心理辅导中心"成员由具备一定心理学知识、愿意为同学提供服务、综合素质较好的学生组成。大学生心理健康教育部门对其直接进行管理和指导，在部门总体规划的框架下开展活动，使朋辈心理辅导员成为心理健康教育专业教师的得力助手。

尽管有些高校心理健康教育部门已经建立了类似"朋辈心理辅导中心"的组织，但是所开展的活动还相对较少，成员比较单一，功能也有限。为了切实发挥朋辈心理辅导的补充作用，让心理健康教育工作不留死角，还需要开发和设置不同类型的朋辈辅导员，构建一个全校范围内的朋辈心理辅导员组织体制和管理模式。大学生心理健康教育涉及的方面较多，工作的开展也需要学校各个部门配合，朋辈心理辅导员的岗位设置也可以安排到相关的部门，真正形成一个由上到下，全方位配合的心理健康教育工作网络，以保障各部门在工作中信息沟通及时，观念统一，配合默契，高效地完成整体工作。

（二）朋辈心理辅导员培训的规范化和系统化

朋辈心理辅导员的培训是一项工作量大、时间耗费长的工作，应从多渠道、多角度、分层次展开。我国香港在这方面积累了较为丰富的经验，我们可以借鉴其项目管理的模式，通过设立专题活动，加强培训方案的设计、研讨和经验交流。

依据朋辈心理辅导员的不同身份，培训的内容和形式也有所不同。目前，对于朋辈心理咨询员的培训途径和形式有开设朋辈心理咨询课、进行专题讲座、举办心理咨询技能培训班、开展模拟咨询、观摩心理电影等，内容包括朋辈心理咨询的基本理论与咨询技巧、大学生常见问题的分析与处理、危机事件的应对、咨询个案的介绍、精神疾病的识别等。培训后的朋辈心理咨询员在正式上岗前还必须进行一定时期的见习和实习，从而使这些"预备"朋辈心理咨询员在实践中感受、体会朋辈心理互助的具体方法，提高他们处理实际问题的能力。

对于朋辈辅导员的培训有主题沙龙、活动评析、读书报告、案例分析和现场讨论等；内容涉及辅导员自身的自我分析、管理及调控能力和技术、会谈技能技巧及其他专题技能等。对于心理联络员的培训主要通过专题讲座、团体活动的形式进行。对于"健康天使"的培训主要是开设心理健康教育课，或者通过报纸、广播、墙报等进行宣传，具体方法将在第二章详细介绍。

---

① 李海红，隋丽丽．2007．高校同辈咨询开展状况的调查分析．广西青年干部学院学报，17（6）

总之，朋辈心理辅导员的培训应制定周密的计划、明确内容安排和学时要求，特别是要提倡朋辈辅导的情景性体验。朋辈辅导员得以成长，最终惠及的是更广大学生的心理和学校心理教育工作。

（三）研究工作逐步深入

关于朋辈心理辅导，无论是理论研究还是实践探索，至今都还存在着较大的分歧和争论。我国内地关于朋辈心理辅导的研究直到 21 世纪初才逐步展开，目前的现状是研究论文内容多为在转述西方观点、借鉴前人经验的基础上进行的应用和工作总结，尚未发展出系统化的思想和规范化的操作流程，不同学者的观点差异也较大。因此，还需要进一步加强理论和实践研究，探讨朋辈心理辅导的基础理论和操作模式。本书提出的朋辈心理辅导的广泛性定义，是否适合还需要与广大同仁进一步商讨。可为朋辈心理辅导所用的生物学、心理学、社会学、哲学、医学的知识有哪些，各种朋辈心理辅导项目的方案设计和实验研究、效果评价，朋辈心理辅导的伦理规范等等，都是值得深入研究的话题。

综上所述，朋辈心理辅导具有广阔的应用前景和丰富的主题资源，尽管我国内地的朋辈心理辅导工作起步较晚，但是因有更多他人经验和教训可借鉴，反而可能"厚积薄发"、"后来居上"，这样的信心来自于我国经济的快速发展和关于心理健康和辅导越来越高的社会认同。

思考与练习

1. 分析我们可以从美国朋辈心理辅导工作中借鉴的经验。
2. 什么是朋辈心理辅导？它与心理咨询有什么联系和区别？
3. 朋辈心理辅导有哪些种类和形式？
4. 写出一件你对同学或朋友进行心理帮助的事情，并谈谈自己的收获。

第二章 朋辈心理辅导员的选拔与培养

朋辈心理辅导员的素质和能力水平直接影响着朋辈心理辅导工作的成效，而朋辈心理辅导员的素质和能力水平又与朋辈心理辅导员的选拔与培养密切相关。本章从广义的"朋辈心理辅导"——朋辈心理辅导参与到学校心理健康教育的各个环节来讨论朋辈心理辅导员的选拔与培养，具体包括朋辈心理辅导员选拔模式、选拔原则、选拔步骤、系统培养、岗前培训及专业督导等几个方面。

第一节 朋辈心理辅导员的角色功能与素质要求

一、朋辈心理辅导员的角色功能

（一）宣传普及心理健康知识，构建和谐校园

学校心理健康教育是一项全员参与性工作，特别是在当前学校心理健康教育专业工作者不足的情况下，把一些经过短期培训的与大学生年龄相仿、生活环境、生活方式、关注问题相近的朋辈心理辅导员补充到心理健康教育队伍中来，运用他们在与学生沟通、宣传心理健康知识、促进自我成长方面的独特优势，帮助同学解决日常生活中的实际问题和心理困惑，从而对营造互助互爱、互相关怀的和谐校园氛围起到促进作用。

（二）促进学生心理成长

随着社会的急剧发展，社会竞争日益激烈，而竞争的核心是人才竞争。越来越多的研究证明，超群的智慧、稳定的情绪、顽强的毅力、完善的人格、适应环境的能力、随机应变能力等高品质心理素质是成为具有竞争力的人才的要素，这也说明在人的素质结构中居于核心地位的是心理素质。作为教育者，为培养高素质人才，必须要从更高、更广的角度看待心理素质教育，用更有效的

方法、途径促进学生心理素质的提高。

苏联著名教育家马卡连柯曾经说过:"一个人不是由部分因素的拼凑培养起来的,而是由他所受过的一切影响的总和综合地造就成功的。"作为一名大学生,校园中对其影响最大的莫过于教师和同学,而同学彼此之间接触频繁,其影响更为直接、具体。同辈之间容易沟通、防御性较低、共同性大、互助性高,利用这些优势促进身心健康成长更为容易。那么,在心理健康教育工作中,如何发挥学生之间"助人—自助—互助"的作用也是学校心理健康教育的一项工作重点。美国一些专家预言,21世纪的心理咨询与治疗领域,将兴起"自力更生"的热潮,即自我改善、自助、互助等模式将受到更多关注,越来越受到重视的同伴教育、朋辈心理辅导等就是很好的例证。

(三) 帮助学生解决一般成长性问题

在生活中遇到挫折、烦恼等各种问题时,人们往往需要朋友的指导、安慰和鼓励,正因如此朋辈心理辅导员的角色定位就是——"成长的同行者和陪伴者"。同龄或心理发展水平相当的个体、群体在彼此信任基础上相互陪伴成长并支持鼓励同行者。朋辈心理辅导员虽然是一种接近专业的陪伴者,但由于朋辈心理辅导员自身还是学生,人生阅历尚浅,经常会感到知识储备不足,生活、学习等互动中也会遇到问题、困惑,所以他们也需要帮助,需要专业教师督导和朋辈心理辅导员的团体帮助。因而在日常工作中,他们帮助解决的主要是成长性问题,如遇到严重心理障碍或心理疾病要有转介意识与能力。以后章节将详细介绍"转介"和"专业督导",这里不再赘述。

(四) 协助心理辅导中心开展工作

传统心理健康教育着眼于心理咨询与心理治疗等矫治性层面,解决或矫治学生心理问题或心理疾病,帮助他们适应环境。"20世纪70年代,越来越多的学者呼吁心理健康教育要向预防和发展两个层面推进,即此种教育应能促进学生身心健康、形成健全人格、充分发挥潜能,渐臻自我实现。"[①] 教育重点的转变,引起教育内容的调整,故而现今学校心理健康教育常采用宣传、教育、引导为一体的综合教育模式。

国内诸多高校心理健康教育工作包括众多环节——宣传、心理辅导(个体、团体等)、社团活动、课程等。由于学生更愿意向同辈求助,因此在宣传、社团活动中朋辈心理辅导员身份更易被学生接受;而在心理辅导(个体、团体等)工作中朋辈心理辅导员不仅可以处理日常接待工作,也可以在专业教师指导下带领学生团体或作为团体工作的教师助手。在不同工作中发挥学生作用,不仅

---

① 陈家麟.2002.学校心理健康教育——原理与操作.北京,教育科学出版社:75

有助于工作推进，同时可以减轻专业工作者的工作压力。如何根据个性差异设计不同的朋辈心理辅导员训练方案，成为朋辈心理辅导的训练重点和难点。

（五）协助心理健康教育中心进行心理危机干预

面对日益复杂的社会环境，大学生难免会出现心理危机。由于高校专业心理工作者不足，朋辈心理辅导员在及早发现危机事件、早期干预危机事件等方面起着不可代替的作用。危机事件的特点之一就是具有突发性，突发性并不意味着专业人员抓不到头绪，而是不具备及时接触、及时掌握信息的条件，这对于解决危机事件是一大缺陷。朋辈心理辅导员恰恰弥补了这个缺陷，他们生活在学生中间，了解学生心理、思想、行为的变化，可以及时发现问题，并根据具体情况作适当处理或采取转介等措施。

朋辈心理辅导员利用获得信息的直接性、沟通交流的简便性、干预危机的灵活性等优势，在学校心理危机干预中起到提早预防、早期发现、早期干预等重要作用，在今后工作中他们的作用会得到更多人的肯定。

二、朋辈心理辅导员的素质要求

心理辅导是人对心灵的触摸、抚慰，因此对心理辅导工作者的个性修养、工作理念、工作态度等方面有一定要求，这也是保证工作质量的基础。

（一）朋辈心理辅导的基本理念

1. 具备"五心"——爱心、耐心、诚心、细心、虚心

爱心，爱人爱己之心。咨询辅导中要对来访者有发自内心的尊重与理解，对其处境表现出真诚的理解和关注，并通过语言或非言语信息表达出你的关心与理解。

耐心，耐心地倾听、关注，并做好长期陪伴思想准备，不急于求成。

诚心，真诚地对待来访者。在来访者面前展现真实的你，不骄矜做作、不装腔作势、不摆架子、不讲空话、不作权威，不作无保证的承诺。

细心，辅导过程中细心观察来访者的言行举止、神态、外在表现等，这些是辅导中的细节。做到不放过任何细微的环节，充分了解来访者，便于准确把握信息，以便对来访者提供全面帮助。

虚心，充分尊重、接纳来访者。在与来访者互动中共同成长，不以个人好恶、是非标准下判断或作决定。

2. 做到"六戒"

戒主观武断，即辅导中没有全面了解信息，根据自己的经验做出判断、界定等。

戒好为人师，即以权威、经验者身份面对寻求帮助的学生，让学生感到不平等。

戒宣扬自己，即以自己经验、身份等优势面对来访者，给对方造成压力，产生不平等的感觉。

戒随意插话。有人说"心理咨询是出租你的耳朵"，这句话充分表明"听"在辅导中的重要作用。此"戒"不仅体现了尊重，同时也是来访者信息的主要来源。这并不表示恰当的问话也不被允许，而是要适当、适时提问。

戒"悲天悯人"。来访者不是弱者，只是在成长过程中遇到问题，这些问题如果有人帮助会比较快、比较容易解决。生活中我们每一个人都有可能遇到自己不善处理的问题，这时新角色的加入会帮助我们找到新角度和新方法看待、分析、解决当前的问题与困惑。

戒大事化小、小事化了。每一个人都是独特的，他（她）的问题也是独特的。不要单凭主观对事情的重要性、难易进行判断，决定事情处理的方式、方法，而要以当事人的需要为出发点。

3. 七个"不等于"

对心理辅导的不了解，使人们对心理辅导产生种种误解，这些误解限制了心理健康教育工作的开展。朋辈心理辅导员要对这些误解充分了解，并能进行清晰解释，这是朋辈心理辅导员做好工作的基础。

心理辅导不等于心理治疗。心理辅导不是心理治疗，两者在本质、模式、面对的问题、来访者性质等方面都不同。心理辅导以面对正常人的发展性问题为主；心理治疗则主要针对行为变态与人格障碍患者采取必要的诊断与治疗，帮助他们摆脱病态行为，恢复正常生活。

心理辅导不等于生活咨询。心理辅导不同于日常生活咨询，心理辅导有着严格的指导要求与训练，并以发展求助者独立思考与应对能力为最终目标。

心理辅导不等于社交谈话。心理辅导与社交谈话有本质区别，心理辅导是与来访者共同面对他（她）的问题、解决问题，并在面对、解决过程中实现自我成长。

心理辅导不等于逻辑分析。心理辅导不是冰冷的逻辑分析过程，而是一个以共感为基础，以探讨、协商为手段的反思过程，在这个过程中也可以促进咨询师的成长。

心理辅导不等于交朋觅友。心理辅导需要一种"距离美"，这种距离可以使来访者有充分的安全感，这种距离也是与一般朋友关系的分水岭。

心理辅导不等于安慰他人。安慰来访者不是心理辅导的主要目标，使来访者学会自我安慰和促使自己成长才是心理辅导的主要目标。

心理辅导不等于替人除难。心理辅导的主要目标不是单纯帮助来访者克服当前的困难，而是结合这个问题帮助当事人树立自我解决问题的信念、培养自我解决问题的能力，以达到助人自助的最高目标，即"授人以鱼，不如授人以渔"。

（二）良好的心理品质

朋辈心理辅导员要具有良好的心理品质，具体包括热情、真诚、良好的团队意识、合作精神、敏锐的观察力、灵活、自信、乐观等。

朋辈心理辅导员要有爱心并对朋辈心理辅导工作有很大兴趣，真心愿意帮助别人；有较强的敏感性和观察力；能及时发现和感知学生的心理需求、心理困惑；能灵活恰当地选择方法和策略对来访同学的各种问题给予指导和帮助；自信、乐观，可以用自己的言行来感染来访者；对自己的辅导能力充满自信，相信自己能够帮助其他同学。

（三）朋辈心理辅导员的工作态度

罗杰斯曾经指出，治疗的成功并非依赖治疗者技巧的高低，而是依赖于治疗者是否具有某种态度，由此可以看出心理辅导工作中辅导者态度的重要性。尊重、真诚、温暖（亲和力）、共感等是心理辅导过程中辅导者应具有的态度的共同准则，是影响辅导者和来访者关系的重要因素。

1. 尊重，即维护当事人的价值和尊严

尊重的实质是为了建立良好的、安全的、舒适的咨询氛围，在这样的氛围中可以使来访者充分表达自己的困惑、烦恼、看法。尊重具体体现在以下几个方面：

（1）尊重意味着完全接纳当事人，即接纳他（她）的优缺点，并与之平等交流。尊重和接纳并不是说朋辈心理辅导员不可以有不同意见，只是在表达不同意见的时候要在尊重接纳的前提下，恰当表达自己的看法。这不但不会损害辅导的正常进行，还会起到一定的促进作用。

（2）尊重意味着彼此平等。双方在人格上是平等的，不能以权威身份把自己的想法、观念、行为模式等强加给来访者，双方要以平等、协商的口吻探讨问题。

（3）尊重意味着和气地对待来访者。言语行为要礼貌，不嘲笑、不贬低来访者，更不能对来访者发脾气。即使来访者的言行失态、失礼，朋辈心理辅导员也要宽容、以礼相待。

（4）尊重还体现在信任来访者上。信任是尊重的心理基础，能换来来访者的真诚。咨访关系建立初期，来访者在一些敏感问题上往往有所担心、顾虑，朋辈心理辅导员要尊重来访者的心理反应，帮助来访者消除顾虑。有时来访者言行前后不一致，朋辈心理辅导员可以协助其澄清，不可简单地理解为来访者不诚实。

2. 真诚

真诚即朋辈心理辅导员要诚实可靠,在来访者面前表里如一,真实展示自己。真诚是内心的自然流露,不是靠技巧可以获得的。真诚建立在朋辈心理辅导员对来访者关爱的基础上,同时也建立在朋辈心理辅导员自我接纳、自信谦和与自我保护基础上。真诚是朋辈心理辅导员需要具备的素质之一,这种素质不是一蹴而就的,需要潜心修养、不断实践。

朋辈心理辅导员的真诚可以为来访者提供安全自由的氛围,同时朋辈心理辅导员自身真诚的表露也会起到表率作用,促使来访者以真实自我与朋辈心理辅导员进行交流。

3. 共情(共感,同感)

共情是指朋辈心理辅导员在观察、聆听过程中,推断出当事人的感受、信念和态度,并有效地将这些感受传达给当事人,使当事人感到朋辈心理辅导员能充分地理解他、明白他,从而产生一种温暖的被接纳感以及舒畅的满足感。

一方面,共情使朋辈心理辅导员能准确地把握来访者的心理问题,营造出一种充满理解、体谅、关心、温暖和爱护的氛围,让来访者感到自己被接纳和理解,感到愉快、满足,从而建立更融洽的辅导关系。另一方面,共情可以促使来访者自我表达,使来访者在良好气氛中有效地去探索自己、更多地了解自己,有利于双方更深入的沟通。当然,共情并不是赞同来访者的所有看法和行为。

正确理解和使用共情才会产生积极作用,应避免共情使用不当带来的消极作用。使用时应注意下面几点以避免产生消极作用:

(1)朋辈心理辅导员需要走出自己的框架,进入来访者的参照框架,把自己放在来访者的地位和处境中,尝试感受他(她)的喜怒哀乐,对此感受越准确、越深入,共情层次越高。初学者要多反思自己:"我是否主观性太强?""我是否对当事人抱有开放、理解、接纳的态度?""我是否设身处地地为当事人着想?"这些反思有助于朋辈心理辅导员自身共情水平的提高。

(2)当朋辈心理辅导员不能肯定自己理解是否准确、是否达到共情时,可以用尝试、探讨的语气来表达,并请当事人来检验或修正。

(3)共情要适度,因人而异,否则会适得其反。如有的当事人就是想倾诉自己的烦恼,他最需要的是咨询师的理解;而有的来访者是想解决问题,他更关注问题怎么解决,较多共情会使当事人感觉小题大做、画蛇添足。一般来说,情绪反应强烈与情绪平稳、表达比较杂乱与表达清楚相比较,前者更需要给予更多的共情。

(4)共情的表达除了语言之外,还可以使用非语言信息,如目光、面部表情、身体姿势、动作变化等。恰当非语言信息表达的共情比语言表达更有效、更准确,辅导中我们要学会灵活使用不同表达方式传递共情。

(5)角色把握要适度。朋辈心理辅导员的共情是指体验当事人内心如同体验自己的内心,但永远不要变成"就是"。朋辈心理辅导员既要"能进",又要"能出",出入自如,恰到好处,这才是最佳境界。如果与当事人同喜同悲,忘了自己朋辈心理辅导员的身份,这样很难做到客观公正。所以,朋辈心理辅导员不能完全卷入当事人的内心,要适度。①

(四)朋辈心理辅导员的工作原则

在心理辅导过程中,遵循一定工作原则和伦理标准是非常重要的,它不仅能指导辅导者工作,也是保证辅导双方权益的基础,同时还可以保证辅导顺利进行。

1. 朋辈心理辅导要遵循伦理规范

(1)保密。没有征得对方的同意,不得将咨询场合双方的言行随意泄露给任何人或机关(遇到难题向督导老师咨询情况除外)。朋辈心理辅导员进行案例讨论时要隐去相关的身份信息,以保护来访者权益。

(2)用自己的能力提供高质量的心理帮助。由于朋辈心理辅导员并非专业工作者,完全要求其为来访者提供专业帮助是不现实的,但朋辈心理辅导员要有提升自己能力达到专业心理辅导水平的意识和愿望。

(3)开展工作不能超出自己的能力范围。朋辈心理辅导员要认清自己的能力,不要轻易接受超出自己能力的工作。这不仅是对自己负责,也是对当事人负责的表现,因为不适当的咨询会给来访者带来更大的伤害。

(4)维护来访者权利与利益。尊重来访者自主权,咨询者无权为来访者作决定;不能将自己的价值观强加给来访者;来访者自己可以决定接受或拒绝辅导。公正公平对待来访者,不能因为来访者身份、身体条件、经济条件、学习情况等而作差别对待,保证辅导过程中来访者不能受到伤害。咨询中有一些伤害往往是由于咨询师疏忽或无意识造成的,这就要求朋辈心理辅导员要不断加强个人修养,以减少类似事情的发生。

(5)诚实地向来访者做出承诺。朋辈心理辅导员要对来访者做出忠信的承诺,不能欺骗、隐瞒来访者,这是顺利开展心理辅导工作的重要保障。

(6)尽量避免与来访者建立双重或多重关系。专业的心理咨询要求来访者和咨询者不能建立双重或多重关系,由于朋辈心理辅导员身份特殊(来访者与咨询者可能是同学关系、朋友关系),所以工作中朋辈心理辅导员如果遇到自己朋友或同学来咨询、寻求帮助,最好转介,找不熟悉的朋辈心理辅导员来辅导。

---

① 颜农秋.2007.朋辈心理辅导——技巧理论.广州:中山大学出版社:40~45

在转介之前要与同学或朋友解释清楚原因，如"因为是朋友，很难客观做出判断，这样对你的帮助是有限的，也不负责任"等，解释清楚以免产生误会，避免对他人造成不必要的伤害。

2. 其他工作原则

（1）时间限定原则。每次心理咨询都有时间限制，原则上时间不能随意延长或缩短。由于朋辈心理辅导工作特殊，在日常生活中进行心理辅导时，朋辈心理辅导员可以根据具体情况做出适当调整。

（2）重大决定延期原则。告知来访者由于其情绪不稳定，咨询期间不要轻易做出退学、休学、转学等重大决定。

（3）遇到重大问题及时上报原则。在生活、学习、工作中如果发现同学异常，自己很难把握，应及时上报给专职心理辅导老师或相关负责人员。

（4）转介原则。咨询者感到某个个案超出自己的能力范围，不能很好把握时，可以将个案转介给其他专业人士或机构。咨询中个案转介是常见的，这是来访者最大利益得以实现的保证。朋辈心理辅导员在工作中也常会遇到需要转介的个案，转介时要注意以下几点：

第一，明确什么样的个案需要转介。一般不能很好把握来访者问题或需要很长时间解决时，朋辈心理辅导员要仔细想一想能否胜任该项工作。

第二，转介需要征求来访者意见。态度诚恳地向来访者讲明转介原因及理由，注意不能夸大来访者的问题。

第三，如果来访者同意转介，转介初期应该向接手的咨询员介绍来访者的基本情况，这时申请转介的咨询员对来访者的责任结束；如果来访者不同意转介，咨询是否需要继续，需要朋辈心理辅导员慎重思考，决定的原则为"来访者利益能否得到最大保证"；如果来访者认为朋辈心理辅导员辅导可以给自己带来很大收益，而朋辈心理辅导员持相反观点该如何处理？这涉及朋辈心理辅导员能否正确认识自己及现实问题，并且要对继续咨询的危害、转介的好处做出果断分析与判断。

总之，解决转介问题要以保证来访者利益为基础，以自己的能力判断为起点，以双方达成共识为最高目标。

（5）辅导与预防相结合的原则。朋辈心理辅导员不仅要帮助同学解决成长中遇到的烦恼与困惑，同时还要与预防心理问题、提升学生自身心理调控能力结合起来。朋辈心理辅导员在与同学沟通中，要敏锐地发现消极心理暗示所产生的各种问题，及时进行引导、鼓励，帮助他们以积极态度面对人生，预防一些可能出现的心理问题。

（五）掌握必备的专业知识与技能

朋辈心理辅导员虽然不是专业工作者，但也属于半专业或准专业人士，至少应掌握与心理辅导相关的基础知识，如心理学、社会学、教育学、心理辅导学、心理测量、心理问题诊断等，其中心理咨询尤为重要。此外，朋辈心理辅导员还应了解大学生学习、恋爱、自我意识、情绪、人际交往、新生适应、生涯困扰、就业等常见心理问题的表现和处理方法，同时也要学习和掌握谈话技能、倾听技能、沟通技能、语言技巧、反应技能等，后面的章节将详细介绍这些内容，此处不再赘述。

（六）不断自我成长预防职业枯竭

心理辅导员"职业枯竭"指的是辅导工作不能给辅导者带来满足，使其感觉到精疲力竭。具体表现为对来访者热情开始减低；对来访者问题开始缺乏兴趣，感觉过度疲倦和劳累，出现身心能量被工作、生活耗尽的感觉，产生无助感以及消极自我概念；不想再接个案或做辅导工作；辅导工作中开始感觉不耐烦，注意力不能集中；身体出现不适；辅导时情绪容易烦躁不安，有时甚至对来访者产生敌意；开始怀疑自己是否适合做此项工作等。当出现上述情况中的某一项时朋辈心理辅导员应该注意，是否最近工作量太大、自己承受太大压力、是否自己也有问题等待解决、是否需要补充新技术和方法、是否需要督导等。

专业心理辅导人员也会出现"职业枯竭"，作为非专业工作者的朋辈心理辅导员出现"职业枯竭"当然也是正常现象。"职业枯竭"产生的原因是多方面的，如辅导员不切实际的助人目标、辅导中情感过分卷入、缺乏辅导技巧、辅导中接受负面情绪过多以及辅导员自身遇到问题等。当"职业枯竭"出现时，朋辈心理辅导员该如何保护自己，摆脱"心理枯竭"并愉快地重新投入到工作中去？以下几点可供参考：

（1）当感到"职业枯竭"或周围朋友认为"你最近情况不太好"时，这可能是一个预警信号，我们自己需要认真审视一下，是否自己最近需要休息调整；如果真的出现"职业枯竭"，就需要立即整理一下未完成的工作，暂停辅导，待振作或恢复状态后再重新接待来访者。

（2）休息锻炼。适度的体育锻炼可以舒缓情绪，降低焦虑和压抑感，调节由于紧张造成的身心紊乱，恢复正常的生理功能。

（3）朋辈心理辅导员可以结合自己的情况使用转移、宣泄、暗示等自我调整方法。

（4）同行的分享与帮助。朋辈心理辅导员内部成员之间的分享与帮助在"职业枯竭"和"促进成长"方面可以起到重要作用，朋辈心理辅导员要学会挖掘和使用这一资源。

（5）专业督导。出现"职业枯竭"时专业督导的帮助必不可少，专业督导可以帮助我们调整心态、分析原因、解决问题、提升自己处理问题的能力，同时可以帮助我们寻找适合自己的克服"职业枯竭"的方法，使我们重新振作，恢复工作状态。

(6) 自我反思。当紧张、焦虑情绪得到控制之后，反思自身是必要的。在反思中我们可以了解自己、分析不足，清楚今后努力的方向。辩证地看，这也是一次成长机会。

第二节 朋辈心理辅导员的选拔与培养

一、朋辈心理辅导员的选拔

（一）朋辈心理辅导员的选拔模式

朋辈心理辅导员的选拔大体上有两种模式：一是先培养后选拔；二是先选拔后培养。

（1）先培养后选拔。1966年芭芭拉在《朋辈为什么重要》一书中曾提出这样的观点：在美国的校园中，每位小学生、中学生、大学生经过一定培训都有可能成为一名潜在的领袖模范。每一个经过培训的学生都有可能成为一名合格的朋辈心理辅导员，这种先培养后选拔的模式正是基于此种观点的。这种模式的好处在于：在培训的过程中，教授学生心理学的基本知识、自我调节方法、人际沟通技巧、自我保健等知识，使心理健康知识在学生中得到广泛的普及，培训后根据考核成绩，结合学生特点安排具体工作（宣传、个体辅导、团体辅导、社团活动等），做到"人尽其才，才尽其用"。

先培养后选拔并不是对报名人员没有任何要求，报名初期向所有报名学生讲清报名条件与工作要求，坚持参加此项培训的同学，表明其内心已经对这项工作有了认同，这是今后朋辈心理辅导工作得以有效开展的基本保障。

（2）先选拔后培养。由于朋辈心理辅导是一项专业性较强的工作，对朋辈心理辅导员的素质要求很高，因此也可以采用先选拔后培养的模式，即先通过一定程序的考核，将符合考核标准的同学留下来培训，培训结束后，再经过一次考核，把符合标准的同学留下来作为准朋辈心理辅导员。

前者侧重于在学生中普及心理健康知识，让更多的学生了解和掌握帮助自己与帮助别人的一些简单的方法与技巧，后者更侧重于对半专业性质的心理咨询员的选拔。

朋辈心理辅导员选拔与培训前期需要借助海报、报纸、校园广播电台、讲座、校园招募台等多种宣传媒介进行宣传，通过宣传还可以达到招募成员和宣传心理健康知识的双重目的。

为吸引更多学生的注意，宣传时要做到内容新颖、语言生动、信息明确。

下面是某高校朋辈心理辅导员的招生宣传海报。

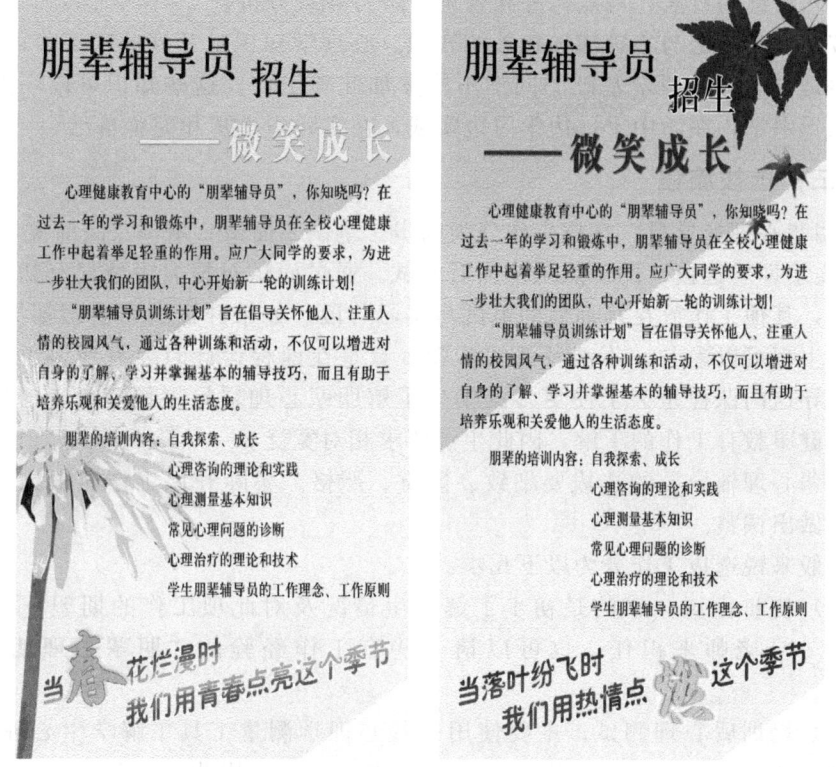

（二）朋辈心理辅导员的选拔标准

尽管对朋辈心理辅导员的要求不像专业心理咨询员那样严格，但在选拔中也要把握一定的标准。

（1）自愿。本人须自愿从事此项工作，加入之后要遵守相应的规章制度，并能坚持工作。

（2）乐于助人。自身愿意帮助身边的人，对此项工作感兴趣，并在助人过程中能够体验到快乐。

（3）积极乐观的生活态度。健康的心理、积极乐观的生活态度不仅能够帮助来访者，也能够保护自己。来访者带着自己的烦恼与困惑来寻求帮助，如果咨询员不能自我调整势必也会影响咨询员自身，同样，咨询员健康的心态也会感染来访者。

（4）热情耐心，认真负责。此项工作要求工作者和善、富于同情心、乐于助人、积极关注当事人，并能细心地发现当事人的心理变化。

（5）接纳自我与他人。接纳自己，更要接纳来访者，用发展的眼光看待来访者。

(6) 善于倾听。能够认真倾听，了解事件发生过程及当事者心理变化，不过早加入自己的看法、观点，并在咨询中进行客观分析。

(7) 具备一定与心理辅导相关的知识。心理学知识是开展此项工作的基础，但并不是说没有心理学基础的同学不能参加此项工作。这些知识可以一点点累积，在干中学，在学中干，边学习边实践，在实践中丰富和完善自己。

（三）选拔流程

"朋辈心理辅导员"选拔工作分为四步：笔试、面试、培训及岗前实习。

"先培训后选拔"的重点是培训后面试。通过面试对报名者情况有初步了解与判断，其他工作放在培训后的笔试与实习阶段。如果开设朋辈心理辅导课程，全校学生都可以参与，不涉及选拔步骤，只是在课程设计时要有所侧重。朋辈心理辅导这门课程是为了使更多的学生了解朋辈心理辅导工作理念，增加对学校心理健康教育工作的了解，因此生源要求相对宽泛。

朋辈心理辅导员的选拔要细致、慎重、严格。实际开展工作时根据具体情况可以做出调整。

一般来说选拔工作分为以下几步：

(1) 初步面试，目的是初步了解学生情况及对此项工作的期望。面试人员可由专业老师来担任，也可以请一些有工作经验的"朋辈心理辅导员"参加。

(2) 培训后心理测试，主要使用一些心理学测量工具了解学生心理情况。根据"朋辈心理辅导"工作岗位不同，要求不同，选用测量工具也不同，如朋辈心理咨询员可以使用人格问卷、心理健康问卷等测量量表；朋辈心理宣传员须具备较强的社会交际能力，根据这一点可以选择相适合的人际交往测量问卷或者自行设计问卷。

(3) 培训后考核。考核内容包括基本知识与技能的掌握、案例讨论、对此项工作的看法及今后工作的设想等。

(4) 培训后单独面试。通过面试可以深入了解学生性格特点及其对本项工作的理解、期望及对未来工作的担忧等。这不仅可以保证朋辈心理辅导人员的质量，也可以为后续的督导工作作铺垫。

(5) 岗前实习。一个月实习期（可以根据学校具体情况适当延长或缩短，课时数在20学时左右），让学生对此项工作有深入了解，进一步判断自己能否胜任此项工作，如果不适应可以申请退出。

(6) 工作中连续评估。为了保证工作质量，提升朋辈心理辅导员的工作能力，连续的评估很必要。可以采用自评和他评方式，评估人员由朋辈心理辅导员、专业老师、来访者组成。通过评估了解朋辈心理辅导员的身心变化，掌握朋辈心理辅导员的工作情况及自身需求；通过对自评和他评的分析、总结，发现培训、工作、生活中存在的问题及不足，给予具体的指导与帮助；并且及时总结朋辈心理辅导员工作的特点、存在的问题，为后续朋辈心理辅导员的选拔、培训提供经验与参考。

二、朋辈心理辅导员的培养

（一）自我成长、基本理论与技能的学习

朋辈心理辅导员培养前期的内容重点，其一是对自我的探索和了解，其二是掌握心理辅导的基础理论和基本技能。内容包括：

（1）咨询员自我探索与自我成长。助人者首先要对自己有正确、清晰的了解，才能够正确认识和管理自己。

（2）朋辈心理辅导基本工作理念与基本知识。

（3）咨询心理学的主要理论与相关知识。

（4）基本的咨询技能。

（5）团体心理辅导技术。

（6）大学生常见心理问题、心理障碍的诊断与识别，包括常见的心理问题和心理障碍的主要表现、识别标准等。

（7）心理测量学基础知识，了解常用心理测量工具及使用方法。

（8）危机的识别与干预。

下面是一套先培训后选拔的朋辈心理辅导员训练方案，仅供参考。

朋辈心理辅导员训练计划

单元序号	理论基础知识	单元活动目的	活动安排及形式	课后思考	指导者	备注
单元一	朋辈心理辅导的基本理念与基础知识（60分钟）	破冰；打破新集体的陌生感与紧张感，初步体会真诚与信任	1. 简介活动安排、原则 2. 相互认识。用你的方式认识你身边的人，如"以前从未见到你，今天这里遇见你，很高兴认识你" 3. 分组 4. 小组活动可以增加小组内部凝聚力，如团体起名字、团体作画、团体表演、团体竞选等 5. 与成员订立契约（守时、保密、小组成长目标等） 6. 了解组员心声（为设计后续活动计划提供参考）	1. 小组活动带给你的感受？用心理日记的方式表露你的感受 2. 为提高小组训练质量，你对小组活动有什么意见与期望	专业心理辅导老师担任指导者，起到讲解、协调、引导、组织的作用	提供参考书目

续表

单元序号	理论基础知识	单元活动目的	活动安排及形式	课后思考	指导者	备注
单元二	咨询技术（60分钟）	深入体会信任与真诚	1. 回顾上周活动，促使成员深入认识。活动如棒打薄情郎等 2. 分享心理日记 3. 增加小组信任，如同舟共济、信任之旅等 4. 总结 5. 重申小组原则	心理日记	专业心理辅导老师担任指导者，起到讲解、协调、引导、组织的作用	提供参考书目
单元三	各心理学流派主要理论与相关知识（60分钟）	认识自我	1. 上一期活动回顾 2. 心理日记 3. 了解自己："20个我是谁"、"人际关系中的我"等 4. 我的影响轮；我的支持系统图及作用 5. 你是我的镜子 6. 总结 7. 重申小组原则	心理日记	专业心理辅导老师担任指导者，起到讲解、协调、引导、组织的作用	提供参考书目
单元四	团体辅导技术（40分钟）	深入认识自我	1. 上一期活动回顾 2. 心理日记 3. 了解自己的开心与烦恼，如用色彩展示"你的烦恼"、"我的烦恼你来帮"、"给烦恼着点色"等 4. 摆脱消极自我暗示：积极暗示语的训练 5. 经验大碰撞：自己摆脱烦恼的经验 6. 总结	心理日记	专业心理辅导老师担任指导者，起到讲解、协调、引导、组织的作用	提供参考书目
单元五	心理问题、心理障碍诊断与识别（60分钟）	自我悦纳	1. 上一期活动回顾 2. 心理日记 3. 我是独特的人，活动如"我的五样"、"戴高帽"等 4. 我喜欢我自己的…… 5. 我们要做自信人：小组讨论怎样成为一个自信的人	心理日记	专业心理辅导老师担任指导者，起到讲解、协调、引导、组织的作用	提供参考书目
单元六	心理测量学基础知识（40分钟）	提升自我悦纳自我悦纳他人	1. 上一期活动回顾 2. 心理日记 3. 我说你做，如我说你画、我做你学等 4. 情绪的控制与表达小组讨论	自己在日常生活中情绪特点是什么样的？沟通技巧怎样	专业心理辅导老师担任指导者，起到讲解、协调、引导、组织的作用	提供参考书目

续表

单元序号	理论基础知识	单元活动目的	活动安排及形式	课后思考	指导者	备注
			5. 沟通技巧，如何处理冲突 6. 请求与拒绝，角色互换体验感受 7. 总结 家庭作业：尝试给自己讨厌、不喜欢、有偏见的人找理由，原谅对方			
单元七	掌握常用干预技术（60分钟）	自信心训练、角色扮演	1. 上一期活动回顾 2. 我的未来 3. 小组成员互相评价 4. 角色扮演：来访者与咨询者、来访者与接待者、观察者等	心理日记	专业心理辅导老师担任指导者，起到讲解、协调、引导、组织的作用	提供参考书目
单元八	校园危机干预（60分钟）	角色扮演	1. 上一期活动回顾 2. 小组分享心理日记 3. 角色扮演：咨询技术练习、心理问题识别等	心理日记	专业心理辅导老师担任指导者，起到讲解、协调、引导、组织的作用	提供参考书目
单元九	转介意识与能力	角色扮演	1. 上一期活动回顾 2. 小组分享心理日记 3. 角色扮演：危机事件处理	心理日记	专业心理辅导老师担任指导者，起到讲解、协调、引导、组织的作用	提供参考书目
单元十		讨论、交流、演练	课程中遇到的困惑、不解等相互给予解答或小组给予帮助			
单元十一	活动、聚会结束课程		1. 哈尔滨植物园旅游 2. 聚餐、照相等 3. 互赠礼物与祝福 4. 征询成员对活动的意见与评价 5. 提出殷切希望，并给予鼓励			

注：该训练计划分10次课50学时，前9次课的学习内容分为理论学习与自我成长。第10次课为答疑解惑。额外增加一次活动、聚会。

（二）岗前培训

经过初步培训的同学（称为初级朋辈心理辅导员）虽然已经了解了朋辈心理辅导员所需的基本素质与能力，但还没有参与实际工作的经验。因而，进行岗前培训与实习是培训系统中一个不可或缺的环节。

岗前培训与实习重点有以下几方面：

（1）了解学校心理健康教育中心的工作。清楚工作性质与类型后，朋辈心理辅导员可以知道自己能参与到学校心理健康教育工作的哪些环节。学生结合自己性格特点选择适合自己的工作，当然如果觉得自己能够胜任几项工作可以同时身兼数职。

（2）专业心理辅导教师与初级朋辈心理辅导员面谈。进一步判断其是否适合这项工作，并给予一定的工作建议与指导。

（3）上岗实习。主要采用朋辈心理辅导员带初级朋辈心理辅导员的"多帮一"、"老帮新"与专职教师定期指导相结合的形式。这种指导形式，不仅可以使新朋辈心理辅导员尽快适应工作环境、了解工作程序，同时也可以加强朋辈心理辅导员之间的凝聚力。

（4）小组交流。初级朋辈心理辅导员在老师或朋辈心理辅导员的指导下，定期进行小组交流，分享经验，促进共同成长。

（5）对在实习阶段的初级朋辈心理辅导员的心理、行为变化，随时给予指导和帮助，帮助他们认清自己、接纳自我，从而真正起到助人自助的作用。

（三）专业督导

专业督导是指由督导人员对朋辈心理辅导员在业务学习与实践操作上的指导与监督，对其在心理辅导中遇到的问题、困惑等给予及时的、具体的、恰当的帮助与指导，以不断提升朋辈心理辅导员对心理辅导的理解与操作。

朋辈心理辅导员督导形式多样，按督导人员的性质分为专业老师督导和有经验朋辈心理辅导员督导两种；按督导人员数量的多少分为一对一督导、多对一督导、团体督导等；校园中常采用的督导形式为专业老师团体督导和朋辈心理辅导员小组自身督导、朋辈心理辅导员自我督导三种督导形式。专业老师定期举行团体督导以解决朋辈心理辅导员在工作中遇到的各种困扰，帮助其澄清、面对、分析和提升。朋辈心理辅导员小组定期举办小组成长训练营，学习最新咨询技术、探讨疑难个案、邀请专业老师讲解最新见闻等。小组一直是一个理解、支持、共享的能源库，此能源库源源不竭，而且会不断积累能源，朋辈心理辅导员要珍惜此能源库带给自己的帮助。朋辈心理辅导员自我督导是指每一位朋辈心理辅导员要定期学习、自我总结、自我反思，自我督导对自身成长、提升工作质量与效率有重要意义，它是朋辈心理辅导员提升的主要途径，因此要坚持时刻进行自我督导。

本章主要介绍朋辈心理辅导员选拔与培养的基本程序和要求，在具体的选拔与培训中，学校要结合自身的不同需求和目标，对培训理念和内容作相应的调整。唯有如此，才能做好朋辈心理辅导员选拔与培养工作，为今后更好地发挥朋辈心理辅导员的作用打下坚实的基础。

思考与练习

1. 在工作中如何树立良好的工作理念及培养合格的工作态度？
2. 在朋辈心理辅导工作中如何做到尊重？
3. 根据"朋辈心理辅导培训内容"设计一套"朋辈心理辅导"培训方案。

第三章
与朋辈心理辅导相关的理论介绍

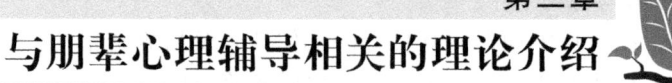

从广义上来讲，朋辈心理辅导是一种人际间的沟通与帮助行为。由于本书所述之朋辈心理辅导侧重于在高校推行半专业的心理帮助和实施有效的危机干预，因此我们将主要从心理辅导的角度来阐释能够为朋辈心理辅导员掌握和运用的理论，以提高心理帮助过程的科学性和有效性。

在当代心理辅导与治疗领域内，冠以各种名称的辅导体系、策略及疗法有几百种之多，其中影响较大的有精神分析学派、行为主义学派、人本主义学派和认知学派等，每种学派又衍生出多种辅导理论和方法技术，到20世纪80年代已达400多种。① 在心理咨询与治疗的教科书中，介绍最多的心理咨询理论是心理动力学疗法、行为主义疗法、人本主义疗法和理性情绪疗法，国内已出版的朋辈心理咨询的书籍也是按照每一个疗法进行分类介绍。我们认为作为非专业的心理助人者，如果有时间系统地学习相关的理论最好，如果没有精力系统地学习心理治疗理论，也可以通过了解各种心理辅导与治疗理论的基本思想和简单的操作技术，去更好地理解人为什么会出问题，以及如何解决问题。因此，本章主要综合心理动力学、行为主义、人本主义、认知疗法等常用的心理辅导理论，从对人性的分析出发，去探讨人为什么会产生心理问题，以及解决问题的角度和思路。

第一节 心理辅导的人性观

人性观是心理辅导与治疗理论的核心，是一切方法和技术的基础。只有理解了"人性是什么""人为什么产生问题"，我们才能更好地去帮助人解决问题。对于朋辈心理辅导员而言，在有限的时间里，我们很难完整准确地掌握心理辅

---

① Norcross J C, Grencavage L M. 1989. Eclecticism misrepresented and integration in counseling and psychotherapy: Major themes and obstacles. British Journal of Guidance and Counseling, 17: 227~247

导与治疗的理论，但我们可以通过这些理论提供的角度，全面、深刻地理解人性，从而更有效地帮助我们的同辈。

马克思讲，人是一切社会关系的总和。人只要活着，就要去了解他人，了解人性。人性不仅是哲学家、思想家、教育家、心理学家所研究的主题，更是普通大众茶余饭后所关心的话题，比如，人们常说，"张家老大是个孝顺的孩子，他从小就懂得舍己为人"，"隔壁寝室的小李有点狡猾，骨子里就带着一股坏劲"。当我们评价一个人时，通常会用善与恶、好与坏的标准，在推断他的未来发展时，也通常有可以塑造和不能改变两种不同观点，那么是什么决定了一个人的善与恶、好与坏呢？能不能改变又取决于哪些因素？

俗话说"江山易改，本性难移"，这里的"本性"指的是一个人先天具有的一些品行。如狗是喜欢吃骨头的，人对抚养者是有依恋的，这些被心理学家称为动物和人的生物属性。人与动物的区别在于其社会属性，我国台湾学者张春兴在《张氏心理学词典》中将人性定义为"狭义的人性是指人的本性，指人类与生俱来的一切性情；广义的人性是指先天条件之外包括后天学习的一切性情"。为了更全面地了解人性，本书采用其广义定义，从先天和后天两个角度去分析。

一、中国传统的人性观

中国传统文化中很早就有关于人性的争论。两千多年前孔子就提到"人之初，性本善，性相近也，习相远也；唯上智与下愚不移"（《论语·阳货》），意思是说：每个人生下来原本都是一样的，所处环境和所接受的教育不同使得人有了好与坏的差别，但对于"上智"和"下愚"来讲则有所不同。

在《论语·季氏》中，孔子把人分成三类："生而知之者，上也；学而知之者，次也；困而学之，又其次也；困而不学，民斯为下矣。"上智即指"生而知之者"，但对于被誉为至圣先师的孔子来说，他也不承认自己是"生而知之者"。因此我们可以认为他所谓"上智"的人，不过是理想化的第一等级的人，在现实中是不存在的。韩愈在《师说》中也曾有论述："人非生而知之者，孰能无惑。"所以后来孔子又提出"有教无类"（《论语·卫灵公》），即任何人无论智愚、种族、贫富，都需要教化，并且人都是通过教育成才成德的。

对于人与生俱来的天性，孔子强调了"仁、智、勇"三个要素，谓之"三达德"。作为一个完整的人，应当将三者统一起来，孔子所谓教育的目的就是培育具备"三达德"的君子。从心理结构或机能上说，仁属于情（即情感），智属于知（即认知），勇近于意（即意志），由此从现在心理学的角度来看，孔子对于人性的理解已包含了知、情、意三个心理过程。

孟子言人性主要侧重于"心",他批评告子以食色为性,只看到了人与兽的相同,而没有注意到人类还有思考的"心",即"性情心"、"仁德心"。他说:"恻隐之心,人皆有之;羞恶之心,人皆有之;辞让之心,人皆有之;是非之心,人皆有之。恻隐之心,仁也;羞恶之心,义也;辞让之心,礼也;是非之心,智也。仁义礼智,非由外铄我固有之也。"(《孟子·告子上》)虽然仁、义、礼、智是先天带来的,但如果不经扩充,也会失去,作奸犯科的恶人就是环境未经教化的结果。

有人认为,荀子后来提出性恶论是针对孟子而发的。荀子认为:"人之性恶,其善者伪也。"意思是说人性本恶,其中的善是人为的结果。对于恶的本性,荀子论述为"人生而好利"、"疾恶"(不喜欢丑恶)、"耳好声,目好色、口好味、骨体肤理好愉快",如果顺应恶端,就会产生"争夺"、"残贼"、"淫乱"、"暴虐"等恶行,"故必将有师法之化,礼义之道,然后出于辞让,合于文理,而归于治"。但世上也总有教而不化的人,对此只有通过后天"起礼义、制法度、以矫饰人之惰性而正之,才可为君子"。(《荀子·性恶》)

对于孟荀之争,清代国学大家钱大昕论证说:"孟子言性善,是要人尽性而乐于善;荀子言性恶,是要人化性而勉于善。"人性本有善恶两面,孟荀各得其一,立言虽殊,教人以善却是一样的。

二、心理辅导理论的人性观

在第五届世界心理治疗大会上(2008年,北京),奥地利西格蒙德·弗洛伊德大学校长、世界心理治疗委员会主席 Alfred Pritz 教授将心理咨询与治疗的理论分为7类,分别为精神分析取向、认知行为取向、系统家庭取向、人本主义取向(格式塔疗法、交互分析)、催眠取向、放松和心身取向(如瑜伽)、整合取向。在这些从经典到后现代的心理辅导理论中,最初对人性观的争论主要集中于人的自由发展与被决定、善与恶、理性与非理性的问题上,这其中也包含了对于先天和后天的不同侧重,到后来发展为相互作用论、主观和客观的多元结构等趋于整合的观点。[①]

(一)绝对决定论

绝对决定论认为人是被决定的,包含本能决定论和环境决定论。本能决定论从进化论的角度出发,认为人是由动物进化而来的,所以保持着动物的本能。这些本能保存在人的潜意识之中,决定着人的思想和行为。环境决定论则排斥意识,主张研究行为,强调环境对行为的直接影响。

---

① 田学英.2007.从人性观的变化看心理咨询与治疗的转向.芜湖职业技术学院学报,9(1)

1. 本能决定论

持本能决定论观点的主要是精神分析学派，其创始人弗洛伊德把人的心理分成潜意识、前意识、意识三部分。其中，潜意识就像一个大仓库，储存着本能的力量和被压抑的欲望。在所有的本能中，性本能对人的成长和发展影响最大，几乎所有神经症患者都起源于生命最初5年的错误性经验（如手淫和禁欲），儿童和父母处理早期性感觉的方式对成年后的人格有很大的影响。

1) 心理结构

弗洛伊德认为人的心理由潜意识（深层）、前意识（中层）、意识（表层）三部分组成。

（1）潜意识（unconscious）：指被压抑的欲望、本能冲动以及其替代物（如梦、癔症）。潜意识的主要特点是非理性、冲动性、无道德性、反社会性、非逻辑性、非时间性、不可知性、非语言性等，潜意识的内容往往与社会伦理、道德等相背离，总是按照快乐原则去追求满足。在整个的心理过程中，潜意识占据重要的地位，决定着人的全部意识活动，甚至包括个人和整个民族的命运。

（2）前意识（preconscious）：指虽然潜隐，但在某种条件下却可以成为意识部分的心理内容。前意识就像一个检察官，负责一定的稽查作用，防止潜意识之中的欲望和本能侵入意识，但它也会有松懈的时候（如人在睡眠状态），这时潜意识中的内容就会经过伪装进入意识。

（3）意识（conscious）：指能被人觉察和感知的心理过程与内容。弗洛伊德将其等同于心理，认为其中发生的心理现象一纵即逝，有点类似于认知心理学讲的工作记忆。意识依据现实原则行事，压抑着潜意识中的本能和冲动。

2) 本能的类型

本能（instinct）是人的生命和生活的基本要求、原始冲动和内驱力，它是人的一切内在潜力，经常驱使人去寻找快感。弗洛伊德给了它一个专门的术语——力比多（libido），力比多即性欲，当然它不仅仅指生殖活动，而是一种"内在的能量"，是生命力。

弗洛伊德最初把本能分为自我本能和性本能。自我本能指饥饿、渴、呼吸、排泄等，是个体进行自我保护和生存的力量，它们更加迫切、不能简单压抑、不可以升华、可变性极为有限。性本能指与性欲和种族繁衍相联系的冲动，可以延缓，可以被压抑进入潜意识，可以升华、替代或转化。后来，弗洛伊德发现这种划分对很多现象不能解释，如受虐狂、佛家的圆寂、第一次大战的恐怖、残酷、屠杀和破坏。因此，他又提出了生本能和死本能的划分。自我本能和性本能都属于生本能，是指潜伏在生命自身中的一种进取性、建设性和创造性的活力，目的是建立生命存在的统一体。死本能是潜伏在生命自身中的一种破坏性、攻击性和自毁性的活力，表现为破坏、分解或毁灭。死本能也分为对内和对外两部分，对内表现为自杀、自虐；对外表现为攻击、杀人等。

弗洛伊德主张生物主义的本能决定论，我们不能完全否认本能，但是随着人的社会化程度越来越高，习得的东西也越来越多，高级需要越来越多，本能的力量和影响范围就会越来越小。

3) 性心理发展阶段

弗洛伊德认为童年的早期经验和冲突能够持续影响成人的活动、兴趣和人格，早期经验主要指性的经验。他认为，儿童也有性欲，与成人期的性不同，儿童的性是一种泛化的快感，他们满足性欲的部位在嘴唇、肛门、生殖器，甚至周身皮肤。依据性欲满足部位的不同，可以将人的心理发展分为五个阶段，每个阶段都面临着一种潜在的冲突。

(1) 口唇期（0～1岁）：新生儿和婴儿的力必多主要集中在口唇部位，此阶段最大的需要是获得食物，维持营养。吸吮、咀嚼等嘴的动作是获得快感的来源，即使不饿，婴儿也常常把手指或者其他的东西塞到嘴里去吮吸。婴儿通过吮吸获得口部欲望的满足，这种最初的性欲可以保持到成年人的性生活中。

(2) 肛门期（1～3岁）：断奶以后，儿童对自身的关注开始转换到肛门、臀部和生殖器。此阶段潜在冲突来源是上厕所的训练，儿童从排泄的过程和排泄后体验到来自肛门的快感，成年人在这个阶段开始训练儿童控制排泄过程，使之符合社会要求，由此就产生了父母与儿童之间对主动性权力的争夺。同时，我们可以看到，1～3岁的儿童会有意无意地抚摸自己的性器官，他们也喜欢成年人抚摸、亲吻他们的身体。

(3) 性器期（3～5岁）：儿童在这个时期开始了解两性器官与性别差异，生殖器开始有兴奋的表现，出现较多周期性的手淫。此时期潜在冲突来源于恋母情结和恋父情结，男孩迷恋自己的母亲，女孩喜欢和父亲亲昵，但是由于担心同性父母的惩罚和社会的批评，于是产生向同性父母的认同。

(4) 潜伏期（5～12岁）：在这个时期，儿童忙着学习各样新奇事物，因而降低对性的兴奋，性欲会出现停滞和退化。所接受的教育使儿童知道兼顾快乐和现实的原则，道德观念开始发展，防御机制开始形成。

(5) 两性期（12～18岁）：进入青春期以后，儿童的第二性征开始出现，两性意识萌动。性的能量像成人一样开始涌动，儿童开始试图摆脱父母的控制，独立支配自己的生活。潜在冲突来源是成熟的性亲密行为，成功完成早期阶段的成年人会对他人产生真诚的兴趣并具有成熟的性特征。

儿童通过与父母的互动，在童年早期（尤其是3～5岁）形成的处理潜在冲突的行为模式，对成年后的心理和人格会有很大的影响。

总而言之，精神分析看待人的角度是消极的、悲观的，认为人是被本能决定的，本能中都是不被社会道德所接受、邪恶甚至具有敌意和攻击性的。本能深埋在潜意识中,是由生而具有的动机和早期形成的经验压抑而产生的。人无法控制自己的行为,总是冲动和非理性的。

4) 扩展的无意识

弗洛伊德关于潜意识的概念受到赫尔巴特意识域、费希纳无意识思想、哈特曼无意识哲学的影响,只不过弗洛伊德更多强调了情欲和动机。现代心理学已经越来越把无意识看做是一个开放性的概念,它既包括弗洛伊德的个体潜意识、荣格的集体无意识、弗洛姆的社会潜意识和汉德森的文化无意识,也透着东方的"道"、"太极"和"禅"的意境。[①] 无意识理论的一些基本观点已被当今心理学界,以及知识界广泛接受。许多心理学家进行了一系列的实验,证实了无意识的存在及它与意识明显不同的运行机制。在心理学研究和心理治疗的过程中,无意识理论也发挥着独特的作用。扩展的无意识概念,让我们不仅看到了人作为个体的一面,更能从人所处的集体、社会乃至文化背景下去理解人性,从宇宙的广度和历史的深度去看待整个人类。

2. 环境决定论

正当弗洛伊德精神分析学说在欧洲盛行之时,一种与之抗衡的学说,即行为主义在美国和俄国兴起了。1913年,华生发表了《从行为主义看心理学》,受到当时心理学家的称颂,宣告了行为主义心理学的诞生。巴甫洛夫通过对动物的实验,最早提出"实验性神经症"的概念,也是行为主义理论的奠基人之一。行为主义又被称为"S-R"心理学,即刺激-反应心理学。

行为主义的主要观点是:人的一切行为习惯,不论是适应性的还是非适应性的,都是通过学习获得的;人生下来就像一张白纸,是无善无恶的;人性的发展取决于后天的成长环境;在环境的作用下,人没有理性思考,是被动接受的。可见,行为主义否认人的主观能动性,也持悲观决定论的观点。

对于环境的决定作用,美国行为主义心理学创始人华生有一句名言可以清晰地阐释。他说:"给我一打健康而体型健全的婴儿,给我一个专门的环境培养他们,我保证从他们之中任意选出一个,都能将他培训成我所选择的任何一种专家——医生、律师、艺术家、大商人,当然还有乞丐和小偷,而不论他们的才能、爱好、能力、禀性如何,也不管他们的祖先是什么种族。"[②]

在华生看来,心理学应该成为"一门纯粹客观的自然科学"。他还通过实验的方式证明了人类恐惧的形成过程:11个月的小男孩阿尔伯特非常喜欢小动物,当把一只小白兔放在他身边时,小阿尔伯特会做出拥抱它的动作,当小男孩刚刚伸出手臂的时候,华生就会在旁边用铁锤敲击一段铁轨,发出刺耳的响声,

---

① 申荷永.2004.荣格与分析心理学.广州:广东高等教育出版社
② Watson J B. 1930. Psychology(2nd ed.)New York:Norton:82

使得小男孩受到惊吓。当小白兔再次来到小男孩身边时，受到惊吓的体验被唤醒，小男孩做出恐惧的反应。随着对白兔产生恐惧的反应及泛化，小男孩见到大胡子的叔叔、老鼠和妈妈的毛皮大衣等也会产生恐惧，就像"一朝遭蛇咬，十年怕井绳"。①

经典条件反射的提出者巴甫洛夫也对此做出了实验性的验证，他在对狗进行条件反射的分化训练时观察到，当圆和椭圆的分辨率对比达到 8∶9 时，狗很难做出分辨，同时出现了类似于精神症状的反应。巴甫洛夫称之为"实验性神经症"，得出异常行为也源于条件作用的结论。

（二）人是自由发展的

第二次世界大战以后，美国经济繁荣发展，在基本需要大多数得到满足的基础上人们进一步追求高级需要的满足和真、善、美等高级自我价值的实现，兴起了人本主义学派。人本主义心理学反对行为主义研究动物和幼儿的简单行为，也反对精神分析只关注患者，主张应该以正常人、健康人为研究对象，其代表人物是罗杰斯、马斯洛、罗洛·梅、布根塔尔。虽然他们的思想并不是完全统一，但在对人性的理解上却有着共同的特点：重视人的高级整合的动力心理，如人的本性、潜能、价值、尊严、创造力、自我实现等。

1. 人性本善

人本主义心理学家相信，人是"一种正在成长中的存在"，每个人本质上都是好的、善良的。马斯洛认为人性内核是人的基本需要或类本能（类似本能），即人类内在的、高级的一种需要或潜能。虽然潜能和本能都属于先天生物学因素和动力系统，但潜能是一种比较微弱的先天因素，既不像本能那样强烈，也不是不学而能和不可改变的。马斯洛把人的这种先天需要分为五个层次：生理需要、安全需要、归属和爱的需要、尊重需要、自我实现需要，这些需要越高级，越带有人性的特征。生理需要和安全需要是人和动物都具有的，而尊重和自我实现则只有人类才具有，并且越高级的需要对社会发展越有积极的促进作用。

2. 人可以自由发展

每个人都有巨大的潜能，这些潜能只有通过发展才能成为现实。人本主义反对精神分析夸大本能的决定作用，认为人在满足需要的过程中，具有主观能动性，可以内省和调控自己的行为。并且，每个人都希望自己向好的、强的、完善的方向发展，他们会主动思考自我价值，寻找适合环境的满足方式。如果环境是尊重和信任的，每个人都会保持着一种积极的、建设性的态度，进行个人和社会的改进。在改进过程中的所有事件都是有意义的，我们经历的欢乐和

---

① 陈琦，刘儒德．2007．当代教育心理学．北京：北京师范大学出版社：134

悲伤，使得我们更深刻地理解生命，进入更深层次的精神世界，同时也是一种新成长的开始。

3. 人富有社会性和创造性

人作为动物进化的最高阶段，是富有社会性和创造性的。在追求自我实现的过程中，由于需要没有被满足，人会产生负面的情绪（如愤恨、恼怒、失望、悲痛和敌视）、破坏和侵犯行为。人的真我蕴藏着丰富的智慧，他们有能力去发现自己的负面情绪和心理不适应，创造性地解决自己的问题。在人的意识中，澄明、宁静、明朗、爱、知识以及内在的力量感，都是不能被忽视的部分。人是社会的人，值得信任，可以合作，懂得尊重别人，能够对别人产生同情、了解，形成亲密的关系。

人本主义心理学是人类了解自己过程中的一块里程碑。霍夫曼（Hoffman）在《做人的权利——马斯洛传》一书中引用与马斯洛毫不相识的人的话说："正是由于马斯洛的存在，做人才被看成是一件有希望的好事情。在这个纷乱动荡的世界里，他看到了光明与前途，他把这一切与我们一起分享。"的确，如果说精神分析看到了人性中病态的一面，那么人本主义就是将健康的部分补充完整，使得人成为一个全面发展的整体。

人本主义倡导的心理咨询就是帮来访者提供一个真诚、安全、温暖和无条件积极关注的氛围，被动地跟随、陪伴、支持，将具有充分潜质的人早已存在的能力释放出来。在这个过程中，来访者能坦然地面对自己，通过内省和自我探索去发现和判断自我的价值，调整自我观念，恢复和提高价值、尊严，达到独立自主，获得生活的进步。但是对于如何达到自我实现，如何发挥人的主观能动性，人本主义却没有进行实验性的验证。

（三）相互作用论

20世纪中叶随着计算机科学的发展，心理学家尝试把人比作计算机，研究环境作用于人类有机体时在头脑中发生的思维、判断、推理等过程。与只强调"刺激-反应"联结的行为主义相比较，认知学派重视人的认知加工过程，因此有人把行为主义说成是"黑箱理论"，把认知学派说成是"白箱理论"。对于人如何发挥主观能动性，人本主义只是提出了一个探索性的尝试，认知学派则用实验揭示了这个过程中的作用机制。

与此同时，发展心理学也不再进行遗传与环境谁决定发展的简单化的机械争论，而是同时重视先天和后天，并开始研究两者的相互作用机制，称为相互作用论。其主要论点包括如下三个方面：

（1）遗传与环境的作用是相互制约、相互依存的。一个因素作用的大小、性质依赖于另一个因素，如具有精神分裂症潜在倾向的个体是否发病取决于个体遇到的环境压力，而没有这种遗传倾向的个体，即使环境压力再大也不易出现这类疾病。

（2）遗传与环境的作用相互渗透，相互转化。人可以创造性地改变环境，使环境与自己一致；人在不能改变环境的时候，对自己做出调整以适应环境。

（3）遗传与环境对发展的作用是动态的。对于较低级的心理机能（如注意力、记忆力），遗传的影响较大；越是高级的心理机能（如抽象思维、高级情感），受环境的影响越大。

"认知"是指一个人对一件事或某对象的认识和看法，包括对自己的看法，对人的想法，对环境的认知和对事的见解等。后期认知学派不仅重视认知，也兼顾行为的调整，合并成了认知行为治疗学派，内部各自发展了相对独立的体系，其中较为著名的有伯尔尼（E. Berne）的"相互作用分析"（TA）、贝克（A. Beck）的"认知疗法"、梅钦鲍姆（D. Meichenbaum）的"认知行为矫正"、艾利斯（A. Ellis）的"理性情绪疗法"、格拉塞（W. Glasser）的"现实疗法"以及拉扎鲁斯（A. Lazarus）的多模式疗法。

认知行为治疗学派对于人性的看法较为统一，他们承认无论先天带来还是后天影响，人性中都是善恶并存的，并且人有自主的能力，可以选择自己的命运。

理性情绪疗法创始人艾利斯认为：①人有要存在、趋向于成长和自我实现的内在倾向；②人天生就有一种异常强大的倾向，要求并坚持他们生活中的一切都尽善尽美，一旦他们未能立即得到想要的东西，就狠狠地谴责自己、他人以及这个世界；③在后天教育和环境的影响下，人对于完美的追求容易发展出非理性的生活态度，但经过正确的教育和引导同样可以形成科学、合理、健全的生活方式。这种人性观是人本主义-存在主义的立场，同时强调人的善与恶、理性和非理性、先天与后天，是一种全面整合的人性观。

现实疗法的人性观看起来比理性情绪疗法更为积极主动一些，格拉塞十分强调人的自主和自立，认为一个人的命运取决于他（她）自己，必须自己对自己负责。

（四）后现代的观点

后现代主义心理治疗是在后现代主义心理学思潮影响下迅速发展起来的心理治疗实践活动，属于这一系列的治疗方法主要有存在疗法、焦点治疗、叙事疗法、多元文化心理辅导与治疗、家庭系统疗法、女权主义心理治疗等。在人性观问题上，他们更强调人是一个存在的实体，强调完整的、处于系统中的人具有一定的文化色彩，承担着历史的命运。

后现代心理治疗的基础理论是建构主义，他们反对主客观判断两分的主张，认为客观现实不过是人的一种发明物，一种主观的建构。我们的知识并不是对真实世界原状的准确反映，而是我们自己或社会用语言建构出来的，受时间、地点、环境和个人主观因素的影响,因此具有很强的文化性和个体差异性。

存在主义疗法来源于存在主义的哲学思想,认为:①人在把自己投向未来之前,什么都不是,人的"存在先于本质"[①],他必须先存在,然后才创造他自己;②人是绝对自由的和自主的,能够依照主观行事,有能力知错鉴非,而不是听命于人;③人的善恶是后天自由选择的结果。

后现代的叙事治疗主张把人和问题分开,认为:①每个生命都是独特的,独一无二的;②生命之所以无法统整是因为我们还没有发现自己生命的宝贵与美丽;③每个人都是他自己生命的专家、问题的专家,没有人比他更了解他自己。治疗师不是以改变个案为目的,而是强调对个案生命的了解与感动。求助者自己才是自己生命的作者,每个人都有能力依照自己的偏好,重写自己的生命故事。问题产生于人们对事情的消极和悲观描述,在这个过程中,通过植入一种积极的、具有建设意义的说法,从而有助于问题的解决。

多元文化心理辅导与治疗(MCT理论)认为"文化是人的本质特征",人的意识和心理总是具体的,产生于一定的历史文化背景,反映了特定社会文化的内容。对于心理常态和变态的界定,也具有社会文化的特征,如同性恋在美国部分州是可以结婚的,但在我国目前却很难被人们所普遍接受。

现代范式的心理治疗着眼于个体的感受,把心理问题定位于个体内部。后现代心理治疗则把心理问题定位于人际之间,即由以语言为媒介的种种关系构成的社会空间,强调的是语言的社会过程,"心理障碍往往只是人际关系障碍的副产品"。后现代治疗总是让我们能够从更积极的角度去理解人,如同叙事治疗所强调的:治疗师要用"欣赏"、"好奇"的眼光去"看"个案的生命,如同是在欣赏一幅最美丽的画卷,这让所有的治疗师和求助者都看到了生活的美好,充满了对前途的向往。

三、整合的人性观

随着心理学研究的深入,人们已经不再只从单一的角度去理解人性,20世纪80年代在美国成立了一个专业组织——整合心理治疗学会(the Society for the Exploration of Psychotherapy Integration,SEPI),他们认为心理辅导应博采众家之长,使用兼容并包的方法,多角度、多渠道地去帮助来访者。

1982年,史密斯(Smith D)对415名临床和咨询心理学家进行调查,结果表明41.2%的从业者认为自己使用的是折中主义理论。此外,还有人对美国自

[①] 萨特.2005.存在主义是一种人道主义.周煦良,汤永宽译.上海:上海译文出版社

1974 年起 15 年间的临床心理学研究做了回顾总结,发现近 50% 是兼容取向的。[①] 到 90 年代,对临床心理学、精神病学和社会工作等相关领域的专业人员所作的统计已表明:68% 的人认为自己属于兼容学派。[②]

折中和整合的心理辅导理论试图寻找各种方法之间的共同之处,发现有以下四处:①人有生物本性,也有社会属性;②就生物本性而言,人也是有善有恶,有理性也有非理性;③内因和外因对心理形成的影响同时存在,先天与后天相互作用、相互制约;④在进行辅导时,应该同时调整认知与行为。总结而言,即善与恶、理性和非理性同在,认知与行为并重,先天和后天相互作用。

第二节 心理问题的成因

对于人为什么会出现问题以及如何解决问题,每种心理辅导理论都有自己的系统性理解。现代研究者普遍能够从综合的角度进行分析,认为人的心理和情绪问题是内因和外因相互作用的结果。内因包括身体状态、认知、需要、动机、人格等;外因包括环境、挫折事件、人际紧张、现实和心理冲突等。为了便于朋辈心理辅导的开展,我们将大学生心理问题的形成原因总结为以下几点。

一、认知歪曲

按照情绪的 ABC 理论,认知作为理性的心理活动,对人的情绪、情感、动机和行为等有较强的调控作用。客观、科学、合理的认知导致合宜的情绪和行为,非理性的认知导致不合宜的情绪和行为。

贝克认为每个人的内心都有一些错误观念,这些观念常常进行"自动化思维",指导一个人去认识世界和解决问题。在这个过程中,人们会遵循一定的规则。如果个体不能对解决问题的内在和外在信息进行全面的收集,只根据以往的经验做事,或者对自己自动化思维中某些错误观念不加以内省,或过分按规则行事,无论哪种情况,都会造成认知歪曲,产生不良的情绪和不适应的行为问题。贝克坚信有情绪困难的人倾向于犯一种自我贬低的"逻辑错误",在思维、信息不足或错误信息的基础上进行不正确的解释,以及不能区分现实和想象。

---

① Norcross J C, Grencavage L M. 1989. Eclecticism misrepresented and integration in counseling and psychotherapy: Major themes and obstacles. British Journal of Guidance and Counseling, 17: 227~247

② 转引自:郑日昌. 2000. 心理辅导的新进展. 心理科学, 23 (5)

常见的认知歪曲有：

（1）主观臆断。在信息不正确或者不充分的情况下作出结论，大部分都是"灾难化"的结果推理。

（2）选择性的概括。仅仅依据对一个事件某一细节的了解就得出结论，从而忽视了整体内容的重要性。

（3）过度概括。指把某件意外事件产生的极端信念不恰当地应用在不相似的事件或环境中。

（4）夸大和缩小。用一种比实际上大或小的意义来感知一个事件或情境，通常表现为过度强调负向事件的重要性，看不到自己所取得的成绩。

（5）个人化。指在没有任何根据的情况下将一些外部事件与自己联系起来的倾向。

（6）贴标签或贴错标签。根据缺点或者以前的错误给自己或他人以整体的负性评价。

（7）极端思维。用全或无、非黑即白、非此即彼的方式看待人或事件。

其实，在现实生活中，我们会产生很多歪曲的认知和不合理的信念，认知学派的心理学家仍在不断地探索和分析。例如，柏恩（E. Berne）在其交互分析理论中提出四种人的生活定位：①我好，你好——主体与环境互相认同；②我好，你不好——认可自我，不认可环境，主体多防卫（人群比例最大）；③我不好，你好——否认自己，承认环境，归罪于自己；④我不好，你不好——反社会，即使自己不好，也希望别人受拖累。其中以①最有助于人际关系的增进与开展，②③会主动寻找帮助，④则不会。"认知行为治疗之父"艾利斯也提出了人的11种非合理信念，下一章我们将对此进行详细的介绍。

二、需要未被满足

人的需要种类繁多，有一些是不被社会所接纳的，或者在满足的过程中可能伤及他人的利益。许多需要之间相互矛盾，有的甚至不能相容，所以要想满足某些需要就必须对另外一些需要进行压制。所以，人的很多需要其实处于未被满足的状态，需要未被满足而又希望满足就会给人造成很大的心理张力。被压抑的需要越多，压抑时间越长，心理张力越大，即动机越强。张力的持续存在就会给人带来情绪困扰和心理问题，同一时间内如果存在两种或多种非常相似或相互矛盾的动机，使人难以取舍，就会形成动机冲突。

（一）压抑和替代满足

压抑是指人类有意无意地对内心的欲望及情感进行抑制和克服。适当的压抑有助于良好社会形象的保持，过度压抑则会导致心理失调。精神分析特别关注入对性的过度压抑,如认为性是肮脏的、伤身体的,要彻底克服掉,不允许自己有丝毫此方面的念头,一旦出现就自责、检讨;对外也强加掩饰,唯恐他人发觉,一旦被发觉,就会更加无地自容。性的压抑可以导致与性有关的各种心理问题、神经症或精神疾病某些症状的出现。

弗洛伊德用下列公式表述:神经病原因=利比多执著所产生的倾向+偶然的(创伤性的)经验。精神分析的治疗理念即把潜意识的内容呈现于意识层面,使人能够修通和领悟,症状也会随之消失。

(二) 动机冲突

动机冲突指"个体在做出某项决定前,多种相互矛盾的动机并存而发生斗争时,内心体验到的一种难以抉择的冲突状态"[①]。个体在活动中,经常会同时产生两个或两个以上的动机,而它们所追求的目标,都能满足个体的某种需求,其动机强度一度处于均衡状态,个体就难以抉择。动机冲突只是动机结构中的暂时现象,经过剧烈的较量之后,必然会有一个动机战胜其他动机而处于主导地位。

个体在处于动机冲突时常常伴随着紧张、不安、愤怒等情绪反应,问题越重要,越难以取舍,伴随的负性情绪就越强烈、持久,对身心健康的影响就越大。动机冲突有四种基本类型:双趋式冲突、双避式冲突、趋避式冲突、双(多)重趋避式冲突。如一个人在找工作时,想要找一份发展前景好的工作,但这样就必须与女朋友相隔两地,是选择好工作还是选择与女友在一个城市就形成了动机冲突。

三、环境影响

人出生以后就会处于一定的环境中,对人的个性形成影响最大的环境是家庭、学校和社会。

(一) 家庭环境

1. 贫困生问题

据《中国青年报》2006年的报道,在我国普通高等院校中,贫困生约占20%,近300万人,其中月生活费在150元以下的贫困生比例为31.2%,月生活费在90元以下的特困生比例为12.6%,而且近年特困生比例在我国高校中呈不断攀升的势头。尽管国家已经为贫困生提供了贷款和各种奖学金,在一定程度上解决了他们的实际困难,但贫困生所表现出来的一些特点仍然应该引起我

---

① 时蓉华. 1988. 社会心理学辞典. 成都:四川人民出版社:122

们的关注。

（1）对摆脱贫困的渴望与无奈。贫困生多来自落后山区、农村或多子女家庭，有些来自城市下岗职工家庭、单亲家庭或有天灾人祸的家庭，几乎都无法获得学习和生活的基本保障。即使有了贷款和资助制度，也有部分学生因为不愿让别人知道自己的贫困而不去贷款。他们希望通过打工来赚取学费和生活费，不得不占用宝贵的学习时间，有时还要承受精神的压力。

（2）对人际交往的向往与自我封闭。贫困生作为一个特殊群体，渴望人际交往、渴望友情的温暖、渴望过上丰富多彩的大学生活，但是，贫困将他们与别的同学隔离开来。经济实力强的同学穿名牌、进饭店，出手大方，交友广泛；而贫困生生活清苦，衣着寒酸，无力支付与人交往的各种消费，他们变得敏感、孤僻、沉默寡言。这种自我封闭与对人际交往的渴望之间的矛盾使他们的身心极大受损。

（3）自卑感和强烈的自尊心。因为生活思想落后，对家庭贫困的农村孩子来说，初到城市会有很多需要适应的地方。开始在人际交往中，他们常发现城市同学谈论的一些事情自己从来没有听说过，一些话题自己根本插不上嘴。有些贫困生的兴趣爱好比较单一，衣着打扮落伍，对手机、计算机等高消费品更是望而却步，在社会上常因"寒酸"而备受歧视。凡此种种，使他们敏感脆弱的心灵受到极大刺激，情绪低落，形成自卑心理。但作为自我意识已成熟的个体，他们有着强烈的自尊心，特别小心地维护着自己的"尊严"。有些贫困生把老师、同学的关心和社会的资助视为施舍，充满敌对情绪；而专为贫困生开设的售饭窗口往往无人问津；有的贫困生宁愿饿肚子也要穿名牌，宁愿借钱也要买高档消费品。

（4）较大的压力与焦虑心理。贫困学生把取得高学历作为日后提高就业水平、让家庭和自己摆脱贫困的有效途径，他们在求学过程中承载着比非贫困生更大的期望和心理压力。在现实生活中，部分贫困生在拼命学习以期获得奖学金的同时，又不断寻求勤工俭学的机会，学习和生活压力都比较大，易导致心理紧张、焦虑。

对于贫困生的辅导，我们要鼓励他们学会自我接纳。贫困并不是他们的错，能够从贫困的家庭中考入大学，说明他们具有不服输的精神，日后也势必能够凭借自己的拼搏和努力打造出更加灿烂美好的生活；在计算机、实验等操作训练中，要鼓励他们勇于尝试，增强耐心；在人际交往中，帮助他们主动表达和展示自我。

2.出生次序问题

儿童在家庭中出生的次序和所处的地位，对其性格形成有重大影响。老大、独生子女、居中者和老小的性格特点，往往有着明显的差异。美国心理学家莱蒙（K. Leman）在《排行学》一书中，对各种排行的人的性格特点进行了系统分析，并提出了一套如何利用自己的排行来认识和掌握自己命运的方法。

1）完美主义的老大

老大的典型性格特征是：富有完美主义色彩，值得信赖，真心诚意，计划性强，有主见，苛求，严谨，富有学者风度；以目标为中心，事业上卓有成就，富有自我献身精神，善于取悦他人，思想保守，严守法令，崇拜权威，注意形式，忠心耿耿，自信心强；严肃认真，对待生活一丝不苟，不爱想入非非，善于了解事物的真相，善于把握自己，有很强的组织性和时间观念。

老大有两种基本类型：服帖型和敢作敢为型。服帖型老大一般都诚心诚意，关心他人，愿意为他人服务；他们凡事都要征得他人的批准，需要父母给予允诺，需要老板给予批准，需要爱人给予认可；他们是模范孩子，能讨大人或上司的欢心，受人信赖，别人让他做事时，他总是说"是"，而不说"不"；总有一些人爱占他的便宜，而老大又往往把自己的不满深深埋在心里，但这种不满情绪一旦爆发，其威力可想而知。敢作敢为型老大，意志坚强，坚忍不拔，武断专横；有集权思想，追逐权力；在事业上能取得巨大成就；他们往往是难以驾驭的人，他们的梦想是有朝一日能出人头地，不流芳百世就遗臭万年。

2）超级老大：独生子女

20世纪70年代末，我国实行计划生育政策，提倡一对夫妇只生一个孩子，独生子女随之不断增多，独生子女问题日益受到重视。有关调查显示，目前我国高校中的独生子女已占在校生的35%左右。

有些研究者强调独生子女成长的特殊环境造就了他们身上许多消极性格特征，如任性、自我中心、依赖、顺应不良、胆怯、孤僻、爱发脾气、不讨人喜欢等。但有些研究者强调其积极方面，认为他们在生长发育快、早熟、性格和行为特征优越等许多方面优越于非独生子女。近期的一些研究也表明，与非独生子女相比，独生子女心理问题的检出率更低。如通过中国大学生心理健康量表（CCSMHS）对城市生源大学生中独生子女与非独生子女的心理健康状况进行比较与分析，结果发现：城市生源大学生中独生子女在焦虑、抑郁、社交退缩、社交攻击、偏执、强迫、依赖和精神病倾向方面的得分显著低于非独生子女，说明独生子女比非独生子女心理更健康。

3）生不逢时的居中者。

居中者是指排行介于老大与老小之间的人。他们往往"生不逢时"，因出生太晚而无法享受老大所得到的特殊照顾，因出生太早而享受不到老小所拥有的自由。他们的这一出生次序，直接影响了他们的性格特点。

居中者常常是不爱惹是生非的折中主义者和调和主义者，他们既有强烈的独立意识，又对同伴赤胆忠心，善交朋友，喜欢过浪迹天涯的生活。居中者的性格往往与老大相反,如果老大是一个彻头彻尾的唯命是从者和老实人,那么,老二很可能是一个十足的叛逆者。居中者在家中似乎是一个多余的人,不受重视。因此,他便走出家庭,花费大量时间与自己的伙伴相处。通常老大的朋友屈指可数,而居中者却是社交明星,朋友遍天下。居中者为使自己的失落感保持平衡,常以自己拥有"心灵自由"为骄傲。他常常接受自己所参与团体(如文艺队、体育队或俱乐部)的价值观,而抵制家庭中的清规戒律。许多排行居中者一样能当优秀的经理和杰出的领袖,这是因为他们懂得折中、协商和互让艺术。

4) 后来居上的老小。

老小的性格特点是:无忧无虑,活泼愉快;感情丰富,思想单纯,有时还会心不在焉;他们对生活的热情会给人们带来欢笑;不甘寂寞,爱出洋相,爱出风头;喜欢在人多的场合抛头露面,大显身手;有时还会哗众取宠,操纵别人;与大多数人合得来,是社交明星;喜欢得到别人的赞扬和鼓励;反叛性强,对人严厉,娇生惯养,容易冲动,情绪急躁、多变。

3. 家庭结构和关系氛围

随着社会的发展,我国家庭结构发生了很大的变化,三代同堂的大家庭逐渐减少,核心家庭增加,离异家庭、单亲家庭、重组家庭也增加。家庭结构、成员之间的互动模式、家庭氛围对一个人的个性形成和心理健康都有很大的影响。

一个完整的核心家庭,父母关系和谐,孩子能够获得安全感,有较好的自我接纳。成长在父母关系不好,经常吵架,或者存在家庭暴力的环境中,孩子也容易自我贬低,自暴自弃,冲动和有暴力倾向。在单亲家庭中,尤其是缺失父母中同性别的一方,如果生活中再无重要他人的影响,则可能导致性别身份的无法认同,如一些过分女子气的男孩和一些假小子似的女孩,在以后的婚恋过程中也容易出现问题。

(二) 抚养方式

中国有句古话"三岁看大,七岁看老",讲的是一个人的性格在早年就已初见端倪。心理辅导与治疗理论中的精神分析学派、客体关系理论、行为学派等,也都强调早期成长经历对个体性格形成的深刻影响。在抚养方式的研究和工作实践中发现,对孩子性格产生重大影响的主要有以下两方面。

1. 隔代喂养

在我国传统文化观念中,夫妻生完孩子,都要有老人在身边照顾。自20世纪80年代以来,以市场经济为取向的改革和日益扩大的对外开放,使得年轻父母生活压力变大,工作越来越忙碌,孩子不得不交由爷爷、奶奶、外公、外婆来带养。据资料统计，当前我国70%的家庭存在隔代教育问题[1]，这一现象引起了教育者、心理学者、社会学者乃至政治学者等的关注。

一些学前教育工作者提出老人阅历多、经验丰富、细心负责，能够给孩子比较周到的照顾等隔代教育的优势，但心理学工作者却对隔代教育比较担忧，在他们的研究中，隔代教育显示了很多弊端，在隔代教育的孩子身上也反映出较多心理健康和行为问题。对此，在幼儿园、小学、初中所作的研究比较多，对大学阶段的影响则主要来源于心理咨询中一些个体的经验。如有的老年人对孩子过分喜欢和宠爱，总是尽量满足孩子的一切要求，事事包办替代，养成了孩子的"娇"、"骄"二气。由于教育观念的不同，老年人多重视教孩子写字、算术、背诵等智力方面的发展，较为忽视孩子的情感需要和对意志品质的培养。这些问题如果在小学和中学阶段没有得到解决，就会演化成大学阶段的人际交往问题和人格问题。

（1）性格问题。与隔代抚养相关的一些问题表现有性格内向、胆小，遇事不敢做主，从众心理强，还有一些表现为自由散漫，做事拖拉，依赖性强[2]。在精神健康方面，歇斯底里、疑病、偏执和分裂多发。

（2）人际交往问题。在人际交往中有较强的自我中心主义，希望被多数人关注，较少为他人着想，待人冷漠，集体观念淡薄，缺乏同情心。

（3）与父母感情的疏离。由于长期与父母的分离，孩子在一种"父母不爱我"的心理暗示中长大，于是应有的父母子女亲情随着时光的流逝而逐渐消逝。一旦孩子回到父母身边，由离异而陌生，由陌生而怨恨，乃至逆反。

2. 父母态度

在成长的过程中，儿童需要被尊重、鼓励、温暖、关怀和认可，父母的养育方式和对待子女的态度对儿童心理健康有很大的影响。

在父母的理解、尊重和情感温暖态度中长大的孩子，能够获得较好的安全感和归属感，具有良好的自我效能感和高自尊，在面对挫折环境时能够很好地调节自己的行为与心境，减少心理和行为的不适。

在父母严格和严厉的要求、批评和不接纳的态度中长大的孩子，不仅情绪困扰较多，自我接纳程度也很低，面对挫折时倾向于放弃和自我贬低。而且，父母的惩罚、严厉并不一定能使子女较好地调控自己的行为；相反，他们常会表现反抗和压抑，父母越是严厉，子女越是不服从，即使父母说的对，也要和父母作对，他们无视这种严厉，反抗已成为他们一贯的作风。在人际交往中，他们会表现为敌对和攻击，把对父母的惧怕和痛恨发泄到周围人身上，也有的

---

[1] 肖月英.2005.隔代教育的不良影响及应对措施.教育艺术，(3)

[2] 万翼.2004.农村初中"隔代监护"学生的不良人格特征及教育对策.江西教育科研，(3)

把矛盾和痛苦压抑在内心,对周围的世界充满恐惧、警惕,不敢和人交往,在交往中极易受伤,常为一点小事儿哭泣,如惊弓之鸟。在父母的拒绝、否定下,子女也对自己失去信心,产生无能感,行为畏缩。在交往中表现敏感、多疑,经常对自己进行消极评价,易有轻生念头。

父母的过度保护也会使子女缺乏与人交往及独立生活的经验,在工作和交往中常因不能战胜困难而产生受挫感,从而消极厌世或否定自己,表现为情绪波动强烈、烦恼多、易受伤害和灰心丧气、内心冲突激烈等。父母的过度偏爱,会让孩子一直生活在不平衡的优越中,而在和人交往时也会找寻这种优越,当无法得到时,内心就会产生冲突。

(三) 教育环境

教育环境的影响主要表现为地区、城乡、民族之间的差异,目前,我国各地经济发展水平各异,教育发展的不平衡问题也比较突出,发达地区与欠发达地区、东部地区与西部地区、城市地区与农村地区之间依然存在较大的差距。教育水平较为落后地区的考生,入学后有的基础比较薄弱,面对新的竞争和学习压力,有可能会产生焦虑问题。信息发达地区和欠发达地区的学生,所接受的教育观念不同,对大学生活、人生都可能产生不同的态度。不同省市、不同民族的人也都有自己的风俗和生活习惯,对此我们要加以理解和尊重。在寝室生活中,能够接纳差异,彼此宽容、理解与合作,就会增加寝室的融洽气氛。

(四) 社会环境

当代中国正处于社会转型期,存在多种社会问题,如腐败问题、环境恶化问题、食品卫生问题、安全问题、毒品犯罪问题等,这些都是我国现代化进程中必须面对和解决的重大问题,已经并将继续对我国的社会发展、社会生活发生深刻的影响。在这种情况下,当代青少年社会化的环境也发生了巨大的变化,社会问题已经成为他们成长环境的一部分。

社会对"80后"、"90后"都给予了普遍的关注,对于他们的共同特点也有不同的解读,尽管这有贴标签的嫌疑,但也在一定程度上让我们对这一群体有了深入的了解。不同年代出生的人有不同的时代特点和精神特征,从他们所处的时代和成长的环境出发,才能够更好地理解他们的心理和行为。

目前在校大学生中多为80年代末或90年代初出生,对于这一代人的心理特点,南京师范大学谭顶良教授从生理、认知、情感、意志和行为五个方面进行分析,称"90后"学生为竞争社会的"千斤顶"、信息社会的"迷途羊"、读图时代的"右脑人"、升学竞争的"受害者"。

1. 独立意识增强

在独立思考与选择上,当代大学生表现出很高的自主性。当代大学生是伴随着网络长大的,他们对网络的依赖性大。在信息爆炸的网络时代,他们心态开放,易接受新鲜事物,这也使得他们对每样事物都有自己的见解,思想更为早熟。但网络中也有许多不健康的消息和新闻,如果不能加以筛选和区别,就会给大学生的心理形成很大的冲击和矛盾。网络的虚拟性和假想性也会使一些人脱离现实,不能冷静客观地对待事物,迷失自我。这就更要求大学生增强自我判断和思考的能力,以能更快适应这个高速发展、急剧转型的时代。

2. 心理抗挫能力弱

当代大学生,大多出生在"6+1"的家庭结构(父母、祖父母、外祖父母),从小就受到万般宠爱,很少受过挫折。所以,他们在心理上早就习惯了以自我为中心,不会想到要去顾虑他人的感受。但如果进入大学,依然用这样的心态去面对同学,面对舍友,加之日常生活的琐事引发的矛盾,很容易引起情绪的困扰,造成人际关系变得不适应,内心的失落感蔓延。2008年11月12日的《中国青年报》发表了一份由武汉大学开展的新生调研报告,其中关于"遇到挫折心态"的调查表明:大多数大学生心理素质偏弱,抗压能力明显不足。有72.3%的人表示在遭遇挫折后,自己心理会留下阴影,甚至有5.1%的同学表示自己会因此一蹶不振,只有9.4%的新生表示愿意"总结经验,从头再来"。①

3. 对未来充满自信

就在社会上担心"80后"一代缺乏价值观念和信仰的时候,2008年从汶川地震和到北京奥运,"80后"一代闪亮登场,他们的爱国热情、奉献精神、志愿行动令人刮目相看。

"90后"大学生对未来充满自信,崇尚创新精神、探索精神。他们的榜样之中很多是政界、商界的成功人士,表明了这一代大学生的成就动机较强、事业心重。"90后"大学生意识到肩负的社会责任,他们很少有什么口号,而是更注重实际、实用。

"90后"接受新事物的能力更强,勇于发出自己认为是正确的声音,这恰恰是社会进步的表现。每个时代的青少年都有各自不同的特点,都带有时代的鲜明痕迹。"90后"大学生带有这个时代的鲜明特征,尽管他们还有这样、那样的不足,但毫无疑问,随着逐渐成熟并融入社会,他们将成为这个时代的弄潮儿。

---

① 戴长澜. 2008-11-12. 全国首份"90后"大学新生调查报告公布. 中国青年报. 第六版

四、人格冲突

(一) 弗洛伊德的人格结构论

1. 自我、本我和超我

弗洛伊德晚年结合潜意识理论提出人格结构理论,他把人格结构分为本我、自我和超我三部分。

本我是最原始的、与生俱来的、潜意识的结构部分;代表生物本能和欲望,不知善恶、不懂道理和是非,按照"快乐原则"行事;追求直接的、绝对的和立即的满足,以释放紧张和焦虑,而不考虑因果和逻辑关系。本我与生俱来的寻求快乐,不管长久目标,只立足需要,如性、攻击、懒惰、贪婪,即人的兽性等。

超我也称理想自我。超我是在社会化的过程中,将道德规范、社会要求内化为自身的良心、理性,对个体的动机、欲望和行为进行管制;诱导自我使之符合社会规范,使个体向理想努力,达到完善的人格。它是人的神性面和良性自我,遵循"理想"的原则,凡不符合超我要求的活动将引起良心的不安、内疚甚至罪恶感。

自我是人格意识结构部分,是在与环境的接触过程中由本我发展而来的。人们能意识到的各种活动,如知觉、记忆、思考和动作,均是自我的机能。它是人的现实面,奉行"现实的原则"。它能知觉自身的种种需要,采取社会所容许的方式,指导自己的行为,以满足本我的需要,并维持个体的生存,管制不被超我所容纳的冲动。自我在人格结构中代表着理性和审慎,这是成人的思考模式。

概括起来,自我具有这样的特性:它是从本我中分化出来的,一部分是潜意识的,一部分是意识的,而主要是意识的;它合乎逻辑,受现实原则支配;对本我中的东西有检查权,防止被压抑的东西扰乱意识;它还要在超我的指导下,按外部现实条件,去驾驭本我的要求。这样,自我可以说是同时在侍奉三个严厉的主人:超我、本我和现实。

2. 动态的平衡

弗洛伊德认为人格的这三种构成——本我、自我、超我之间不是静止的,而是不断交互作用的。自我在超我的监督下,按现实可能的情况,只允许来自本我的冲动的有限表现。在健康的人格中,这三种结构的作用是均衡协调的。本我是求生存的必要原动力;超我在监督、控制主体按社会道德标准行事;而自我对上按超我的要求去做,对下吸取本我的动力,调整其冲突欲望,对外适应现实环境,对内调节心理的平衡。如果本我、自我、超我三者之间不能保持这种动态的平衡,将导致心理失常。弗洛伊德认为的人的一切心理活动都可以在这种动力学的关系中得以阐明。

3. 焦虑论

焦虑是对现实存在的或可能发生的潜在危险所表现出来的类似担忧的状态，它唤起机体的紧张、不安、焦急、忧虑等情绪体验。

弗洛伊德从本能决定论出发，坚持社会与人的本性是对立的，因此人总是处于被压抑之中，人的心理能量得不到释放，就形成了种种焦虑。这种焦虑不仅是精神病患者的症状，就是我们正常人，也常常会在遇到紧张刺激或者挫折时出现，主要表现有心神不宁、忧虑、不安、心里惶惶的，好像有什么灾难要来，但是又说不出所以然来，这是一种普遍的焦虑。

早期焦虑是由被压抑的力比多转化而来的，具有现实性神经症的特征。神经症为因，焦虑为果。自我是焦虑的根源（自我发出信号预警），一切神经症都存在神经质焦虑，焦虑为因，其他症状为果。

弗洛伊德认为，自我在同时侍奉三个严厉的主人——超我、本我和现实——的过程中会产生三种不同类型的焦虑：①客观焦虑（情景焦虑）。自我与现实环境的冲突，如没有找到工作，没有房子，没有饭吃，等等。只要是处于现实的情境中，任何人都会遇到。②神经质焦虑。自我与本我的冲突，表现为自我害怕不能控制本能的冲动而导致不良后果。③道德焦虑。自我和超我的冲突，由于良心所体验到的羞耻感和罪恶感，自我害怕违反道德或者理想的标准。

4. 自我防御机制

为了应付本我的驱动、超我的压力和外在现实的要求，缓解焦虑，降低精神压力，自我会采取一定的心理举措和防卫手段，称为自我防御机制（自我防卫机制）。

自我防御机制的特点如下：

（1）防御机制成为习惯反应以后，当事人在意识上并未察觉，因此将其视为潜意识行为，但有时也可以有意识地使用。

（2）运用自我防御机制可以在一定程度上缓解焦虑，暂时避免痛苦，并与现实适应。自我防卫机制可以提供一个缓冲时间，让个体得以处理生活的创伤，有助于面对无法解决的损失或伤害。

（3）自我防卫机制不能改变危险的客观环境，只是改变个人对环境的看法而已，所以不能使问题得到根本解决，多少都含有自欺的成分。

（4）自我防御机制使用不当或运用过多会给自己带来麻烦，有可能导致心理障碍、神经症。这是因为人花了太多心理能量去扭曲、伪装，而很少努力去经营有意义的生活目标及良好的人际关系，使得个人的人格产生失调，力比多以症状表现出来，成为生活中所不能满足的欲望的替代品。

弗洛伊德最小的女儿 Anna Freud（1895～1982 年）于 1936 年发表著名的《自我与防御机制》，系统总结和扩展了其父对自我防御机制的研究。下面我们具体介绍几种常见的自我防御机制：

（1）压抑。把意识所不能接受的欲望、冲动、意念、情感、记忆等抑制到潜意识中。压抑是最基本的防御，临床表现为遗忘，但并不是真的遗忘，而是潜意识中有某种被压抑的情绪，被压抑的内容仍会经过转化，以梦或过失表现出来。如岳母反对两人结婚，后来孩子满月时，请亲戚朋友喝喜酒，唯独忘了给岳母打电话，实际上是表达了对岳母的不满。

（2）否认。指个体在现实生活中遇到痛苦得难以接受的事情时，会在潜意识中对之加以拒绝或否定，当做没发生，以免产生心理痛苦。如亲人去世，仍留有碗筷，说走亲戚去了（与清醒承认现实相比，假装更能让他接受）。遇到打击时不愿相信事实，一般在事情发生的片刻，持续否认会导致精神失常。

（3）回避。对既不能压抑也不能否认的痛苦，有时采取回避态度。如考试失败，都不愿再被提及。

（4）投射。又称推诿或外投，是指自我把不能接受的或者不好的欲望、冲动和意念归咎于别人，如"以小人之心，度君子之腹"就是典型的投射心理。

（5）内向投射。又称心力内投或摄入，是指本来指向外界的敌视、攻击和伤害转而指向自身，如有的身体或能力弱的人在无法占上风时就骂自己没用，或者打自己嘴巴。

（6）反向形成。又称反转或反向作用，是指内心有一种欲望或者观念要求表现，但是如果表现出来可能引起不良后果，或者招致惩罚，于是就表达一种相反的欲望或观念，借以抑制原来的欲望。如一个强迫症病人反复关煤气可能是内心伤害他人的冲动的一种反映，他怕自己伤害别人，所以反复地检查；对异性的惧怕反而是希望亲近异性。

（7）合理化。某个行为或者观念已经发生，又不能被意识接受，所以就给它找出一个看似正当的理由来解释，以免除焦虑，如"酸葡萄"和"甜柠檬"心理，犯了错误就把责任推给命运或者援引同样犯错的例子为自己开脱。

（8）置换。又称移置或者出气筒，是指个体把无法对某人或某事直接表达的负性情感转移到另一个安全的人或事上去发泄的过程，以此达到减轻精神负担和维护内心安宁的目的，如受气后拿别人出气。

（9）固着。行为方式发展的停滞和习惯反应的刻板化。

（10）退行。又称倒退，是指个体面临应急事件时，为降低焦虑，放弃已学到的成熟的应付方式，通过使自己倒退到儿时的幼稚状态，以回避现实危机和困难，这跟固着有关。如一个成年人在难以应付的情形下表现为儿童行为，撒娇、哭、打滚等；四五岁的孩子已经自己能吃饭、穿衣，但在弟弟或妹妹出生后，会出现尿床、要人喂饭等幼稚行为，目的是想要获得父母的关注。

（11）幽默。是指以幽默的语言或行为来应付紧张的情境或表达潜意识的欲望。通过幽默来表达攻击性或性欲望，可以不必担心自我或超我的抵制。

（12）升华。把社会所不能接受的性欲或攻击性冲动所伴有的力比多能量转向更高级的、社会所能接受的目标或渠道，进行各种创造性的活动。升华是一种最积极的富有建设性的防御机制。

（13）补偿。又称过度代偿，是指个体利用某种方法来弥补其生理或心理上的缺陷，从而掩盖自己的自卑感和不安全感，所谓"失之东隅，收之桑榆"就是这种作用。

（14）认同。又称自居，是指潜意识中取他人（一般是自己敬爱和尊崇的人）之长归为已有，作为自己行为的一部分去表达，或把自己和某一个对象在潜意识中视为同一，借以排解焦虑与适应的一种防御手段。认同有两种：一种近似模仿；另一种是利用别人的长处，满足自己的愿望、欲望。如俄狄浦斯期儿童就通过对同性父母的认同来缓解嫉妒、焦虑。

（15）解脱。又称抵消，是指用一种象征事物或行为来抵消已经发生的不愉快事情，或用从事某种活动来抵制某种真实的动机。一切复仇、赎罪的心理都是抵消。

（二）自我认同危机

新精神分析学派的埃里克森（Erikson）认为，人在发展中逐渐形成的人格，是生物的、心理的、社会的三个方面组成的统一体。人格在发展的过程中，按照冲突的不同，可以划分为 8 个阶段，在每一个阶段都存在一个发展好坏的问题。大学生跨越了青年期和青年后期两个阶段。

1. 青年期（12～18 岁）

青年期的主要任务就是建立自我同一性和防止同一性混乱。真正的同一是指对自己的本质、信仰和一生中重要方面前后一致的及较为完善的意识，也就是个人内部状态与外部环境的整合和协调一致。同一性混乱则是指内部和外部之间的不平衡状态。青年期的自我统一性必须在 7 个方面取得整合，才能使人格得到健全的发展：①时间前景对时间混乱（如急躁、拖拉）；②自我肯定对冷漠无情（如缺乏信心）；③角色试验对角色固定（如不能正确认识自己或出现一种超人感）；④成就预期对工作瘫痪（如对成就不抱期望）；⑤性别认同对性别混乱（如疏远异性或性生活随便）；⑥领导的极化对权威混乱（如盲目反上、盲目服从）；⑦思想的极化对价值混乱（如信仰危机）。

青年期发展阶段的体型、外貌、性机能、体能等方面的变化是巨大的。虽然到大学阶段体型和外貌都趋于稳定，但对于自身外形的接纳、对体能和身体机能的了解和认识却不是一蹴而就的，因此青年期发展阶段的心理特点最为复杂多样和变化莫测。

在多年的心理咨询实践中，我们发现，来访者对于身体自我概念的主要矛盾在于自身发展缺陷与对完美追求的矛盾、身体发育迅速与性知识缺乏的矛盾、强烈的好奇心与社会道德之间的矛盾。这些心理现象和心理冲突，造成埃里克森所称的青年期自我认同危机。这些问题多在与同龄人的比较中形成,所以也很容易在朋辈之间的帮助过程中得到解决。如有的女孩子担心自己身体过胖、乳房太小,男孩子担心自己身高太矮、肩膀不够宽阔、阴茎太短等。

2. 青年后期(18～25岁)

此时期主要任务是获得亲密感,避免孤独,体验爱情,并融入社会,但由于寻找配偶与寻找工作包含着的诸多限制以及偶然因素,所以也孕育着生活的孤独感和窘迫感。

进入大学阶段,学生的主要精力已经不再仅限于学习上,在有些人总结大学一定要完成的12件事中,谈一场轰轰烈烈的恋爱就被作为其中很重要的一条。大学生思想观念的开放也让婚前性行为和同居成为普遍现象。一个在青年期没有建立自我同一性的人,就会过分关注自己的感受,不能专注于对方内心考虑的问题,所以无法与他人体会到真正的共享。如在两性交往过程中,男孩总是担心自己无法控制射精、早泄、担心不能满足女友等,女孩子担心自己的表现是否矜持、身体出现异样、意外怀孕等。自我关注的结果就是导致孤独感,无法与他人亲密地共同生活。

这些隐私话题很难与父母或老师启齿,却可以成为同学和朋友之间的谈资,在嬉笑打闹的气氛中就可以完成知识的传递和心理困惑的解答过程。

基于对人性和心理问题成因的理解,在帮助来访者时,我们主要考虑他是否存在负面情绪、问题行为和人格缺陷,然后针对不同的问题表现形式制定相应的辅导目标。在治疗之前,我们要对需要帮助的对象进行评估,以判断我们是否能帮助对方,以何种方式帮助对方。评估的问题有以下几条:

(1) 有无精神病征象?

(2) 有无迹象表明有抑郁、自杀或杀人倾向?

(3) 有无器质性障碍征象?

(4) 当前主诉的问题是什么?主要诱发事件是什么?

(5) 有哪些重要的前提因素?

(6) 对来访者的问题起着维持作用的是何人、何事或何物?

(7) 来访者希望从治疗中得到什么?

(8) 来访者有哪些积极的特质或力量?

(9) 有无线索提示采取何种辅导风格较合适(如咨询者采取指导姿态好还是非指导姿态好)?

(10) 何种方式能让来访者有最佳收获?是单独的还是与另一个有关的人一起,抑或是团体辅导?

前2个问题任何一个回答"有",都要进行转介,向辅导员、副书记或心理健康指导中心汇报;第3个问题则需要询问当事人或者依赖于医院检查的结果;

第 4~7 个问题主要是了解求助者关心的主要问题，起因、经过和期待的解决状态；第 8~10 个问题则是选择何种方式来帮助求助者。

作为朋辈辅导员，我们没有像咨询师那样严格地按照规程进行，也不可能做到那样专业，但是综合各种治疗理论所提供的思路，却可以让我们在更大程度上去理解和帮助别人。我们期待，朋辈心理辅导员能成为一个智慧而高明的助人者，帮助求助者更自然、自由地生活。

思考与练习

1. 什么是人性观？综合各种心理辅导和治疗理论，形成你自己对于人性的看法。
2. 做一个调查，看看对于你身边的同学来说，活着是为了什么？
3. 人的心理问题是怎样形成的？可以从哪些角度去理解？
4. 你怎样去解决自己和他人的烦恼？

第四章 朋辈心理辅导关系的建立

心理辅导在人际关系的互动中进行，故其成功的关键是良好的心理辅导关系的建立，从某种意义上说，没有良好心理辅导关系的建立，就不会有真正意义上的心理辅导。我们认为，朋辈心理辅导是一种"准"心理辅导，要想取得成功，就必须遵循心理辅导的一般规律。而良好心理辅导关系的建立，需要朋辈心理辅导员对人有足够的爱和真诚，能无条件地积极关注与接纳，很好地理解人，并能成为他们的知音或知己；当然，也需要掌握基本的沟通技能和技巧。

第一节 朋辈心理辅导过程中的基本态度

在心理辅导的人际关系互动中，有效辅导的一般因素是什么？人本主义治疗家罗杰斯曾指出："治疗的成功主要并非依赖治疗者技巧的高低，而依赖于治疗者是否具有某种态度。"1957年，他在《治疗性人格改变的充分必要条件》一文中，提出治疗者应以真诚、无条件积极关注和共情来对待来访者。他认为治疗者的主观态度影响着治疗关系的质量，而治疗关系对来访者人格改变所产生的影响远远大于治疗者所采用的治疗技术的作用。大量的研究证实，共情、尊重、温暖、无条件积极关注、真诚等内容，是有效治愈的一般因素。作为朋辈心理辅导员，要想做好大学生的心理辅导工作，就必须掌握这些一般的辅导因素。

一、共情

（一）共情的含义

"共情"是empathy一词的中译，由于该词没有确切对应的中文词汇，故有多种中文译法，如移情、同情、同感、共感、投情、拟情、神入、同理心、通情达理等。罗杰斯曾这样来理解共情："共情并非引诱……你只需倾听，并及时回应，如同来访者所说的故事正在发生一样。你不需要掺杂任何自己的思想，切记不要责备和限制来访者的表达……为了显示你理解的准确性，你可用一两句话来核实来访者想表达的含义。这种表达可能是运用你自己的语言，但是对一些敏感棘手的问题，你最好借用来访者的语词来表达你对他的共情性理解。"①

"共情"是指从来访者的角度，而不是从辅导者自己的参照坐标出发，去设身处地地体会、感受、理解对方，并把这种理解传达给对方的能力。例如，一位大学生说"真倒霉，我的手机丢了！我难过死了……"如果你说"你不要难过了，过去的事情已经没有办法改变啦"，这是从你自己的参照系出发，没有体会到对方的情绪情感，不是与对方的共情式沟通，因而他也不会感到被理解，甚至可能会更难受。而一般的共情反应可以是这样，"你的手机丢了，你非常心疼……"这样的回应，使他感到你的理解与关注，而进一步表达自己更深的想法与情绪、情感。

我们认为，传统文化中的"知音"或"知己"概念中，蕴涵了共情性人际互动能力的实质和精髓。我们平常说的"换位思维"，是理性的共情理解；经常讲的"感同身受"，是感性的共情体验，它们都包含了共情的部分内容。

如果从心理辅导角度来看，共情有如下三方面的含义：

（1）朋辈心理辅导员借助求助者的言谈举止，深入对方的精神世界，去体验他的思维、情感等内容；

（2）朋辈心理辅导员借助自身知识和经验，把握来访者的体验、经历和其人格之间的联系，以更好体悟、理解问题的实质；

（3）朋辈心理辅导员运用咨询技巧，把自己的体悟、理解传达给对方，以传达理解、取得反馈、达成共识，使来访者感到获得"知音"或"知己"的支持，使双方更深入、深刻地理解自己，寻求改变。

（二）共情的层次与内容

为了便于操作，研究者把共情分为不同的层次，代表性的分类有伊根和卡可夫的分类法。

伊根（Egan）把共情分为初级和高级两层。初级共情是指咨询师回应来访者表达的内容，使求助者明白自己并感到被理解；高级的共情则是表达了来访者叙述中隐含的甚至自己都不清楚的感觉和想法。因此，高级的共情技术可帮助来访者更好地了解自己未知或想逃避的部分。②

---

① 艾伦·艾维，迈克尔·担德列亚.2008.心理咨询与治疗理论：多元文化视角.汤臻等译.北京：世界图书出版社：27～30

② Egan G.1999.高明的心理助人者.郑维廉译.上海：上海教育出版社：150～174

卡可夫（Carkhuff）把共情分为五种水平，其核心是以来访者所表达的内容和情感作为回应的基础。

水平1：有害的反应。是指辅导者回应的言语和行为，或者没有注意到来访者的言语和行为内容，或者改变了其原意。其典型的反应有无关的问题、否认、安慰或建议等。

水平2：不完整的共情。辅导者的反应只是注重了信息的部分内容，而忽略了情感部分。

水平3：初步的共情。辅导者对来访者表达的内容和明显的情感做出基本的回应，相当于伊根的初级共情。

水平4：辅导者对来访者表达的内容和情感做出较完整的回应。

水平5：辅导者对来访者表达的内容和情感做出准确、完整的回应，并能够指出其潜在的情感。[1]

特别需要注意的是，共情除了可以用言语表达外，还有非言语行为，要重视把两者结合起来。一方面，朋辈心理辅导员回应来访者的内容应该反映其言语和非言语所蕴涵的信息，因为非言语行为常常会透露来访者内心的秘密；另一方面，朋辈心理辅导员的表达除了言语表达外，还有非言语表达，其全神贯注的身心状态，包括眼神的关注、面部表情、身体姿势、动作变化，都会传达共情，这有时更有效、更简便。

作为朋辈心理辅导员，切记不要为技术而技术，而是要将其日常化、生活化，在平时与大学生朋友的学习、生活、交往等活动中，用心揣摩与体会同龄人非言语性表达的内涵与实质。

（三）共情练习的说明与示范

观察人们的沟通方式会发现，一般的沟通经常是你讲你的，我讲我的，其实质是以自我为参照系的。这样的沟通是彼此经验及情感的自我表达，除非两个自我参照系相差不多的人相遇，否则很难达到彼此融洽沟通与真正理解，故人们才会有"知音难觅"、"人生得一知己足矣"的感叹。

共情能力的训练，是提升朋辈心理辅导员做别人的知音或知己能力的过程。真正的理解是对来访者提供有益帮助与改变的基础，共情能力弱的人，是难以为来访者提供有效帮助的。故共情能力的训练，不仅对朋辈心理辅导工作十分必要，而且对朋辈心理辅导员提升自我的沟通交际能力、寻求更多的知音或知己，也大有帮助。

下面我们以卡可夫5种水平的共情理论为例，为大家提供一个示范练习，朋辈心理辅导员们可以分组进行角色扮演练习，特别应注意体验辅导者不同水

---

[1] Cormier S，Cormier B. 2000. 心理咨询师的问诊策略. 张建新等译. 北京：中国轻工业出版社：68～79

平的表达方式及来访者的不同感受。

水平1

> 大学生:"真倒霉,我的手机丢了!我难过死了……"
> 朋辈心理辅导员A:"你不要难过了,过去的事情已经没有办法改变啦!"
> 朋辈心理辅导员B:"丢了就丢了吧,旧的不去,新的不来啊!"
> 朋辈心理辅导员C:"倒霉?你怎么这么迷信呢?"
> 朋辈心理辅导员D:"我想,你可以在我们学校食堂门口贴一个失物招领!"

简要分析:辅导员A与B的说理,是"站着说话不腰疼",明显忽略了大学生来访者的感受,对沮丧、难过甚至有些愤怒当头的来访者,现在不是说理的时候。辅导员C的否认、责怪来访者,不仅于事无补,反而会激发来访者的防御心理,甚至可能激怒他,而破坏二人的关系。对辅导员D的匆忙支招,大学生不会感到被理解,还有可能降低辅导者的威信——经常是,来访者已经尝试过更多的无效方法后,才来求助,所以匆忙支招经常会遇到这样的回应:"我已经贴了!而且,我在所有的寝室楼门口都贴了失物招领!"总之,以上4位朋辈心理辅导员的回应,都是站在自我的角度,一般不会对二人的关系有建设性的帮助,甚至产生破坏、伤害性作用,都不是共情性的沟通。

水平2

> 大学生:"真倒霉,我的手机丢了!我难过死了……"
> 朋辈心理辅导员:"哦,手机丢了!什么时候发生的?"

简要分析:此对话,回应了来访者表达的部分内容,但明显忽略了情绪与情感的部分。对发生时间的匆忙追问,看出朋辈心理辅导员是站在自我的参照系下,并没有真正关注对方的感受。

水平3

> 大学生:"真倒霉,我的手机丢了!我难过死了……"
> 朋辈心理辅导员:"看得出,你为手机丢了而难过……"

简要分析:该朋辈心理辅导员对来访者表达的内容及情感,均有部分的回应,这是初步的共情性表达。

水平4

> 大学生:"真倒霉,我的手机丢了!我难过死了……"
> 朋辈心理辅导员:"你的手机丢了,你觉得倒霉,也感到非常难过……"

简要分析：朋辈心理辅导员对来访者表达的内容及情感，有较准确、完整的回应。

水平 5

> 大学生："真倒霉，我的手机丢了！我难过死了……"
> 朋辈心理辅导员 A："因为手机丢了，你感到非常难过，也觉得世事无常，甚至对自己也有些愤怒……"
> 朋辈心理辅导员 B："因为手机丢了，你感到非常难过、倒霉，好像对自己也有些愤怒？"

简要分析：朋辈心理辅导员 A 对来访者表达的内容及情感，有准确、完整的回应，并且指出对方没有意识到的情感。辅导员 B，感到了对方隐含的情感，但又没太大把握，所以用了尝试提问的不太确定语气，这更容易和对方一起探索，而不会破坏或伤害二人的关系。

总之，共情既是一种心理辅导的技术，也是态度、理念和品质。正确使用共情，是朋辈心理辅导取得成功与实效的重要保证。共情水平的提高、共情特质的获得是一种不断学习、实践的过程，是用心培养的结果。所以，朋辈心理辅导员除了正规的练习之外，特别要注意把共情能力的锻炼日常生活化，在与家人、朋友、同学以及其他人的沟通中，不断尝试着运用共情式的沟通，以逐步提高自己的共情能力。

二、积极关注、尊重与温暖

（一）积极关注、尊重与温暖的含义

1. 积极关注

积极关注（positive regard）在罗杰斯早期的文章中被称为"无条件积极关注"，也有人称之为正向关注或积极关怀。积极关注是指助人者以积极的态度看待来访者，对来访者的言语和行为的积极面、光明面或长处给予有选择的关注，利用其自身的积极因素促使其产生积极变化。积极关注意味着即使来访者与你的观点截然不同，作为朋辈心理辅导员也必须能意识到对方的价值与潜能，而给予尊重和赞扬。

积极关注要求我们对来访大学生持肯定的态度，预期他们拥有潜在的力量或资源，并在朋辈心理辅导的过程中不断去识别和发现，并予以不断的支持，最终使来访大学生的力量或资源得以增长，对他们的生活产生正面影响。泰勒

称其为"最基本的治疗改变"。① 辅导者能否对来访者予以积极关注及其程度如何，反映出辅导者对来访者的一种基本认识或人性观：来访者是可以改变的，并且他们身上已经具有这样或那样的长处、优点，存在一种向上成长的潜力，通过自己的努力以及外界的帮助，他们会比现在生活得更好。

积极关注，其实是所有心理咨询和治疗理论的基本观点和信念，即通过咨询和治疗，能够使来访者产生积极的变化。如果来访者身上一无是处或毫无价值，怎么能期望他有好的变化呢！

2. 尊重

尊重（respect）是指助人者对来访者的现状，包括价值观、人格特点和行为方式等予以接受、悦纳和爱护。尊重与积极关注的含义非常接近，两者都可以借助言语来表达。事实上，所有涉及积极关注与资源发掘的言语都表达了对他人的尊重。尊重也可以通过目光接触或躯体语言等非言语的形式来表达。

3. 温暖

温暖（warmth）又译为热情，可以理解为朋辈心理辅导员通过非言语形式向来访大学生表达的一种情感态度，即借助于语音、姿态、手势及面部表情等向来访大学生传递温暖与支持，其中微笑被认为是最能表现温暖程度的因素。

4. 三者的关系

艾伦·艾维等人指出："事实上，将温暖、尊重以及积极关注进行分门别类的描述可能并不现实。你很难想象这将出现什么结果：一个人通过冰冷、疏离的方式在向来访者表达正性反馈、尊重以及积极关注。温暖的缺失可能会导致来访者对一些积极信息拒之千里。而通过微笑、语言和其他非言语方式的温暖传递常常可以使咨询过程柳暗花明。"② 故三者是一个相辅相成、有机关联、相互促进的整体。

（二）积极关注与尊重的组成部分

伊根认为，积极关注与尊重有如下组成部分。

1. 理解和珍视多样性

其内容包括朋辈心理辅导员对自身文化价值及其倾向的了解、对来访者世界观的理解，以及使用适合于某种文化的干预策略的能力。

2. 理解和珍视个人

每个人都是不同的个体，就其个人观点、信念、价值观、规范和行为模式

---

① 艾伦·艾维，迈克尔·担德列亚. 2008. 心理咨询与治疗理论：多元文化视角. 汤臻等译. 北京：世界图书出版社：27～30

② 艾伦·艾维，迈克尔·担德列亚. 2008. 心理咨询与治疗理论：多元文化视角. 汤臻等译. 北京：世界图书出版社：30，31

看，均具有差异。朋辈心理辅导员绝对不能把自己的东西强加给来访大学生，故以下内容均需注意：

（1）不要伤害人。这是助人者的首要职业伦理准则，助人不是一个中性的过程，它或者造福于人，或者贻害于人，助人者对此要有足够的重视。

（2）重视多样性。尊重意味着珍视彼此的差异，高明的助人者既要善于洞察多样性，又不能被其迷惑。

（3）视来访者为个体。尊重就是珍视来访者的个性，支持他去找寻真正的自我；就是使助人过程个别化，以适应这一个来访者的需求、能力和资源。我们常说"一把钥匙开一把锁"，助人的过程一定是个性化的过程。同时，尊重并不意味着鼓励或维持来访者既损害自己又损害他人的极端个人主义。助人过程一定要使来访者更有效地参与社会生活，与他人和谐相处。

（4）搁置是非评判。非评判的态度，也可以描述为无条件或无保留地接受来访者，但这并不意味着助人者支持或同意来访者所说或所做的一切。鼓励和支持来访者表达自己的情感和经历，而不进行负面的评论与批评；帮助他认定、反省和评估其价值观所产生的后果，促进其自我探索，而不是判定是非，更不是把自己的价值观强加于人。

（5）真正体现出为来访者着想。尊重既要仁厚也要讲究实际，即不为感情所支配，为来访者着想不等于就站在他的一边或被他牵着鼻子走，而是要真正为他的利益考虑，为此甚至有时要向他挑战。

（6）乐意为来访者服务。有效的助人者乐意随时随地为来访者提供合理的服务，当两个人一起工作时，助人者要全神贯注、全身心投入。

（7）假定来访者具有良好的意愿。助人的工作是建立在假设来访者希望改变而投身于更有效的生活的，尊重意味着进入来访者的世界去理解他们的抵触与抗拒，并欣然帮助他们去克服。

（8）合理的温暖。有效的助人者善于适度表达温暖并将其与来访者而不是自己的需求衔接起来，不带任何虚伪。

（9）将来访者的目标保持在问题的焦点上。助人者应该聚焦于来访者的目标，而不是自己，急来访者之所急，想来访者之所想，以来访者为核心。

（10）帮助来访者克服痛苦。助人过程的整体或一部分经常是痛苦的，助人者要帮助来访者克服痛苦并表示尊重，而不是帮助他们回避痛苦。助人过程也包含了尊重来访者从一开始就愿意为有效地生活而付出代价的意愿。[①]

（三）如何培养积极关注与尊重的能力

积极关注、尊重与温暖，是助人者的基本态度，是建立在对人性的真实体

---

① Egan G. 1999. 高明的心理助人者. 郑维廉译. 上海：上海教育出版社：71～78

验、理解与把握的基础上的，需要朋辈心理辅导员们用心揣摩与体悟。在实践中，为了更好地学习与操作，也可以具体化为一些有形的方法与技术，下面简介一二。

1. 挖掘力量与资源的练习

詹森（Johnson）等提出下列简短练习，以挖掘来访者的力量或资源。①

（1）与来访者一起讨论目前或过去生活中可能存在的资源。这些积极资源可能包括许多方面，但最为重要的是：①来访者过去或目前取得的成功；②家庭成员与朋友的支持；③灵性；④对大自然的爱；⑤体育方面的成就；⑥重要的文化和个人英雄形象。作为来访者历史的一部分，你尤其要关注来访者感觉更坚强或良好的时候——即目前以外的时间段，这些积极资源可能为彻底或部分解决当前困扰提供新视角或动力。

（2）要求来访者讲述一个能反映他积极力量的亲身经历或故事。倾听的时候，请注意观察来访者的躯体是否逐渐放松。让来访者更多聚焦于谈论积极力量时的感受，通过这种方式强化他的积极躯体体验，并向他说明在未来的辅导或日常生活中可以继续使用这一资源。

（3）在随后的心理辅导中，当来访者看起来不堪重负时，可以利用这些积极体验及其伴随的躯体感觉来获得力量。

（4）很重要的一点是应为来访者着想。由于他与你谈论的是一系列的问题与困难，这些谈话可能使来访者的自我效能感丧失殆尽。为了帮助来访者重振旗鼓，心理辅导员需要更多地关注来访者的积极力量，使他从自身力量及辅导所提供的新视角中获得成长与发展，并更好地应对生活中的消极事件。

2. 积极关注式地交流

来访者中心的治疗家认为，要帮助来访者就必须尊重来访者个人，相信来访者具有成长的潜力，相信他们具有自我指导的能力，支持他们去发展自己的潜力，支持他们发展独特的自我。准确地理解来访者的体验，突出其中积极的成分，真诚地表达对来访者的关注，这些做法都有助于来访者的自我成长。而在这一过程中，咨访关系必将日益深化。

在具体的助人过程中，要真正做到上述要求并非易事。这要求助人者在任何情境中都必须做到对来访者以诚相待，而这种真诚又必须是发自内心的。当来访者意识到这一点时，他才能畅所欲言，这就形成了良好的人与人之间的关系。由于这种关系，治疗才能取得进展。由于助人者对来访者采取了完全接受的态度，又由于助人者对来访者能达到共情与理解的水平，来访者把助人者当做一个能倾听和接受他的思想和感受的人，他就会一点一点地与自己的内心交

---

① 艾伦·艾维，迈克尔·担德列亚.2008.心理咨询与治疗理论：多元文化视角.汤臻等译.北京：世界图书出版社：29

流,把过去完全排除在意识之外的经验或体验重新整理出来。而不论来访者所表述的事情的内容是多么的不可思议,助人者始终对其表示关注、接纳与理解。来访者渐渐学会以同样的态度对待自己,也就能更坦率地表达自己的想法了。此时,其所否认或歪曲的经验、体验就会逐步减少,而自我概念与自我经验更趋向于一致,来访者就会在这样的过程中改变和成长起来。[①]

3. 人性观决定了积极关注与尊重的程度

不同的流派是以对人的不同理解为基础的,这也常常从根本上决定了积极关注与尊重的程度。弗洛伊德用著名的冰山模型来表示人的意识与无意识精神系统,面对"冰山"这一意象,人常常会用操作、控制、改变的方式,也很难谈得上尊重与否,甚至还会从心底涌上一股凉意;荣格则用大海模型来表达他对人的意识与无意识精神系统的理解,面对"大海"这一意象,人则常常会充满敬畏、谦卑与尊重,也会开阔心胸、获得力量,甚至也会采取不同的行动。故而,对人的理解,常常在下意识中决定着我们对待人的态度、方法及行为。

人是复杂、深奥、玄妙的,也充满了变化发展。面对这宇宙中最复杂深奥之物,"无知"的态度反而能让我们不断探索,也会收获更多。我们理解的心理辅导工作,不仅仅是我们帮助来访者的助人过程,其实,也是来访者提供给助人者一个不断认识心灵宇宙、成为真正的自己的机会与过程。

对人对心理辅导,如果能有这样一层理解,则积极关注与尊重等,便是自然而然的事了。对此,朋辈心理辅导员们要反复琢磨思考,不断反省自己的人性观,并在心理助人的过程中慢慢学习、体悟。

三、真诚

(一) 真诚及其意义

1. 真诚的含义

真诚(genuineness)是罗杰斯所提倡的人本主义治疗的三种核心条件之一,是指在咨询过程中,咨询者不把自己藏在专业角色的后面,不戴假面具,而要以真我的面目出现于来访者面前,开诚布公,表里如一,真实可信地投身咨询关系之中。

罗杰斯认为,真诚很重要的是要忠实于你自己,将自己作为一个完整而真实的个体进行体验,而助人过程的最佳境界莫过于意识到自己作为一个人存在的意义。在助人过程中,助人者作为怎样一个人存在将对来访者产生深刻的

[①] 卡尔·R. 罗杰斯等. 2004. 当事人中心治疗:实践、运用和理论. 李孟潮,李迎潮译. 北京:中国人民大学出版社:57~69

影响。

2. 真诚的两种形式

首先，是对自己真诚。其次，也是最重要的，是助人者与来访者建立真诚、和谐的关系。这意味着设身处地了解来访者的处境，投入地倾听他们的叙述，向他们坦诚地表达言语共情。

3. 真诚的意义

这一方面可以为来访者提供一个安全自由的氛围；另一方面，朋辈心理辅导员本身的真诚为来访大学生提供了一个良好的榜样，使他们能够畅所欲言，一点一点地与自己的内心交流，渐渐学会以真诚的态度对待自己，也就能更坦率地表达自己的想法，其过去所否认或歪曲的经验、体验就会逐步减少，而自我概念与自我经验更趋向协调一致，来访大学生在这样的过程中会获得改变和成长。

（二）如何表达真诚

1. 真诚交流的注意事项①

伊根曾根据罗杰斯的理论提出作为治疗者在会谈中与来访者进行真诚的交流所应注意的事项。其中包括：

（1）从角色中解放出来。这是指治疗者无论是在生活中还是在治疗关系中都是真诚的，不必隐藏在自己专业角色的背后。

（2）轻松、自发性的交流。治疗者与来访者的言语交流与行为应是自然的，不应受某些规则和技术的限制，而这种自然的言语表达和行为表现是建立在治疗者的自信心基础之上的。

（3）非防御的态度。治疗者应努力理解来访者的消极体验，帮助他们深化对自我的探索，而不是忙于抵御这些消极的体验对自己的影响。

（4）一致性。指治疗者应言行一致，表里一致。

（5）适度的自我流露。治疗者应以真诚的态度，通过言语和非言语行为适度表达其情感和内心的秘密。

2. 摆脱角色，走向真诚②

贾卜曾经提出摆脱角色，走向真诚的方法。他认为助人者应该做到以下几点：

（1）直接向他人表达自己目前的感受。

（2）不加歪曲地传达自己的情况。

（3）倾听他人谈话而不歪曲所获得的信息。

（4）交流时应显得自然而然，无拘无束，而不是去耍弄惯常的和设计好的

---

①② Egan G. 1999. 高明的心理助人者. 郑维廉译. 上海：上海教育出版社：77, 78

伎俩。

（5）对他人的要求和陈述当即做出反应，而不是等待适当的时机或给自己足够的时间去寻找正确的答案。

（6）暴露自己的弱点，一般而言，要敢于暴露自己的内在世界。

（7）着眼于此时此地，并就眼前的事进行交流。

（8）在与当事人的互动中努力创造相互依靠的氛围，而不是单方面的依赖。

（9）学会喜欢心理上的亲近。

（10）表达时具体化。

（11）乐于为他人服务。

3. 自我流露的三条基本规则[①]

如何做到适度的自我流露？克米（Cormier）等人归纳了三条基本规则，可以帮助助人者决定自我流露什么，流露多少，什么时间流露。

（1）第一个基本规则和流露的广度——累积信息量有关。研究表明，中等程度的流露具有更积极的效果，流露太多或太少则不一定有效果。适度的自我流露会拉近两者的距离，使来访者觉得咨询师更值得信任，也可以为某些不太善于自我表达者提供角色示范作用。很少自我流露的助人者，会使他们与来访者的距离拉大；而过分流露的助人者，会被认为缺乏周到的考虑、不值得信任、似乎太过自我中心，甚至是需要帮助的，这些都会削弱来访者对咨询师的信任。

（2）第二个基本规则是有关流露的时间问题。助人者长时间的自我流露会占用来访者的大量时间，故自我流露的简洁性是必要的。自我流露还要考虑来访者使用共享信息并从中获益的能力，伊根提出，对于一个已经负担极重的来访者，咨询师应该避免自我流露来加重他的负担。

（3）第三个规则涉及自我流露的深度或亲密性。助人者应该使自我流露的内容在心境上与来访者相接近，Ivey等人建议，助人者的自我流露要与来访者的陈述有密切的关系。

（三）表达真诚的注意事项

恰到好处地表达真诚，是一种智慧，一种技术，也是一种艺术。真诚的表露并不一定完全是顺其自然的事情，同样存在着恰如其分的问题，运用不当，甚至会适得其反。马建青等人归纳了表达真诚的四点注意事项。[②]

1. 真诚不等于一定说实话

真诚不意味着就可以实话实说，那些有害于来访者或有损于辅导关系的话，

---

① Cormier S，Cormier B. 2000. 心理咨询师的问诊策略. 张建新等译. 北京：中国轻工业出版社：80～83

② 郭念锋. 2005. 国家职业资格培训教程：心理咨询师（三级）. 北京：民族出版社：57～59

一般是不宜直接表达的，比如，"你这个人真是蛮不讲理"、"就你这德性，难怪大家都不喜欢你！"等话，尽管很可能是事实，是助人者的真实感受，但是从来访者的利益和有利于辅导关系出发，不宜直接表达。比如，第一句话可以改为"我觉得你刚才那番话的道理不是很充分，有点按自己的意愿在评判，你看，是不是这样呢？"这样既表达了助人者的感受，又容易为来访者所接受，避免了直接的批评甚至是指责，就不容易激发来访者的心理防御，而使他能比较平静地去探索自己的问题。

2. 真诚不是自我发泄

来访者的叙述，也会激发心理辅导者相同的情结或创伤，一旦情结被触动，有可能控制辅导者本人，使他沉浸于自我的情感发泄之中，而忽略了来访者的利益。这种"真诚"，是建立在损害来访者的利益基础上的，也会伤害辅导关系。

3. 真诚应该实事求是

实事求是，意味着不能不懂装懂，也不能修饰遮掩，更不能弄虚作假。心理辅导者应该不断地了解自己，坦然接受自己的不足，学会不断面对真实的自我，表里如一，言行一致。

4. 真诚应该适时适度

真诚不是越多越好，没有节制的真诚就如过度的热情一样，会使人感觉不能承受而损害辅导关系。随着心理辅导关系的发展，辅导员也可以对来访者的不足、缺点进行反馈，但其前提是以不损害辅导关系为原则。

总之，真诚是内心的自然流露，不是靠技巧所能获得的；真诚建立在对人的乐观看法、对人有基本信任、对求助者充满关切和爱护的基础上，同时也建立在接纳自己、自信谦和的基础上。真诚是助人者的基本素质，是潜心修养、不断实践的结果。

第二节　朋辈心理辅导关系建立的技巧

朋辈心理辅导本质上也是一种人际关系的互动与不断建构过程，故一般的沟通技能技巧，均有助于提高朋辈心理辅导员建立良好辅导关系的能力。

一、倾听的技巧

（一）倾听及其意义

倾听，是指心理辅导员攫取和理解来访者所传达信息的能力，也包括通过自己身体及内心的专注与回应，向来访者传达自己在倾听的能力。倾听既要关注语言信息，也要关注非言语的信息，无论是清晰的还是含糊的。

倾听从信息加工的过程看，包含三个阶段，即信息的发送和接收、信息的加工、信息的传递。信息在两个人的沟通过程中是往复反馈的，当心理辅导员注意力不集中而不再关注倾听时，信息的接受就会终止，这也会影响到来访大学生的进一步表达和对朋辈心理辅导员的信任。

信息加工是受我们的信念、情感等经验影响的，当辅导者内心存在偏见、盲点或先入为主时，经常会歪曲或扭曲信息，信息加工的过程就会发生错误，这时，我们听到的就是我们想听的东西，而不再是客观、真实的信息。故一般的沟通过程经常是自说自话，很难做到共情性的倾听。

倾听是人际沟通的开始，是真实理解的基础，也是传达自己的温暖、尊重、无条件积极关注和共情性理解的过程，故倾听具有建立咨访关系、鼓励求助者更加开放自己的功能，同时，倾听也具有助人效果。

倾听贯穿于助人过程的始终，是每个朋辈心理辅导员的基本功，不会倾听的人是不能成为合格的朋辈心理辅导员的。

（二）如何积极地倾听

倾听并非仅仅是用耳朵听，更重要的是要用心去听，去设身处地地感受，不但要听懂来访者通过言语、行为所表达出来的东西，还要听出求助者在交谈中所省略的和没有表达出来的内容。善于倾听，还要有参与，有适当的反应。反应既可以是言语性的，也可以是非言语性的，以鼓励来访者继续表达。倾听更重要的是共情性的听，站在来访者的立场去理解他所表达的内容和情感，不排斥、不歧视，鼓励其宣泄，帮助其澄清自己的想法。

伊根指出，完全的倾听涉及四要素：一是观察和觉察来访者的非言语行为，包括姿势、面部表情、举动、语调等；二是倾听和理解来访者的言语信息；三是联系其所生活的社会环境，对整个人进行倾听；四是倾听那些不太妙的论调，即当事人所提到的也许需要受到挑战的东西。

1. 倾听和理解非言语行为

（1）非言语行为，主要有目光注视、面部表情、身体状态、声音特性、空间距离、衣着步态等。非言语行为能提供许多言语不能直接提供的信息，甚至是言语想要回避、隐藏、作假的内容，非言语行为常常在不知不觉中泄露人的真情实意。

借助于非言语行为，助人者可以更好地表达自己对求助者的支持和理解，也可以更全面地了解求助者的心理活动。非言语行为在心理辅导中具有重要的意义，它可以补充、加强、修正言语行为，还可以单独起作用。正确把握非言语行为并妥善运用，是一个优秀朋辈心理辅导员的基本功。

（2）朋辈心理辅导员调整自己的非言语行为，与来访者同在的关注微观技能，可以用英文词语的词头缩写词"SOLER"来概括。①

S（squarely）：面对当事人。身体朝向来访者，传达"我与你同在"的信息。如果对方感到被正面面对不舒服、不自然，要采取侧面或斜角的位置，关键是关注的质量。

O（open）：开放的姿势。人际沟通中，双手双脚的交叉常常会传递自我保护、封闭、拒绝的信息；而开放的姿势则会传递开放、接纳、关注的信号。当然，身心是一体的，心灵是身之主宰，有的人，手脚封闭也会让人感觉安全、开放与接纳；而有的人，身体开放也会让人感觉拒人于千里之外。其中的奥妙，要用心琢磨。

L（lean）：经常将上身前倾向来访者是可行的方法。这种姿势会自然而然地传达关心、温暖与热情，但也一定注意要适度，过分近地接近来访者，会使人不舒服甚至反感。

E（eye）：保持良好的目光接触。这会传达"我与你同在，我在用心倾听、用心关注你"的信息。助人过程的大多数时间，都要保持良好的目光接触，偶尔将目光转移到他处，是可以的；但频繁地转移目光，或者在来访者讲话时目光不关注他，是不恰当的行为。

R（relaxed）：在上述过程中努力做到放松和自然。助人者的轻松自然会使来访者舒适自然，助人过程也会在轻松愉悦的气氛中进行。

（3）倾听与理解来访者的非言语行为。朋辈心理辅导员要综合考虑来访者的非言语行为，避免断章取义，误解对方；要谨慎看待言语与非言语行为的不一致；要择机尝试性地与当事人探讨自己的觉察；要有意识、长期持续地观察、思考、调整，才能不断提高自己非言语行为的表达能力与觉察能力。

2. 倾听和理解言语信息

结构式的倾听和理解言语信息是十分必要的。伊根提出要从具体的经验、行为、情感三方面去倾听，便可以很好地掌握问题的局面。②

善于倾听，不仅在于听，还要有参与，有适当的反应。反应既可以是言语性的，也可以是非言语性的，比如，用"嗯"、"是的"、"然后呢"、"请继续"等言语来鼓励求助大学生继续说下去，或者用微笑、眼睛的关注、身体的前倾、相呼应的点头等方式。

3. 在整个环境中倾听和理解来访者

人是环境和生活经历的产物，从整体出发，才能更好地理解人。倾听，也

---

① Egan G. 1999. 高明的心理助人者. 郑维廉译. 上海：上海教育出版社；128~130
② Egan G. 1999. 高明的心理助人者. 郑维廉译. 上海：上海教育出版社；95~100

要将来访者自身作为受其环境影响的人来听,这样才更容易从整体上把握一个人。

4. 现实的倾听

当事人对自己、他人及现实的观察和感受须作为一种真实来理解,但他们的感知也常常是歪曲的。如一个很漂亮的来访大学生认为自己很丑,对这种情况,朋辈心理辅导员要给予足够的理解和倾听。对观察与感受的冲突或歪曲,优秀的朋辈心理辅导员会择机尝试性地向来访者挑战。

(三) 错误的倾听

倾听看似简单,实则不容易掌握。不仅初学者容易犯错误,就是专家也容易出问题。下面是一些倾听的障碍与误区[①],朋辈心理辅导员们可以常加对照,不断反省。

1. 不充分的倾听

倾听很容易分心,或者溜号,或者陷入自我的思维、情绪中,或者以己度人,或者因疲劳、困倦不能集中注意力,等等,这些都不利于做到良好的倾听。尤其人们的思维规律,一般是用已知来理解未知的,这就难免用自己的主观知识、经验去理解对方。站在自己的主观框架内,很难客观真实地理解对方;抛弃自己的内在参照系,共情式地投入,非多年持久的努力难以达到,故不充分的倾听比比皆是。

2. 评判性、标签式、过滤式倾听

一般的倾听都是评判式的倾听,人们会按照好-坏、正-误、可接受-不可接受、喜欢-不喜欢、有关-无关等内在标准对倾听的内容进行下意识的评判。已有的知识、经验也为我们提供了一个分类标准,我们也会很自然地在倾听的同时给对方贴标签,而把复杂问题简单化。文化与知识经验也会形成各式各样的过滤器,而使我们选择一些信息而忽略另一些,或者扭曲来访者的信息。以上这些都是难免的,但朋辈心理辅导员对此一定要有足够的意识,即使结论产生了,也要暂时搁置,而努力投情于来访者的叙述和他们的精神世界。优秀的朋辈心理辅导员也会有足够的意识不断地自我询问:"我听到的、理解的是来访者的?还是我自己的?"并与来访者作试探性或尝试性的求证。

3. 关注事实而忽略人

过于关注解决问题而注重寻求事实及背后的原因,或者过于重视诊断、寻求治疗方法的人,常常忙于搜集事实、寻求证据,易忽略面前活生生的人。对于辅导工作而言,人永远是第一位的。聚焦于人,寻求人与主题、关键信息的联系与平衡,才是好的倾听。

---

① Egan G. 1999. 高明的心理助人者. 郑维廉译. 上海:上海教育出版社:132~147

4. 预演

面对越来越多的信息和问题，不论是紧张寻求答案的新手，还是努力思考而试图给出完美答案的专家，都会沉浸于自我的内心而停止倾听。问题取向越强，预演就会越多。这一点，反而是人本主义取向的助人者做得更好些。事实上，好的朋辈心理辅导员会逐渐培养出一心多用的能力来，他能一边投情地倾听、关注来访者，一边处理信息给出结论，同时也会适当地关照自我——这种格式塔式的能力，曾经是我们的基本能力，在孩提时代，我们都有一边投入地玩、一边听到、听懂大人谈话的能力。而作为成人的我们，再恢复这种能力，却需要持久的自我锻炼才行。

5. 干扰、转移求助者的话题

轻视来访者的问题，认为对方是大惊小怪、无事生非，有轻视、不耐烦的态度，或者不时插话，打断来访者的叙述而转移话题，使来访者无所适从。一般插话给出的都是朋辈心理辅导员正在预演的话语，如果插话是恰当的，它常常能促进来访者持续及更深入的思考和反省，而产生建设性的帮助。否则，对新手而言，应该尽可能地避免。

（四）倾听中的询问技能

询问技术是指朋辈心理辅导员为了鼓励来访者有更多的表达，在必要的情况下，配合来访者的问题与咨询目标，提出相关问题询问来访者的过程。

在倾听中加入适当、适量的询问，可以了解情况，帮助来访者宣泄情感，认识自己，也可以引导或控制来访者叙述的方向，使谈话更加深入有序，良好的倾听一定是有适当询问参与的倾听。

如何询问是一种技术，怎样才能使用到位，是朋辈心理辅导员需要反复体会和实践的基本功。

1. 封闭性询问

封闭性询问通常使用"是不是"、"对不对"、"要不要"、"有没有"等词，而回答也是"是"、"否"式的简单答案。这种询问常用来收集资料并加以条理化，澄清事实，获取重点，缩小讨论范围。当来访者的叙述偏离正题时，也可以用来适当地终止其叙述。

若过多地使用封闭性询问，就会使来访者陷入被动回答之中，会压制来访者自我表达的愿望和积极性，而使之沉默甚至有一种压抑感和被讯问的感觉。特别是对暗示性较高、对自己的问题把握不准的求助者，封闭性询问会产生误导作用。

2. 开放性询问

通常使用"什么"、"如何"、"为什么"、"能不能"、"愿不愿意"等词来发问，让求助者就有关问题、思想、情感给予详细说明。它没有固定的答案，容许求助者自由地发表意见,从而带来较多的信息。

不同的用词可导致不同的询问结果,比如,带"什么"的询问往往能获得一些事实、资料;带"如何"的询问往往牵涉某一件事的过程、次序或情绪性的事物;而"为什么"的询问则可引出一些对原因的探讨;有时用"愿不愿"、"能不能"起始的询问句,以促进来访者作自我剖析。

3. 注意事项[①]

(1) 注意询问的方式,语气要平和、礼貌、真诚,不能给来访者以被审问或被剖析的感觉;

(2) 询问的目的是为了了解情况,而不是为了满足自己的好奇心或窥视欲。特别是对敏感性问题的询问要注意对方的接受程度,不宜表现出不当的兴趣。

(3) 询问的问题应与来访者的问题和咨询目标有关。

(4) 询问前,助人者应该思考清楚自己要问的问题是什么,避免询问不着边际,甚至把谈话引到无关紧要的话题上。

(5) 同样一句话,不同的神态、语气、语调以及在不同的咨访关系下,会产生不同的效果。

(6) 封闭式询问与开放式询问各有长短,咨询中应把两者结合起来使用。

二、反应的技巧

反应技术包括内容反应和情感反应,其作用是使来访大学生聚焦自我叙述的内容及情感。反应技术也能传达助人者的专注与理解,是共情式交流的有机构成部分。

(一) 内容反应

1. 内容反应的含义

内容反应又称为释义、简述语意,是指朋辈心理辅导员把来访者的主要言谈、思想,加以综合整理后,再反馈给来访者,使来访者聚焦自我叙述的内容,有机会再次剖析自己的困扰,重新组合那些零散的事件和关系,深化谈话的内容。

有效的释义,指要尽量用自己的语言重新编排组织,而不是鹦鹉学舌式的简单重复求助者的话。释义是为了引起进一步的讨论,或加深当事人对自我表述信息的了解,故强调来访者所表达的最关键的语词和想法是很有用的。

[①] 郭念锋. 2005. 国家职业资格培训教程:心理咨询师(三级). 北京:民族出版社;79,80

2. 事例与分析

> 大学生："我知道整天坐着或躺在床上并不能消除我的抑郁情绪。"
>
> 朋辈心理辅导员 A："你知道，你要避免整天躺着或坐着，以减弱你自己的抑郁情绪。"
>
> 朋辈心理辅导员 B："你已意识到，你需要离开床铺到周围四处走动，以便减少抑郁。"

朋辈心理辅导员 A 的内容反应，只是简单重复来访大学生的信息，来访者对此的反应更可能只是简单地说"是"或"对"或"我同意"，难以促进其进一步的自我探索。显然，朋辈心理辅导员 B 的回应更有效，会促进来访者的进一步自我探索。

3. 内容反应的功能[①]

（1）可以让来访大学生知道，你已经了解了他表达的信息，也给他进一步澄清自己想法的机会。

（2）可以鼓励来访大学生对一些关键想法或思想作进一步的阐述，从而深入地探讨某个重要的话题。

（3）可以帮助来访大学生将注意集中在具有重要性的特殊情境、事件、思想和行为上，而不至于散漫分心；准确的释义还能阻止来访者喋喋不休地重复同一内容。

（4）可以帮助来访者作决定。Ivey 等人指出，通过释义"重复关键词语和思想会使问题的实质显现出来"。

4. 释义的步骤

克米等人把释义过程分为五个步骤[②]，它们是：

（1）辅导员要在心中重复或回忆来访者的信息——他告诉了我什么？

（2）问自己"在他的信息中存在什么样的情境、人物、物体或思想?"

（3）选择适当的语句进行释义。释义可以由许多语句引出，要选择一种接近来访者所使用的感官词汇的语句。

（4）运用所选择的语句，将来访者的主要内容或概念用自己的语言表达出来，注意使用陈述句而不是疑问句。

（5）通过聆听和观察对方的反应来评价自己释义的效果。

---

① Cormier S，Cormier B. 2000. 心理咨询师的问诊策略. 张建新等译. 北京：中国轻工业出版社：65～79

② Cormier S，Cormier B. 2000. 心理咨询师的问诊策略. 张建新等译. 北京：中国轻工业出版社：202～210

(二) 情感反应

1. 何谓情感反应

情感反应,也称情感反映,是指朋辈心理辅导员把来访大学生的言语与非言语行为中包含的情感整理后,反馈给来访者,以使来访者可以聚焦自我的情感,乃至面对、接纳或者进一步深入分析自己的情感。情感反应的聚焦点常常放在此时此刻的情感上,这样更真实有效。

2. 情感反应的功能

(1) 如果使用得当,来访大学生感到被助人者理解了,他们便开始觉得不再被人忽略、孤独、怪异或没有价值,这也使他们开始接受助人者,把他们看成是能帮助自己的人,也会更自由地与助人者交流。

(2) 可以鼓励来访者对特殊情境、人物或事件表达出更多的积极或消极情感,也能帮助来访者更加正确地区分不同的情绪感受,从而增加来访者对自我情感的深刻觉察。

(3) 可以帮助来访者控制他的情绪。研究发现,情绪的打开、释放与进一步表达,会减轻其非理性的力量控制,使人的心理能量和幸福感提高。

(4) 可以削弱自我防御,降低消极情感,减少冲突,来访者也更容易接受他人,使助人行为和干预措施更容易发挥效果。

3. 情感反应的步骤

克米等人提出,情感反应过程分为六个步骤,其中最主要的步骤是确定交流中的情感基调,并以助人者自己的言语反映出来访者的感受。[1] 简述如下:

(1) 要注意聆听来访者信息中包含的情感词汇。

(2) 要注意观察来访者传递言语信息时的非言语行为。

(3) 助人者要使用自己的语言,把由言语和非言语线索获得的情感再反映给来访者。选择反映词语是情感反映技巧能否奏效的关键一步,选择情感词的关键是要与来访者表达的情感相对应、相匹配或相吻合,并保持强度的一致。

(4) 用一个合适的语句开始进行情感反应。最好的回应是与来访者使用的感觉词相匹配,如来访者使用了视觉的词汇,表达生气,则助人者可以说"你表现得好像正在生气"或者"看起来你现在正在生气"或者"在我看来你正在生气"。

(5) 在语句中加进情感发生时的情境。这一步骤实际上是内容反应与情感反应的结合,也是初级的共情。

(6) 评估你的反应是否有效。准确的情感反应一般会为来访者所肯定;否

---

[1] Cormier S, Cormier B. 2000. 心理咨询师的问诊策略. 张建新等译. 北京: 中国轻工业出版社: 210~222

则，容易被否定，或者会遭到来访者的澄清。

三、会谈的技巧

会谈的技巧有很多，我们就其中的表达技术、具体化、即时性、面质与总结作简要的介绍。

（一）表达技术

表达分内容表达与情感表达两种。内容表达技术常用于朋辈心理辅导员传递自己的信息、提出建议、提供忠告、给予保证、进行褒贬和反馈等，比如，助人者说："我希望你认真地思考一下刚才我的解释，如果你能那样去做，我想会有效果的。"情感表达技术是指朋辈心理辅导员告知求助者自己的情绪、情感活动状况，让来访大学生明了。比如，助人者说："听了你的话，我很难过。"情感表达可以针对求助者、自己或其他的人和事。

与前面讲的反应技术不同，表达是把朋辈心理辅导者自己的心理内容和情感呈现给来访大学生，而反应则是把来访大学生表现的心理内容和情感反馈给他本人。助人者所作的表达，其目的是为来访者服务的，而不是为了满足自己的表达欲或宣泄自己的情感，因而其表达的内容、方式应有助于来访者的叙述和咨询的进行。

（二）具体化技术

1. 具体化技术的含义

具体化技术也称具体性技术、澄清技术。对人类一般的思维规律而言，经常会下意识地由具体上升到抽象、由个别上升到一般。比如，一个人失恋了，他会感叹人生无常，活着真没意思。如果我们与他探讨人生观、价值观，是很难理清思路、解决他的真正问题的，这时我们一般要问："你怎么会有这样的感叹呢？"或"发生（遇到）了什么，使你有这样大的感叹呢？"这样便使来访者从抽象、一般返回到具体与个别，而聚焦于他自己的真正问题或困扰，这样就容易面对、解决。

在心理辅导中，我们也常遇到一些来访大学生，他们所叙述的思想、情感、事件是模糊、混乱、矛盾、不合理的，这些模糊不清的东西常常是引起他们困扰的重要原因。为此，助人者需要使用具体性技术，以"何人、何时、何地、有何感觉、有何想法、发生什么事、如何发生"等问题，协助求助大学生更清楚、更具体地描述其问题，以上都是具体化技术的应用。

具体化技术可以澄清求助者所表达的那些模糊不清的观念、情感以及遇到的问题，明了求助者的真实感受、真实事件；引入话题，鼓励来访者表达；让来访者弄清自己的所思所感，明白自己的真实处境，这本身就有助于改善来访者的状态。通过具体化技术，还可以让来访者学习如何就事论事，如何对事不对人，让其明白自己的思维方式是如何影响其情绪和行为的。

2. 具体化技术的运用

当朋辈心理辅导员发现来访大学生说话比较模糊、杂乱和空泛时，应用具体化予以澄清，采用剥笋方法、层层解析、由表及里的具体化技术，这也是咨询的一种基本方法。

马建青等人归纳了具体化运用的三种情况[①]：

（1）求助者的问题模糊不清。来访大学生说"真郁闷""我很烦""我很自卑"，当人处于这种状态时，往往会被此种情绪所笼罩。这时，助人者可以说，"你能否告诉我你因为什么而烦/自卑？"通过分解问题，就可以弄清楚是怎么回事，把问题缩小。

（2）过分概括化。一些来访大学生习惯以偏概全，容易把个别事件扩展开来，使事情越来越复杂，助人者可以使用具体化技术还事情以本来的面目。比如，来访者说"大家都不喜欢我"，运用具体性技术，让他具体说说"是谁不喜欢你"，结果发现除了个别人对他有些看法外，事情远不像他想的那样。

（3）概念不清。一些来访大学生一知半解，容易随便地给自己扣上帽子，比如，"我是同性恋"、"我有抑郁症"。经具体化技术，让来访者具体说明其含义，往往发现所谓的同性恋，只是与一位同性朋友比较好，情同手足，关系密切；所谓的抑郁症，是因为最近不太开心，实际上与同性恋或抑郁症相去甚远。

此外，朋辈心理辅导员也要特别注意自己的思维及表达方式，对来访者的回答也应该是针对他特殊的、此时此刻的情况，不可随便地使用一些常见的、普遍的词汇或随便地贴标签，如"我觉得你很自卑"、"你太情绪化"等。助人者的不当言语很容易对来访者产生消极的暗示作用，甚至产生心因性的心理疾病，这是我们特别要注意的。

3. 具体化方法

具体化可以技术化为方便操作的具体方法，在具体运用上，采用思维方法中的"7W思维法"，是一种很好的策略。

"7W思维法"是一种分析、思考问题的策略，凡事均可以从what（发生了什么）、when（什么时间）、who（什么人）、where（哪里、怎样的情境）、why（为什么、原因）、which（以何种方式、与何人关联）、how（如何演变）等方向思考。

这种策略会还原细节、深入具体、了解全貌，在实际运用中，朋辈心理辅

---

① 郭念锋.2005.国家职业资格培训教程：心理咨询师（三级）.北京：民族出版社；81～85

导员应结合来访大学生的叙述,灵活自如地应用。

伊根把来访者的叙述还原为"经验、情感和行为",也是一种很好的具体化方法。[1]

(三) 即时性技术

1. 即时性技术的含义

即时性技术,又称为直接性、立即性技术,是指朋辈心理辅导员在与来访者互动过程中,助人者将他当下所经验到的对自我、对方及相互关系变化的感知与觉察,以立即、直接、开放的方式与来访者讨论,或让对方知道。

立足此时此地,以当下为首要与中心,也是完形治疗的核心取向。

在具体运用中,助人者要对三方面做出即时性反应:一是自我的想法、情感、行为;二是来访者的想法、情感、行为;三是两者的相互关系。

即时性表达的意义与目的在于:一是可以当下表达助人者对自己、来访者及相互关系的感觉,这会消除两人之间的应激、阻抗,促进相互关系的进一步发展;二是就相互关系的某些方面展开讨论或提供反馈,有助于问题的解决;三是促进来访者进行自我探索,聚焦于自我及关系的发展。

2. 即时性的步骤与规则

克米等人总结出即时性的步骤与规则如下[2]:

(1) 须随时注意互动过程正在发生的事情对于相互关系的影响;不带投射地准确认识来访者及互动过程中的盲点。

(2) 作出言语反应,以便与来访者即时性地共享你对互动过程的感受和印象,而不必在意反应形式,其关键点在于此时此地。

(3) 规则一是助人者要即时描述所见到的正在发生的事情。如果两个人的关系中没有得到解决的情感和问题慢慢积累,最终常常以更为激烈或扭曲的方式表达出来,而这更容易损害双方的关系。

(4) 规则二是为了反映此时此地,即时性的句子要使用现在时态,如"我现在感到难过",而不是"我刚才感到难过"。当谈到自己的情感或感知觉时,要用"我"、"我的"来表达此时此地的感受,表达"我"之主体,如"我现在对你很担心"而不是"你使我感到担心"。

(5) 规则三要考虑表达的时机及针对性问题。辅导初期,关系还没有建立好,即时性会使一些来访者感到有压力,甚至导致双方都产生焦虑,所以一般即时性反应,要建立在良好关系的基础上的。助人者也不必将自己所有的感受

---

[1] Egan G. 1999. 高明的心理助人者. 郑维廉译. 上海: 上海教育出版社: 95~100
[2] Cormier S, Cormier B. 2000. 心理咨询师的问诊策略. 张建新等译. 北京: 中国轻工业出版社: 87~94

和观察反馈给来访者,故即时性策略总是用来探索最重要或最有影响的问题。

(四) 面质技术

1. 面质技术的含义

面质又称对立、对质、对峙、对抗、正视现实等,面质技术是朋辈心理辅导员发现来访大学生的言语与非言语行为不一致、叙述上前后矛盾、逃避自己的感觉与想法、不知善用资源、未觉察自己的限制等行为时,指出他们不一致的地方,协助其觉察、反省,并进一步深入探索问题形成的原因,甚至产生顿悟。

来访大学生在咨询过程中,有意无意会掩盖、掩饰一些东西,阻碍了自我表达、咨询关系建立以及咨询师的影响力。来访者的苦恼和不安一部分来自其矛盾心理,他自己往往不能很好地自知;或虽然自知但纠缠不清,也可能不愿意面对,或面对的力量不够,方法不当,等等。助人者通过面质揭示这种矛盾,并让求助者清楚,应面对矛盾、面对现实,从而促进助人进程,促进当事人改变。

面质是必要的,但使用不当会给来访者带来伤害,影响咨询关系的建立和发展。面质虽然不是批评、责备,但仍然容易引起来访者的反感,故可先配合共情或情感反映技术,再面质,其使用务必谨慎、适当。过分小心,害怕使用面质,对来访者的成长不利;过分使用,则有可能伤害来访者的感情。

2. 来访者的反应

来访大学生对面质的反应可以分成四个类型:否认、困惑、假装接受和真正接受。当来访者不承认或不同意助人者的表达时,也许是由于他们面对自己的矛盾或扭曲的行为还没做好准备或不能忍受。伊根总结了来访者可能进行否认的一些具体方式[①]:

(1) 不信任咨询者,如"你没有孩子,你怎么知道?"

(2) 认为助人者弄错了或误解了,如"我的意思不是那样"。

(3) 降低主题的重要性,如"这无论如何也不值得花这么多时间来讨论"。

(4) 从别处寻求支持,如"我把你对我的评论告诉了我的朋友们,他们没有一个人认可"。

(5) 同意助人者的意见,但不一定会按照助人者的意见行动,如"我认为你是正确的,我应该说出我的感受,但我不肯定能那样去做"。

对此,助人者要仔细甄别是自己的面质不确切、不具体,还是来访者不能面对自己,或利用不懂做烟雾而逃避面质的冲击。

对来访者的反应,没有现成的应对方法,但一般的处理原则是退回到对来

---

① Egan G. 1999. 高明的心理助人者. 郑维廉译. 上海:上海教育出版社:246～251

访者的倾听阶段，运用内容反应和情感反应，为面质建立基础；当面质被否认后，再回到内容反应和情感反应上。

3. 面质的步骤

克米总结了有效面质的三步骤[①]：

（1）仔细观察、理解来访者，以确定他所表现出来的矛盾冲突或混合信息，注意具体的言语、非言语线索和矛盾行为。

（2）总结矛盾中的不同元素，用陈述句将冲突的各部分内容联系起来，不要排斥任何部分，因为面质的最终目的是解决冲突，达到和谐，一种较好的总结说法是："一方面，你……另一方面……"

（3）评估面质反应的效果。当来访者承认存在矛盾冲突或不和谐的东西时，说明面质取得了效果。

4. 面质的注意事项

马建青等人总结了面质的四点注意事项[②]：

（1）面质要有事实根据。

（2）避免个人发泄或无情攻击。面质的目的是为了揭示求助者的矛盾，使求助者明了自己的真实，促进求助者的成长，故应以求助者的利益为重，不可变成咨询师发泄对求助者的不满情绪甚至攻击求助者的工具。这既不利于咨询，也是职业道德不容许的。面质时要注意用词和态度，否则不但起不到效果，还会给求助者留下阴影。

（3）可用尝试性面质。比如，使用"好像""似乎"等表述，可减少对求助者的冲击力。特别是当咨询关系还没有建立好，咨询师对自己的面质不是十分有把握时，或所涉及的内容震撼力比较大时，采取尝试性面质是一种好办法。

（4）面质应建立在良好的咨访关系基础上。由于面质具有一定的威胁，因此朋辈心理辅导员对来访大学生的尊重、理解、关怀，就显得尤为重要，这也是保证面质取得成效的基础。故面质要和支持结合起来。

（五）总结技术

1. 总结技术的含义

总结技术也称为概述技术、小结技术或摘要技术，是指朋辈心理辅导员整理与归纳两人谈话的要点（包括情感与想法），再回应给来访大学生；或是，助人者请来访者就谈过的内容，作重点式的整理，再表达出来。总之，是把叙述过的内容作一个小结，总结有两类：一类是参与性总结；另一类是影响性总结。

---

① Cormier S, Cormier B. 2000. 心理咨询师的问诊策略. 张建新等译. 上海：中国轻工业出版社；252～265

② 郭念锋. 2005. 国家职业资格培训教程：心理咨询师（三级）. 北京：民族出版社；87～89

参与性总结，指助人者把来访者的言语和非言语行为包括情感综合整理后，以提纲挈领的方式回应对方，如"下面，我把你刚才讲的意思概括一下，你看是不是这样"。影响性总结，是指助人者将自己所叙述的主题、意见等经组织整理后，以简明扼要的形式表达出来，如"下面，我把我刚才讲的内容概括一下"。其目的是让来访者更清楚助人者谈话的重点，串联有关的信息，有时还起到过渡、转换话题的作用。

总结技术的使用，可以在一小段谈话后、转为另一个主题时、某一次面谈结束前、每一次咨询开始前或一个阶段或者整个咨询结束时。

2. 总结技术的功能

（1）总结可使来访者有机会再一次回顾、整合自己的叙述信息，把若干片段联结为整体。

（2）可使助人者有机会检验自己的理解是否准确，并在来访者的信息中识别出明显的主题或模式。

（3）可以用来打断来访者喋喋不休的重复，通过归纳总结而引导会谈的方向。

（4）调整会谈的节奏，避免太快，使面谈有一个喘息的空间。

（5）用于转移话题，或进入新的主题。

3. 总结的步骤

克米归纳总结包括如下五个步骤[①]：

（1）回忆来访者表述的信息，并在心中复述这些信息：来访者讲述了什么？关注些什么？考虑些什么？这是归纳总结中最关键、最困难的部分。因为这需要助人者整合在整个助人过程中许多变化着的言语和非言语信息。

（2）通过向自己提问，如"来访者多次重复些什么"或"这个难点的不同部分是什么"，来识别出信息中存在的明显模式、主题或多种元素。

（3）选择合适的开始语句进行总结，在语句中使用人称代词"你"，或直接使用来访者的名字，并使用与来访者的感觉词相匹配的词语。

（4）使用所选择的语句和词汇描述信息中的主题，把多种因素联系起来，并用自己的语言将总结复述给当事人。注意，要使用陈述句而不是疑问句，除非你不确定而进行尝试性总结。

（5）通过倾听和观察来访者肯定还是否定你总结出的主题，以及总结是加强还是减弱了咨询关注的方向，来评估直接的效果。

以上我们简要介绍了会谈的表达、具体化、即时性、面质与总结等技术技

---

① Cormier S, Cormier B. 2000. 心理咨询师的问诊策略. 张建新等译. 北京：中国轻工业出版社：222~228

巧。在课后的思考与练习中，我们也会提供一些资料供大家练习。特别提请朋辈心理辅导员们注意的是：技术技巧的形成，是一个长期反复演练的过程。新手经常会发现自己理论掌握得很好，但一做实际的辅导工作，不是想不起来运用学到的各种理论、技术，就是不会用，用不好。其实，从知识的记忆到理解，再到能熟练自然地掌握运用，其间还有很长的路要走。把练习生活化，反复锻炼，熟能生巧；"百炼钢成绕指柔"，一分耕耘，一分收获；只有经过艰苦的努力与付出，才会有丰硕的回报。这是技能学习的规律，概莫能违。

思考与练习

1. 小组练习的组织：在该练习中，朋辈心理辅导员可以分为3人组，或4人组，或5人组。其中一人扮演朋辈心理辅导员，一人扮演来访大学生，其他人是观察者，按照以下练习项目进行角色扮演及演练。练习结束后，首先由来访大学生讲自己的感受、体会，给自己的辅导者以回馈；再由朋辈心理辅导员讲自己的感受体验；讨论后再由观察者讲他看到的优点与不足；再进行讨论；然后角色互换，重复进行以上步骤，直至结束。建议最好采取3人组，这样既可以节省时间，角色扮演及交流又很充分。

2. 试用以上小组练习方法，按卡可夫共情5种水平分组演练共情。做好角色扮演后，求助大学生先讲一件涉及自己情感及具体内容的事情，注意开始时要尽量简明，如"前天知道我英语四级没有过，唉，真是郁闷……"或"唉，最近女朋友提出要跟我分手，好闹心呵"，然后由朋辈心理辅导员运用不同水平的共情进行回应。每回应一次，都要停下来讨论一次，为了尽可能熟悉每个水平的内容，一个水平可以作多次演练及讨论。直到练习充分，进行下一个水平。也可以由其他人说出这是哪一个水平的回应，然后进行讨论。

3. 试用以上两种小组练习方法，作更复杂些的共情演练。要求来访大学生用1~3分钟，叙述自己生活中一件真实经历的事情，然后由朋辈心理辅导员运用不同水平的共情进行回应。然后小组讨论，并改进，继续演练。

4. 对其他态度，如真诚、温暖、尊重、积极关注，用以上三种相关练习内容及方法，分组进行演练。

5. 用以上三种相关练习内容及方法，对倾听、封闭式提问及开放式提问、内容反应及情感反应、内容表达及情感表达、具体化、即时性、面质、总结等心理辅导技术作分组演练，建议最好配合本章所学习的相关内容进行小组练习。

6. 练习日常生活化，直至真正掌握为止。请各位朋辈心理辅导员继续坚持练习，并慢慢尝试运用于日常学习、生活中，最后，能以自然而然的方式运用某一态度及技术。

第五章
朋辈心理辅导的操作技术

作为朋辈心理辅导员，除了需要掌握上述提到的基本理论与技巧外，还需要在此基础上掌握一些心理辅导的具体方法以帮助自己和他人。心理辅导的理论与流派众多，如认知疗法、行为疗法、人本主义疗法、精神分析疗法等，都是经过长期发展形成的非常成熟的理论与方法。考虑到朋辈心理辅导员的操作能力及大学生群体的特点，在本章中我们主要介绍认知疗法中的合理情绪疗法及行为疗法中的一些矫正方法，这些都是易于接受并方便应用的方法。

第一节 合理情绪疗法

案例：

小李来到大学快一年了，可是心还处于孤寂的状态，总是不由得想起从前的同学好友。小李知道上大学是需要一个适应过程的，可是却不知道为什么自己这么久了还没适应。看着周围同学都已经找到了新的伙伴，只有自己还形单影只，心里真不是滋味，但是又不知道该怎么办。有时自己也想主动与人联系，但又觉得别人可能并不喜欢自己。比如，有一次走在校园里，看到两个同班同学，自己打了声招呼，结果他们俩没什么反应就过去了，小李为此郁闷了一个下午。

小军这学期开学后精神萎靡不振，还常常唉声叹气，和之前那个爱说爱笑的他简直判若两人。原来是因为他上学期的微积分挂科了，他觉得这意味着大学添了一个污点，可能还会影响自己找工作。如果找不到好工作，那自己的大学不白念了？再说，也对不起以前付出的辛苦和父母的期望啊。如此一想，他只觉得心灰意冷，前途渺茫……

假如这两个学生找到作为朋辈心理辅导员的你寻求帮助，你会如何帮他们呢？你看出他们的困扰来自于哪里了吗？还是你也真的觉得他们的困扰是由于别人不理自己和考试挂科引起的？

如果思考一下下面的两个问题，可能你就会明白原因所在：①很多人都有过打招呼而对方没有反应的情况，为什么别人并没有觉得这有什么？②大学挂科的人不少，为什么有的人并没有因此一蹶不振，而是依然可以让大学过得丰富而精彩？

看来同样的事情被不同的人遇到，带来的影响会是不一样的。如果不是事情决定了我们的情绪和感受，会是什么呢？这就是合理情绪疗法要向我们揭示的：诱发一个人情绪和感受的，并不在于所发生的事情本身，而在于人对这件事情持有的态度和评价。换句话说，这就是为什么不同人遇到同样的事情，带来的情绪和感受会有所不同。

一、合理情绪疗法的原理

合理情绪治疗是临床心理学家艾利斯（Ellis）于20世纪50年代在美国创立的一种心理疗法。

艾利斯的理论的基础可以用A—B—C模型加以说明：

A（激发事件）——→B（信念、评价）——→C（情绪和行为后果）

这恐怕是很多人以前并不了解的事实。当A是一件好的事情时，C一般都是无害的，所以没人会因为发生了一件愉快的事情而寻求帮助和支持。当A是不愉快的事情时，B的作用就会显现了。其实，当我们接受不了C代表的事件后果时，往往是B这个中间的转换器出了问题。当有人向你求助的时候，帮他看到这一点是很重要的。

接下来让我们分析一下刚才的那两个案例：

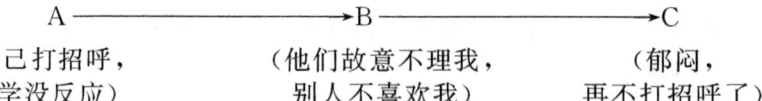

（自己打招呼，　　　（他们故意不理我，　　　（郁闷，
同学没反应）　　　　别人不喜欢我）　　　　再不打招呼了）

小李之所以因为同学对自己的招呼没有回应（A）这件事而郁闷一下午甚至不想再与同学交往（C）是因为他的B出现了偏差，是不合理的信念"他们可能不太喜欢我，故意不理我"带来的。假如说小李的B变为"他们可能正在想别的事情，没有注意到我"或者"看到我而没理睬，也可能有什么特殊的原因"，那么就不会出现C这样的结果。

小军的案例也是如此，因为对于挂科这件事情（A）抱有的信念B是"再作任何努力都没有什么意义了，因为挂科会影响成绩，成绩不好毕业就找不到好工作，找不到好工作就会影响以后的前程"，这样的 B 带来的 C 一定是一蹶不振，只觉前途渺茫。但其实冷静想一想，这样的 B 是不合理的，因为挂科并不能影响一生。假如换一种评价，如"幸好大学还有补考的机会，就当自己再学一遍这门课了"，带来的 C 就会不同。

从以上简单的例子可以看出，人的情绪及行为反应与人们对事物的态度和评价有直接关系。在这些态度和评价背后，有着人们对一类事物的共同看法，这就是信念。合理的信念，就会引起人们适度的反应，比如，挂科了会难过，然后继续努力；而不合理的信念，就会带来不当的情绪和行为反应，比如，就此放弃，不再努力了。

你可能会有新的疑问：我们该如何识别来访者的信念是否合理呢？如何帮助他们树立合理的信念呢？这就是我们下面要介绍的内容。我们可以通过一系列辩论（D）的技术与不合理信念 B 作辩论（D），向不合理的信念挑战，以合理信念代替不合理信念，从而使来访者消除以前不当的情绪和行为反应，拥有适当的情绪和行为反应（E）。

二、不合理信念的特征

上面提到过信念是人们对一类事物的共同看法，它直接决定了人们对生活中具体事件的态度和评价，那如何来区分哪些信念是合理的、哪些信念是不合理的呢？其实在开篇所举的小李小军的例子中已经包含了不合理信念的一些特点。

在小李的例子中，他认为别人不喜欢他所以没有理他，并因此而郁闷。我们暂且不论这是不是主观推测，可以考虑这样一个问题：谁能保证让所有人都喜欢自己？小李郁闷的背后其实有一个要求："大家都应该喜欢我，愿意和我打招呼。"

（一）不合理信念的特征一——绝对化要求

案例：

> 有一名女生很苦恼，因为她人际关系一直都不错，但她就觉得班里一个同学对自己一直不冷不热的，没有别人那么热情，于是觉得受不了而来寻求帮助。

> 某同学一直觉得自己学习努力，想得一等奖学金，结果成绩出来后自己排在了第二，于是心情沮丧，觉得老师不公平等等，由此产生失眠，甚至在床头贴着要报复的卡片。

在上述案例中,当事人苦恼的背后其实都来自于一种不合理的信念,那名女生的信念是"所有人都应该喜欢我",所以一旦出现一个例外就觉得受不了。而没得到奖学金的同学信念是"我就应该得一等奖学金","努力了就必须有回报"。在他们的信念中有一个共同的特点就是绝对化要求。

这一不合理信念的特征通常与"必须"、"应该"、"一定"这类字眼连在一起,如"我必须获得成功","别人应该都喜欢我","我不应该失恋"等等。这是人们以自己的意愿为出发点,对某一事物怀有认为其必定会发生或不会发生的信念,怀有这样信念的人极易陷入情绪困扰中。但实际上,客观事物的发生、发展都有其规律,是不以人的意志为转移的,即使就某个具体的人来说,他周围的人和事物的表现和发展也不可能以他的意志为转移。因此,抱有这种信念的人,一旦某些事物的发生与其对事物的绝对化要求相悖时,他们就会感到难以接受、难以适应从而陷入情绪困扰。

(二)不合理信念的特征二——过分概括化

案例:

> 有个大二男生来咨询,原因很简单,他辛苦打的一篇文章因为计算机操作不熟练,丢失了需要保存的文档,于是他便认为自己"一无是处",是个"废物"等。

> 小谷参加学生会干部的竞选,结果没有被选上,于是觉得自己"没有能力","什么都不行",并因此不再参加竞选、演讲这些活动。

在上面所举的两个案例中,可以很明显地看到他们的共同点:他们仅仅是一件事情没有做好,于是否定了自己的全部。这种以偏概全、以一概十的不合理思维方式的表现就是不合理信念的另一个特征:过分概括化。

看了那个因为计算机不熟练而丢失文档的例子你可能会觉得很可笑,但这是真实发生的例子,而且事实上他也并不是计算机专业的学生。这两个例子向我们展示了过分概括化的一个方面,即人们对其自身不合理的评价。以自己做的某一件事或某几件事的结果来评价自己整个人、评价自己作为人的价值,其结果常常会导致自责自罪、自卑自弃的心理及焦虑和抑郁情绪的产生。过分概括化还有另一个方面是对他人的不合理评价,比如,别人稍有差错就认为他很坏、一无是处等,这会导致一味地责备他人,以致产生敌意和愤怒等情绪。

其实仔细想想你会发现,这个世界上没有一个人可以达到完美无缺的境地,所以每个人都应接受自己和他人是有可能犯错误的事实。这样,我们的生活会少很多烦恼。

（三）不合理信念的特征三——糟糕至极

开篇挂科的那个案例将为我们揭示不合理信念的第三个特征。让我们回顾一下那个案例：因为挂科而对人生失去了希望，觉得这个污点决定了自己永远不会成功了。

案例：

> 某男生得了一种很普通的男科疾病，于是觉得一辈子都完了，觉得自己的后半生没有什么希望了，觉得会影响自己以后的生育，还包括未来的生活。

你可能已经猜到了不合理信念的第三个特征，的确，这是一种认为如果一件不好的事发生了，将是非常可怕、非常糟糕，甚至是一场灾难的想法。这将导致个体陷入极端不良的情绪体验如耻辱、自责自罪、焦虑、悲观、抑郁的恶性循环之中难以自拔。

当一个人沿着这条思路想下去，把遇见一件简单的事认为遇到了百分之百的糟糕的事或比百分之百还糟的事情时，他就是把自己引向了极端的、负性的情绪状态中。合理情绪疗法认为非常不好的事情确实有可能发生，尽管有很多原因使我们希望不要发生这种事情，但没有任何理由说这些事情绝对不该发生，更没有任何理由说发生了就是糟糕至极的。我们必须努力去接受现实，同时看到再糟糕的事情中也会有积极因素存在，如挂科，可以评价为"正好可以重新学一遍"、"幸好大学还有补考的机会"等。

在人们不合理的信念中，往往都可以找到上述三种特征。每个人都会或多或少地存在不合理的思维与信念，而那些有严重情绪障碍的人，这种不合理思维的倾向尤为明显。

三、合理情绪疗法的技术

至此，你可能已经了解了给我们带来困扰和烦恼的到底是什么，作为朋辈心理辅导员，所要做的重要工作就是识别出来访学生的不合理信念，同时通过一些方法帮助来访学生认清其信念的不合理性，帮助其产生某种认知层面的改变，进而放弃这些不合理的信念。改变认知是咨询中最重要的一环，即改变来访学生的信念。下面介绍几种改变认知的简便易行方式。

（一）与不合理信念辩论的技术

这是合理情绪疗法治疗过程中最常用的技术。一个人的信念绝不是一朝一夕形成的，况且很多人其实根本没有意识到是他们的信念决定了事情的结果和感受而非事情本身。对于处于痛苦中的来访学生而言，看到并接受这一点并非易事，因为来访学生往往大部分的精力都放在他们的糟糕感受与他们认为的糟糕事情上。所以，需要通过一些方式对来访学生所持有的关于他们自己的、他人的及周围环境的不合理信念进行挑战和质疑，从而动摇他们的这些信念，这就是与不合理信念辩论的技术。

提问的方式，可分为质疑式和夸张式两种。

（1）质疑式。朋辈心理辅导员直截了当地向来访学生的不合理信念发问，如"你有什么证据能证明你自己的这一观点？""是否别人都可以受挫，而你却不能？""是否别人都应该喜欢你？"等等。当然，来访学生一般不会简单地放弃自己的信念，面对朋辈心理辅导员的质疑，他们会想方设法为自己的信念辩护。因此，朋辈心理辅导员可以借助这种不断重复和辩论的过程，使对方感到自己的辩解理屈词穷，从而让他们认识到自己的不合理信念，并以合理的信念取代那些不合理的信念。

（2）夸张式。朋辈心理辅导员针对来访学生信念的不合理之处故意提出一些夸张的问题。这种提问方式犹如漫画手法，把对方信念的不合逻辑、不现实之处以夸张的方式放大给他们自己看。例如，一个害怕人多场合的学生说："我非常不自在，因为别人都看着我。"朋辈心理辅导员问："是否别人不干自己的事情，都围着你看？"该生回答："没有。"朋辈心理辅导员说："要不要在身上贴张纸写上'不要关注我'的字样？"答："那人家都要来看我了！"问："那原来你说别人都看你是否是真的？"答："……是我头脑中想象的……"在这段对话中，朋辈心理辅导员抓住对方的不合理之处发问，前两个问题均可纳入夸张式问题一类。这一提问方式由于使对方在这一过程中自己也感到自己的想法不可取，从而容易使他放弃自己的不合理想法。

在辩论中，讲话、幽默、自我开放等方法也都可以使用，对与不合理信念辩论的方法逐渐熟悉后也可以创造新的方法。

（二）合理的情绪想象技术

这一技术主要通过帮助来访学生展开想象，让他体会到情绪可以通过想象而改变。我们先来看下面的这段咨询过程：

> P（朋辈心理辅导员）：好。所以你不是什么也不行。当你沮丧时，就让自己想想这些（暂停一会儿）。来，让我们做一个小小的练习，这个练习叫"合理情绪想象"。请闭上眼睛想象你与你其实并不喜欢的男朋友在一起，他提出分手。你当时感到沮丧，能想象出来吗？
>
> L（来访学生）：能，想象出了，我似乎有点失落。
>
> P：好的。继续闭着眼睛，想象相同的情景，让自己变得轻松。

L：（大约两分钟）你说的情景我想出来了。

P：好的，你做得很好。你是怎么想的？

L：我告诉自己，本来我就不喜欢他，分手是让我轻松的事。也许是他感受到了我并无感觉，所以提出了分手。

P：你做得非常好。许多时候，分手只能说明不适合，甚至说明对方缺少发现的眼睛。

再比如：

L（来访学生）：我从上大学起，倒霉的事情就不断，手机掉厕所了，银行卡被吞了，钱包丢了，没有伙伴，金融危机影响了家里的生意……

……

P（朋辈心理辅导员）：手机掉厕所这件事，请你想象一下，如何能让自己的感觉变好？

（几分钟后）

L：我觉得买个新的手机也不错，而且一周没用手机，少玩了游戏，多了看书的时间，生活平静了不少，还省电了……

应用此方法时，可以让来访学生想象那些引发情绪困扰的事件场景，让其体验强烈的情绪反应；之后让其保持刚才所想象的场景，但要求他想办法将强烈的消极情绪体验转变为适度的情绪，并加以体验。这时，来访学生自己会有意识地去想如何能让感觉和情绪变得适度，他们能找到的途径就是重新认识这件事。当停止想象后，可以就来访学生如何使体验发生变化进行探讨，从中抓住他所产生的新的认识，对合理信念进行强化。

再比如，某学生觉得周围同学都不喜欢自己，因为一次班级里通知事情，可自己却不知道，没有得到通知。这里可以尝试用合理的情绪想象技术帮助该生，首先让他想象引发他情绪的场景，让他体验强烈的被孤立、排斥的感觉。然后让他依然想象没有接到通知的场景，但要求他想办法转换消极的情绪体验。在探讨中该生说他为了让体验发生变化，努力地想可能是别人忘记通知了，因为自己和外专业的学生住在一个宿舍，也可能是通知的人以为自己已经知道了，等等。这时，朋辈心理辅导员可以抓住这一认知，强化他的合理信念。

（三）积极的自我对话技术

此技术的目的在于让来访学生养成积极思考的习惯，练习看到事情的积极一面。此技术实施方法有两种：一种是要来访学生坚持每天回顾并发现自己的优点或长处并记录；另一种方法是要来访学生针对自己的消极思想，提出积极的想法，例如：

消极想法	积极想法
我很笨	我会做别人不会的事
我不善言辞	我能够思考并能表述清楚
我没希望了	只要努力，一切会改变的

此外，还有一些方法，如留家庭作业、社交技能训练等也可以根据实际情况选择使用。

四、合理情绪疗法的运用

通过学习，我们对合理情绪疗法应该有了大致的了解。的确，既然合理情绪疗法认为人们的情绪困扰是由人们的不合理信念所造成的，那这种疗法就是帮助受困扰的来访学生以合理的思维方式取代不合理的思维方式，以合理的信念取代不合理的信念，从而最大限度地减少不合理的信念给情绪带来的不良影响。进一步说，就是通过改变认知来帮助来访学生减少或消除他们已有的情绪困扰。

其操作步骤可概括为以下几步：

（1）找出使来访学生产生异常紧张情绪的诱发事件（A），如当众讲话、考试、工作压力、人际关系等。

（2）请来访学生挖掘出自己对诱发事件的解释、评价和看法，即由它引起的信念（B），并且探讨这些信念与所产生的紧张情绪（C）之间的关系。

（3）帮助来访学生与不合理信念进行辩论（D），动摇并最终放弃不合理信念，学会用合理的思维方式代替不合理的思维方式。

（4）随着不合理信念的消除，困扰自己的情绪开始减少或消除，并形成更为合理、积极的行为方式，行为所带来的积极效果又促进着合理信念的巩固与轻松愉快情绪的固化。最后，个人通过情绪与行为的成功转变，从根本上树立起合理的思维方式（E）。

下面是运用合理情绪疗法的一个案例，进一步说明该疗法的具体操作步骤和方法。

案例：

> 李玉是一名大三学生，上有两个哥哥，均已成家，但生活状况都不好。父亲在她上高中时去世，母亲因身体不好，只好住在哥哥家。哥哥家房子很小，李玉每年只在过年时回去几天，其余假期均在学校度过。大学几年的生

活费均是靠微薄的补助及做家教赚出,加上哥哥时常表示"以后就靠你了",她的压力很大,有种无助感,有种为生存疲于奔波的疲倦感。身边同学纷纷找到男友,李玉心中也渴望交到一个男朋友。3个月前在自习室认识了一个,她认为对方虽个子矮些,但人还可以,而且从理智上考虑,对方各方面条件不错,专业前景也很好,认为自己若拒绝,可能不会再遇见好的,因为自己"长得不漂亮""条件不好"等。虽无特别感觉,仍决定处处再说。但没想到,相处没多长时间,对方以不合适为由拒绝继续相处。这对李玉是个打击,她认为对方不同意相处是因为自己长得不漂亮,体形不好。目前李玉对学习总提不起兴致,又担心得不到老师的赞许,作业得不到优秀,还担心以后找不到合适的工作。

李玉寻求心理支持的主要原因是,她经常为生活压力而困扰,心情常常在高兴时一下跌入悲凉状态;她很不自信,认为自己什么都不行,明知道这样想不对,却改变不了,每天都很沮丧。她希望朋辈心理辅导员能缓解她的压力,给她一些支持,让她变得自信。

(一)第一步:收集临床资料、评估问题

这是不论采取何种咨询疗法都应该具有的步骤。在这一步骤中,主要任务是了解来访学生的情况和问题背景,评估其症状是否是心理咨询的范畴,是否适合采取合理情绪疗法。在本案例中,李玉的困扰看起来是由于失恋、家境不好(A)这些外在事件引起的,但实际上是由她的特定看法和评价(B)引发的,即"我长得不漂亮"、"条件不好"、"不会有人喜欢我",这些使她非常自卑和痛苦(C)。因此,对她运用合理情绪疗法干预是合适的。

(二)第二步:向来访者介绍合理情绪疗法的基本模型,并帮其学会寻找自己的不合理信念

本疗法是从改变来访学生的认知入手,以合理思维代替不合理思维,让其明白并了解问题所在,并学会检索自己的不合理信念,所以让来访学生了解本疗法的基本模型是很重要的。朋辈心理辅导员用表格的方式(如下表)向李玉简单介绍了合理情绪疗法的基本理论模型(ABC模型)。

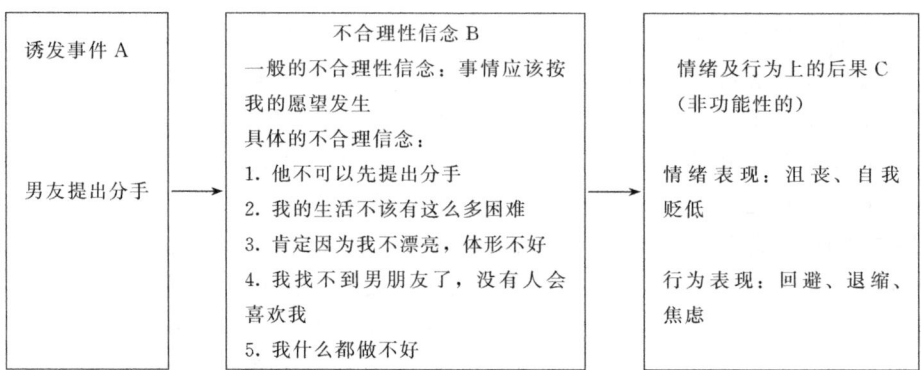

表格中包括了她的感受、信念（对事物的态度、想法）和行为，朋辈心理辅导员让她把这个表格带回去，以期使她看出她的不合理信念与情绪及行为反应之间的联系。朋辈心理辅导员向她强调：她可以尝试把所有问题都用这种表格的模式划分为三部分，即诱发事件A（如男朋友提出分手）、信念B（对事件的看法和态度）和结果C（情绪反应和行为表现）。

此外，朋辈心理辅导员向李玉解释，会谈后布置的家庭作业是咨询的重要部分，对自己信念的思考、检查越认真，改善的速度就会越快。

在李玉的成长过程中，一直伴随着生活的压力与自我愿望的艰难实现。对于找不到男朋友（A），她的信念是："我不漂亮"，"不吸引人"，"我家境不好"，"肯定找不到好的男朋友了"，于是产生深深的无价值感、自卑感。这种情绪及行为后果又变成新的激发事件。李玉认为"我感到自己不吸引人"，这又是一个激发事件，产生新的信念"我什么都不行"，带来的新后果是无用感、自卑感加强了。这样不断循环，最终她会说："我是一个极度自卑的人，我没有办法。"这样即被不合理信念所淹没。

（三）第三步：与不合理信念辩论

在朋辈心理辅导员与李玉的第二次探讨中，焦点主要集中在两个问题上：对男朋友提出分手感到的挫败感和对生活的不公平感。经过双方的协商，朋辈心理辅导员与李玉共同修订了帮助目标。

1. 行为目标

（1）做该做的事情，如好好完成作业，安排打工时间，而不是以沮丧、怨天尤人的态度坐等。

（2）纠正完美主义倾向及由此产生的对学业的过高要求。

2. 情绪目标

（1）降低她在学业和社会交往方面感到的无助感、自卑感。

（2）减弱因这些困难而产生的焦虑情绪。

3. 认知目标（须予以纠正的靶目标）

（1）"我不应该总是面对这么多困难，生活不应该如此艰难。"（如哥哥不该总想依靠我；一边读书一边打工，钱又挣得这么少，这太可怜了；男朋友不该在我努力与他相处时提出分手）

（2）"我做的事要得到别人的认可。"（我的作业必须得优秀；我应该得到老师的赞许）

（3）"因为我自卑，以后也一定是这样了，我消除不了自卑了。"

4. 感受和激发事件的评估

在第一次辅导中朋辈心理辅导员已向该同学讲过，可以把她的任何问题都放入 ABC 模型中去分解，找出介乎情绪与行为之间的信念。在第二次探讨中开始了这项具体工作，以下是对话节选。

> L（来访学生）：我很受打击，心里很难过。
> P（朋辈心理辅导员）：因为男朋友提出分手吗？
> L：是的。虽然我一直都不喜欢他，也不太想继续下去，但还是不能接受他先说出分手。他肯定是认为我不漂亮、体形不好。
> P：你希望他怎么样？
> L：我……似乎也不希望怎样，只是接受不了。
> P：你觉得怎么样？
> L：我认为，他没看上我肯定是因为我不够好。
> P：你的意思是，他不应该这么对你，必须由你来决定是否相处吗？
> L：（笑）好像是。
> P：你拒绝过别人吗？
> L：（点头）
> P：对方会如何认为？
> L：没想过那么多。
> P：你不认为应由对方作决定吗？
> L：（瞪大眼睛）那怎么可能？
> P：为什么不可能？
> L：那是我的事啊。
> P：可也是对方的事。
> L：（沉默）

5. ABC 关系评估

> P：现在，你可以用 ABC 方法说明为什么你很沮丧吗？
> L：从 C 开始，我想我很沮丧，A 是他提出分手。

6. 行为后果评估

P：好，你的反应呢？
L：沮丧，什么都不想做。

7. 认知评估

P：好。B是什么？
L：B是我的想法，特别是……关于A合理的和不合理的。
P：很好。你对A怎么看？
L：（沉默）我很受打击，他肯定认为我不够好。

8. 总结ABC评估资料

P：很好。李玉，你完成了很好的思想检测。你感到沮丧、受打击，这不是因为你被拒绝，而是因为你不停对自己说不能忍受对方先提出。最后，用你的方式让自己低落、低落、低落，只因为发生了这件事情。
L：哦。

9. 朋辈心理辅导员引导其解决问题——D-E

P：好。有句话是怎么说的，"人间处处有芳草"。
L：是的，不在一起是因为没有缘分和感觉。
P：你已经有些在改变自己的想法了，这很好。我们可以继续试着挑战自己的思想。
L：从哪儿开始呢？
P："我不够好"，"我不够优秀"，"我找不到喜欢我的人"，我想挑战这些中的任何一个都会让你感觉好些。
L：好的。
P：我们先讨论你在遇到挫折时把自己贬得很低的倾向。
L：我知道我不该这样做，我知道说自己什么也不行时是愚蠢的，因为我还有一些事做得很好。
P：比如？
L：我游泳游得很好，我个子很高，我一直凭自己的努力成绩优异，为我喜欢的专业在努力。
P：好。所以你不是什么也不行。当你沮丧时，就让自己想想这些（暂停一会儿）。来，让我们做一个小小的练习，这个练习叫"合理情绪想象"。
……

当李玉暴露出她的主要问题（即男朋友提出分手，她感到失落与挫败）时，会谈把注意力放在问题背后的不合理信念上。这些不合理信念不仅存在于这个问题之后，同样也存在于其他她认为不公平、不合理的情形下。因此，咨询的基本工作在于帮助她意识到这一点，并学会与自己的不合理信念辩论。

（四）第四步：练习与合理信念的巩固

建立新的合理信念之后，可请来访学生通过不断的联系巩固新的信念。

咨询中李玉逐渐识别出容易受挫和自卑的不合理信念：

（1）"我的生活应该是舒适的。"

（2）"我太可怜了，我的生活不该这么艰难，男朋友不该先提出分手。"

（3）"我的作业要做好，我不可以让自己这样懈怠。"

在咨询和家庭作业中，朋辈心理辅导员不断让李玉自己对这些不合理信念进行辩论，逐渐得出以下建设性的态度：

（1）"家境的确贫困，但我的生活不会一直这样。我坚持着考入重点大学，我也一定有能力改变自己的生活。"

（2）"男朋友提出分手没什么，总会有喜欢我的人出现。"

（3）"只要我努力，作业会做好。而且，得不到优秀也没有什么，我同样可以顺利毕业。"

帮助过程中，朋辈心理辅导员给李玉布置了以下作业：

（1）每天站在镜子前想自己的三个优点，多小的优点都可以。

（2）当因学习感到焦虑时，做一些放松活动（如听音乐、游泳等）。

（3）每周写下三件让自己快乐的事。

咨询结束后，李玉取得了很大进步，已经不再总被自卑、沮丧所困扰了，并且开始变得喜欢自己、接受自己；另外，在完美主义方面的要求也大为降低，因此感觉很轻松。这种轻松的心情提高了她学习的效率，作业的完成情况有了很大进展，这进展又进一步强化了她的心境。

五、朋辈心理辅导员需要注意的几个方面

在使用合理情绪疗法的过程中，要注意以下三个方面：

第一，把握合理情绪疗法的适合对象。合理情绪疗法对于那些因认知偏差带来困扰的来访者及一般情绪问题的来访者会比较有效，也更适合于智商较高、理解能力较强的来访者，因此比较适合大学生这一群体。但是，如果来访学生并不愿意接受该方法，不愿对自身进行理性分析，这种方法则不大适合。

第二，使用辩论和质询的时候要注意分寸和时机。辩论和质询技术在使用中要注意不要让来访学生有被批判和攻击的感觉，更不要将自己的价值观强加

到对方身上。

第三，朋辈心理辅导员与来访学生的关系是很重要的。合理情绪治疗家往往把建立和睦的咨访关系作为咨询治疗的第一步。

第二节 行为矫正法

行为矫正法是根据行为主义学习理论的基本原理所发展出来的一些行为改变的方法。与认知疗法不同的是行为矫正法不关注导致行为异常的心理原因（如认识问题），也不关注导致行为异常的内心冲突，而是着眼于异常行为本身的改变。在高校朋辈心理辅导工作中，行为矫正法是经常使用的方法，本节将介绍常用的四种。

一、系统脱敏法

系统脱敏法又称缓慢暴露法，是行为矫正法中的一项基本方法。系统脱敏法简单而言就是引导来访学生按恐惧、焦虑情绪的强弱将引发情境进行分级，然后引导来访学生按照由弱到强的顺序通过想象或现实进入引发情绪的情境中，再借由反复的放松依次实现对于情境的重新适应。此种方法可以有效减弱来访学生对引起焦虑、恐惧情绪刺激的敏感性，鼓励其逐渐接近所忧惧的事物，直至不再忧惧。

类似系统脱敏疗法的心理治疗方法在中国古代就有运用。《儒门事亲》载：王德新的妻子旅途中在旅社的楼上住宿，夜逢盗贼烧房子，因受惊而坠下床来。自此以后，每听到声响，便会受惊昏倒不省人事。家人也只得蹑足而行，不敢贸然弄出声响，逾年不愈。医师戴人诊断后即让二侍女执其两手，按于高椅之上，在面前放一张小桌几。戴人说："娘子，请看这木头！"便猛击桌，其妇大惊。戴人说："我用木头击桌，有何可惊呢？"妇人吓后稍显安定，戴人又击桌，惊已经显然减缓。又过了一会儿，连击三五次，又用木杖击门，又暗中令人击背后的窗子，妇人慢慢从惊恐中安定下来。晚上又叫击其卧房的门窗，接连数日，从天黑直到天亮，一两个月后，虽听雷鸣也不惊恐了。①

在高校朋辈心理辅导中实施系统脱敏时，首先要教会来访学生放松的方法，然后引导来访学生列出一个引起恐惧的由轻到重的恐惧事物分级表。之后要求

---

① 张从正．2006-12-9．儒门事亲．http：//www.xinli110.com/qsnxl/zsgs/aljx/200612/1240.html

学生在放松的状态下逐级训练，想象恐惧的事物，同时放松。等到某一级恐惧感觉接近消失时，再想象更高一级的恐惧内容。按恐惧事物分级表逐渐完成想象后，再过渡到真实事物的逐级训练。

案例：

> 小丽是一名大四女生，她来寻求帮助的原因在于她很害怕猫。小丽说自己从小就这样，但是实在不记得是什么事情导致了自己的这种恐惧。在路上看见猫她都绕远路走，她甚至都不能提"猫"这个字，一提就是一身冷汗。家人都知道这一点所以平时都很注意，但是自己马上就要走向社会了，总会不可避免地遇到和猫有关的事情或话题，自己不想再被这个问题困扰，所以来向朋辈心理辅导员求助。

接下来我们就以上面的案例为例，来说明系统脱敏疗法的实施步骤。

1. 第一步：放松练习，教来访学生学会肌肉的深度放松

放松的程序有很多，各种放松程序的基本原理是一样的，那就是放松与紧张交替进行，放松时运用深呼吸，按照一定的部位和顺序进行训练。放松训练最好在遮光的、隔音较好的房间里进行。

首先，朋辈心理辅导员请小丽以她感到舒适的姿势坐在椅子上，并让她摘掉了眼镜、手表等可能会妨碍放松的物品，闭上眼睛，尽量保持轻松的心态。然后请其跟随朋辈心理辅导员的指令进行深呼吸，指导语是：用鼻子吸气，吸至腹部，感觉小腹微微隆起为好，屏住呼吸停顿3秒，然后用嘴缓缓呼出，同时在头脑中默念"放松"。反复进行几次深呼吸后，进入肌肉放松阶段。

肌肉放松就是针对身上的各个肌群，先集中注意力让肌肉绷紧，停留5秒后突然放松，体验带来的轻松感。肌肉放松的基本顺序是手—手臂—躯干—头—腿—全身。指示语的内容一般是：

（1）握紧你的双拳——注意手和前臂的紧张感，握到不能再紧为止，当我说"放松"时，请你突然松开，（5秒后）放松。

（2）从双侧腕关节向上弯曲你的双手，尽量使手指指着肩部——注意手背和前臂肌肉的紧张感，紧到不能再紧为止，当我说"放松"时，请你突然松开，（5秒后）放松。

（3）举起双手臂，用力将手指触至双肩——注意双臂肌肉的紧张，紧到不能再紧为止，当我说"放松"时，请你突然松开，（5秒后）放松。

（4）耸起肩膀，越高越好——注意肩膀的紧张，紧到不能再紧为止，当我说"放松"时，请你突然松开，（5秒后）放松。

（5）皱起额头——注意紧张，紧到不能再紧为止，当我说"放松"时，请你突然松开，（5秒后）放松。

（6）用力将舌头抵住口腔上部——注意口腔内肌肉的紧张，紧到不能再紧为止，当我说"放松"时，请你突然松开，（5秒后）放松。

（7）紧闭双唇——注意口腔和下颚的紧张，当我说"放松"时，请你突然松开，（5秒后）放松。

（8）用力向后仰起头部——注意肩部、肩膀和颈部的紧张，当我说"放松"时，请你突然松开，（5秒后）放松。

（9）用力低头，尽量将下巴靠住胸部——注意颈部和肩膀的紧张，当我说"放松"时，请你突然松开，（5秒后）放松。

（10）作弓形弯曲背部并离开椅背，双臂向后推——注意背部和肩膀的紧张，当我说"放松"时，请你突然松开，（5秒后）放松。

（11）做两次深呼吸，持续一段时间——吐出空气——放松。

（12）用肺部吸入空气，尽量使其膨胀——注意腹部的紧张，放松，感觉你的呼吸更加稳定。

（13）抽紧腹部肌肉——注意腹部肌肉的紧张，当我说"放松"时，请你突然松开，（5秒后）放松。

（14）臀部用力并压住椅座——注意臀部紧张，当我说"放松"时，请你突然松开，（5秒后）放松。

（15）抽紧腿部肌肉，伸直双腿——注意到腿部肌肉的紧张，将双腿放回原姿势，放松。

（16）双脚脚趾向上，并逐渐抬起双脚——注意双脚和小腿肌肉的紧张，放松。

（17）向下弓起脚趾，犹如要将脚趾埋入沙土一般——注意双脚弯曲时的紧张，放松。

通常来访学生在经过一两周的训练之后，就能够在几分钟内使自己全部放松。在来访学生掌握了放松技能之后，就可以进行系统脱敏的训练程序了。

2. 第二步：建立焦虑（恐惧）等级表

这一步要做的工作是，将引起来访学生恐惧或焦虑的相关刺激或情境，按照其主观恐惧程度或焦虑程度来排列成一个序列，通常按照从轻到重的顺序排列。注意要以其主观焦虑程度来排列，而不是由朋辈心理辅导员排列。

这是小丽排列的焦虑等级表，后面是按照0～100分表示的主观焦虑程度：

(1) 听到"猫"这个词	30
(2) 想象猫的图片	40
(3) 想象远处有只猫	50
(4) 看猫的图片	60
(5) 摸图片上的猫	70
(6) 摸毛绒玩具猫	80
(7) 看到猫	90
(8) 抱猫	100

3. 第三步：实施系统脱敏

列出恐惧等级表之后，朋辈心理辅导员请小丽躺在一张睡椅上放松肌肉，然后按照她等级中最小恐惧的情境——听到"猫"这个词，开始系统脱敏的实施。朋辈心理辅导员与小丽约好，如果在想象情境时感到焦虑，那么就举起一个手指作为信号。用手指而不用语言作为信号，是为了不破坏来访学生的放松状态。

朋辈心理辅导员说出"猫"这个词，明显看到小丽额头上的汗，过了几秒，小丽举起了手指。朋辈心理辅导员请其放松，然后再次进行这一等级的脱敏。到第三次的时候，7～10秒钟之后，小丽没有明显的恐惧体验。朋辈心理辅导员为了检验此次效果，再次进行这一等级，发觉小丽确实没有了恐惧体验，于是让小丽停止想象这一情境，进入下一等级。朋辈心理辅导员就是依照这样的顺序对小丽怕猫的心理进行矫正，经过6次辅导后，小丽已经敢摸玩具猫了。

在此有一点需要说明：如果对同一个情境经过两次想象来访学生仍不感到焦虑，就可以让他想象等级中的下一个情境；如果来访学生表示有焦虑，那么治疗者应立即让他停止想象，等待其再度完全放松时，再让他想象前一个情境，这时如果没有焦虑产生，再重新进入下一个情境。

以上是系统脱敏疗法实施的一个例子，此种方法还可以应用在其他引发焦虑或恐惧的事情或情境，如考试焦虑的系统脱敏、害怕人群的系统脱敏、怕游泳的系统脱敏等。

二、厌恶疗法

"厌恶疗法"是一种把需要戒除的不良行为与某种不愉快的或惩罚性的刺激（如电击、催吐、语言责备、想象等）结合起来，通过厌恶性条件反射，从而达到戒除或减少不良行为目的的治疗方法，其原理来自于条件反射学说。条件反射学说是在刺激与反应之间建立联系，从而达到强化某种行为的目的。虽然厌恶疗法来自条件反射学说，但在此前民间就已经有这样的应用了。例如，我国民间采用的断奶方法：在乳头上涂些黄连一类的苦味剂，儿童在吮吸一两次后，就不敢再提吮吸要求。

厌恶疗法可分为若干具体的方法，如电击厌恶疗法、药物厌恶疗法、想象厌恶疗法、橡胶圈厌恶疗法等，这里介绍在朋辈心理辅导中经常使用的想象厌恶疗法与橡胶圈厌恶疗法。

（一）想象厌恶疗法

案例：

> 小孙是一名大二女生，父母都是做生意的，家境富裕。但是小孙有一个不可告人的爱好，那就是偷东西，她专门偷别人非常喜欢的小东西，如钥匙扣、小镜子、手机链等。因为丢失的东西往往价钱不贵，而小孙平时经济优越，所以宿舍和周围的同学从来没有怀疑过她。直到有一次调寝，她的一个小箱子被同学无意打开，大家才发现了这个秘密。小孙被辅导员老师介绍到了心理咨询中心。

据小孙自述，高中时有一次她出于嫉妒偷了一个女生很喜欢的笔，那支笔是校三好学生的奖品，看到那个女生着急失落的样子小孙觉得自己心里有"说不出的顺畅"。从那以后她开始留意别人喜欢的东西，一看到别人非常喜欢的小东西就控制不住自己的冲动，总想去偷到手，其实自己也不想这样，可是却没有办法，甚至都不敢告诉朋友。朋辈心理辅导员收集了该生各方面的信息后，向小孙介绍了想象厌恶疗法，即让其想象不良行为的发生过程及带来的结果，使得自己对于这一行为产生厌恶感，从而减少行为的发生。在征得小孙的同意后，朋辈心理辅导员开始帮助小孙克服这种行为。

朋辈心理辅导员让小孙闭上眼睛，想象面前站着一个高大的警察，面孔冷峻地盯着她，手里拿着镣铐，周围是同学老师的指责。朋辈心理辅导员观察到，闭着眼睛的小孙头上冒出了冷汗。朋辈心理辅导员告诉小孙，她再出现偷东西的欲望或行为时，可以让自己立即闭上眼睛，通过这样的想象以达到减少与控制此种不良行为的效果。经过5次辅导，小孙摆脱了偷东西冲动的困扰。

以上是运用想象厌恶疗法的例子，在实际咨询中，也可以引导来访学生说出他最厌烦的事情或最痛苦最难堪的事情，然后引导他在产生实施不良行为的想法时进行想象。

（二）橡胶圈厌恶疗法

顾名思义，就是在一个人要实施某种不良行为时用橡胶圈对身体进行惩罚，多次以后，在不良行为与橡胶圈带来的惩罚感间建立条件反射，从而达到消除不良行为的目的。

案例：

> 小王是某高校大三学生，从小就一直有个习惯性动作——抠手。他手指尖的皮常常被自己抠掉，指甲更是没有一个是完整的。小王自己很苦恼，可是却总也克服不了。

朋辈心理辅导员向小王介绍了橡胶圈厌恶疗法的原理和方法，征得对方同意后开始实施。当小王开始抠手时，朋辈心理辅导员就用力拽起套在小王手腕上的橡胶圈并松开，橡胶圈弹到手腕引起较强疼痛。如此多次后建立起条件反射，并叮嘱其回去后，一出现想抠手的想法就这样用橡皮圈弹自己；同时叮嘱他，如果一堂课都没有出现抠手行为就给自己奖励一朵小红花。其后追踪表明，小王抠手频率明显降低。

以上介绍了厌恶疗法中的两种，这两种方法既可以用于咬指甲、课堂上的小动作等单个行为，也可用于强迫观念或强迫行为，如强迫性偷窃、强迫性洗手等。

（三）厌恶疗法注意事项

（1）在实施厌恶疗法前一定要向来访学生说明所使用疗法的原理和方法，征得对方同意后方可使用。

（2）厌恶疗法会给来访学生带来非常不愉快的体验，所以，在不良行为频率降低后，要注意帮助来访学生缓解因想象厌恶疗法产生的焦虑、抑郁等情绪。

（3）在使用厌恶疗法的同时，要帮助来访学生运用好正强化与负强化，对良性行为正强化，负性行为负强化，从而在克服不良行为的同时建立新的行为，比如，小王在一堂课不抠手时奖励自己的小红花就是一种正强化。

（4）对于较为复杂的个案，最好将此方法与其他疗法结合运用。

三、冲击疗法

冲击疗法不需要进行任何放松训练，它是将最强烈的恐怖、焦虑刺激（冲击）或大量的恐怖、焦虑刺激（满灌、泛滥）一下子呈现在来访学生眼前，以迅速校正来访学生对恐怖、焦虑刺激的错误认知，并消除由这种刺激引发的习惯性恐怖、焦虑反应。以怕猫的案例为例，冲击疗法会直接让来访学生置身于有很多只真猫及毛绒玩具猫的环境，从而短时间内消除她对猫的恐惧。这种方法虽然所用时间短，解决问题比较干脆，但对来访学生身心冲击较大，故须谨慎施用。

冲击疗法最早是由一位名为 Crafts 的内科医生所采用的。他在 1938 年出版的《心理学最新实验》一书中报告了这样一个个案：一名年轻妇女，不敢乘坐和驾驶汽车，尤其是害怕通过隧道和桥梁。Crafts 将她强行安置在汽车后座上，将车从病人的家里一直开到他自己在纽约的诊所，沿途经过很多桥梁，还经过一条长长的霍兰德隧道。在行车途中，病人极度惊恐，不断呕吐、战栗、叫喊。行驶 80 公里之后，这些惊恐反应减弱了。在返回途中，这个女病人几乎没有发生什么不良反应。但 Crafts 并没有给这一治疗方法命名。

（一）冲击疗法的治疗程序

1. 体检

由于冲击疗法是一种较为剧烈的治疗方法，所以为了安全起见在实施之前一定要检查来访学生的身体状况，如心电图、脑电图等。如果来访学生患有严重的心血管病、中枢神经系统疾病、严重的呼吸系统疾病、各种精神性障碍等都不宜使用冲击疗法。此外，老人、儿童、孕妇及各种原因导致的身体虚弱者也不适宜采用冲击疗法。

2. 签订治疗协议

冲击疗法治疗强度较大，朋辈心理辅导员应仔细向来访学生介绍治疗的原理、过程和各种可能出现的情况，尤其要清楚地向来访学生说明在治疗过程中可能承受的痛苦，一定不能隐瞒和淡化。如果来访学生及其家属下定决心接受治疗之后，双方应签订治疗协议。

3. 准备治疗场地和其他条件

冲击疗法的治疗室不用很大，布置要一目了然，除了特意安排的使来访学生最感恐惧的刺激物外，没有任何别的东西。要使来访学生在治疗室的任何地方都能感受到刺激物，而没有任何回避的地方。治疗室的门原则上由施行治疗矫正的朋辈心理辅导员把守，使来访学生无法随意夺门而逃。

4. 实施冲击

在接受治疗之前来访学生要正常吃东西、喝水，并排空大小便，穿着应简单、宽松。来访学生进入治疗室后，朋辈心理辅导员应该迅速、猛烈地向其呈现令他感到恐惧的事物或情境。来访学生可能在受惊之后，会出现惊叫等激烈反应，朋辈心理辅导员不必顾及这些，应该坚持持续不断地向他呈现令其恐惧的事物或情境，或者应该持续地让他暴露于令其恐惧的情境之中。如果来访学生出现闭眼、塞耳、面壁等回避行为时，应该劝说或制止来访学生的回避行为。

实施过程中要严密观察来访学生的生理变化，这一过程中来访学生可能会出现呼吸急促、心悸、出汗等情况，甚至血压、心电出现异常。但除非情况特别严重，否则应该坚持进行治疗。

朋辈心理辅导员在这一过程中起着重要作用。如果来访学生提出中止治疗，甚至出言不逊，朋辈心理辅导员应该冷静处理，谨慎对待；如果来访学生总体情况比较好，朋辈心理辅导员应该给予鼓励、规劝。在来访学生的应激反应的高峰过去之后，朋辈心理辅导员应该劝说来访学生不要放弃甚至强制其完成。

（二）使用冲击疗法时应注意的事项

（1）来访学生应有具体的恐惧对象或情境，并且恐怖对象单一。
（2）不允许有回避行为，否则会加剧恐怖，导致治疗失败。
（3）使用此法，必须对来访学生的身心状况有深入的了解。对体质虚弱、有心脏病、高血压和承受力弱的学生，不能应用此法，以免发生意外。

四、情绪宣泄法

所谓情绪宣泄法就是朋辈心理辅导员引导来访学生将过去生活中压抑的情绪与委屈宣泄出来，以减轻心理负担的方法，具体可用倾诉、空椅技术等。以下是空椅技术的实施过程。

案例：

> 小芳是一名大三女生，刚刚失恋。她从上大一起就与同班一男生恋爱，三年来，两人一起吃饭，一起学习，一起上课。为了男友，她几乎牺牲了所有其他交往。可是男友却突然提出了分手，小芳在伤心之余才发现，自己的大学上到现在居然连个可以说说知心话的朋友都没有，强烈的失败感和不平衡感充斥着她的内心。

朋辈心理辅导员决定运用空椅技术帮助小芳将消极情绪宣泄出来。朋辈心理辅导员在小芳对面摆了一把空椅子，请小芳想象椅子上就是自己的前男友，引导小芳可以说出她所有想说的话和想表达的不满。小芳说出了一直压抑在心里的话："我恨你！""因为你，我的大学生活没有朋友！""你对不起我！"……情绪爆发式地发泄后，朋辈心理辅导员请小芳坐在对面代表男友的椅子上，体验男友的感觉。如此反复对话和体验，小芳不仅宣泄了情绪，同时体会了对方的感受，也了解了自己的问题所在。

五、自信训练法

自信不足是大学朋辈心理辅导中常见的问题。行为疗法认为自信不足主要是由于行动的躲避退缩引起的，因此可以通过一些行为上的训练方法来提升自信。

案例：

> 小强是一名学经济的大二男生，他最大的苦恼就是自己被自卑笼罩着。他也很想参加班级的班干部竞选，可是害怕失败了会遭到同学的嘲笑；对演讲比赛很感兴趣，可是自己以前从来没有参加过，所以没敢报名，但事后又后悔不已……

1. 自信想象法

朋辈心理辅导员首先要引导来访学生确定自己自信心不足的方面是什么，然后指导来访学生进行放松想象。比如，不敢发言的人，请其想象在一次发言中自己很勇敢，并且发挥出色，得到了周围人的称赞和表扬，在想象中帮助他提升自信。对上面案例中的小强而言，朋辈心理辅导员要指导他进行关于班级干部竞选的情景想象，想象自己如何充分地准备、出色地发挥，大家如何赞赏自己。

自信想象法其实就是一种积极的自我暗示，在积极暗示中给自己增加力量。

2. 寻优法

自卑的学生一定是看到自己的缺点大于优点的学生，所以才总会觉得"我不行"。在朋辈心理辅导中，可请来访学生写下自己的20个优点，并且大声念出来。如果学生自己找不到20个，也可以请周围朋友提供他们认为的该学生的优点，而且最好在每条优点后都能说出一个事例来证明这条优点。这样可以帮助来访学生拓宽自己的视野和看问题的角度，从而发现一个新的自己。

3. 模拟训练法

自信心不足的学生还有一个重要表现就是行动上的退缩，朋辈心理辅导员可以在咨询室或团体中模拟一个环境，让自信心不足的学生进行现场练习。比如，对于不敢与人交往的同学，朋辈心理辅导员可以设置模拟环境，让其练习与人对话。

4. 渐进行动法

事实证明，自信只有在行动的过程中才能建立起来，任何事情只有尝试了才会知道自己能做到，只有尝试了才能获得经验的积累。可是很多学生常常在自卑的同时又把目标定得很高，比如，一个不敢当众发言的人认为参加演讲比赛取得名次自己才算成功，这里的误区在于不了解自信要一点点建立。

首先，朋辈心理辅导员要帮助来访学生明确自信心不足的方面，然后确定渐进的行动练习步骤。以当众发言紧张的人为例，第一步目标放在敢报名参加演讲比赛；第二步目标放在参加演讲比赛时能将稿子念下来；第三步目标放在能背下稿子；第四步目标放在能看观众了。经过多次训练后，自信会一点点建立起来。但在这一过程中，朋辈心理辅导员要注意引导学生看到每一次比以前的进步，而非不足。

思考与练习

1. 不合理思维的特点有哪些？
2. 在使用厌恶疗法和冲击疗法时应该注意什么？
3. 结合自己的实际谈谈如何进行自信心训练。

第六章 团体心理辅导方案的设计与操作

随着朋辈心理辅导在高校心理健康教育工作中的普及和推广，如何扩大其影响、提高实效，成为高校心理健康教育工作者思考的重要课题。通过实践和探索，人们越来越强烈地感受到，团体心理辅导不失为朋辈心理辅导中一条迅捷而有效的途径。无论是普及心理健康知识，还是疏导学生的心理困惑，团体心理辅导都具有得天独厚的优势。因此，能够进行有效的团体心理辅导方案设计与操作也就成为朋辈心理辅导员必备的基本能力。

第一节 团体心理辅导方案设计的特点和原则

团体心理辅导，是一种在团体的情境下，通过成员间的互动，帮助个体完善自我、开发潜能、解决问题、提高社会适应性的辅导方式。它通常由一名或两名领导者面对几名、十几名甚至几十名成员同时进行，影响广、效率高。

团体心理辅导的过程讲究营造温暖、支持、包容、安全的心理环境，成员的需要、问题又具有相似性，因此易于激发成员的参与意识和自我探索的积极性。成员可以在领导者的带动下，在良性的人际互动氛围中相互支持、鼓励，交流、分享体会和经验，这对于帮助成员宣泄情绪、习得行为、矫正认知、解决问题，不断提高其心理健康水平，促进其心理成长意义深远。

一、团体心理辅导方案设计的特点

团体心理辅导方案是指对团体心理辅导活动所进行的有计划、有系统的安排。它是团体心理辅导活动的蓝本，也是团体心理辅导获得成功的关键。

团体心理辅导方案设计则是指根据成员的心理发展规律和需要，运用团体动力学、团体心理辅导、团体心理咨询等方面的专业知识，有系统地设计、组织、规划团体活动，以期达成预定目标的过程。

团体心理辅导方案设计是一个对团体心理辅导活动进行总体规划的过程，也是保证团体心理辅导获得成功的前提条件。由于朋辈心理辅导员个人特质、专业素养以及团体目标、成员特点等因素各不相同，因此，团体心理辅导方案的设计并没有统一的格式和规范，可以因人、因问题而异，但方案本身应具有以下特点：

（1）目标明确清晰，实际具体。
（2）活动流程科学合理、切实可行。
（3）保证成员心理安全，有助于成员心理发展。
（4）辅导效果易于检测和评估。

二、团体心理辅导方案设计的原则

为了保证团体心理辅导的实效，在具体方案设计的过程中应遵循以下原则。

（一）专业性原则

团体心理辅导是一种有组织、有计划的专业活动，讲究科学性和规范性，对成员的心理发展负责。因此，领导者应具有一定的心理学、心理咨询、心理辅导等方面的理论知识储备和实践经验，事先要接受专门的学习和培训，所设计的辅导方案应符合成员的心理发展规律和心理辅导的专业要求，周密慎重，并最好能够在经验丰富的专业督导或教师指导下完成，以确保方案的严谨、可行。

（二）量力性原则

在团体心理辅导方案设计的过程中，朋辈心理辅导员要具有敏锐的自我觉知能力，要对自己的人格特质、领导风格、能力和专业水平以及团体的目标性质、成员特点及需要有清晰的认识。方案设计要贴合自己的实际，应注意选择设计自己熟悉或有把握的团体活动，避免方案中出现自己不熟悉、不了解的活动内容；不能好大喜功，盲目推进，所设计的团体心理辅导活动，最好在实施前进行实际操作或演练，以便于更好地驾驭团体心理辅导的全过程。

（三）主体性原则

团体心理辅导的目的是帮助成员自助，促进成员的心理成长。因此，方案的设计要充分考虑成员主体作用的发挥。要对成员的心理发展规律、心理特点有充分认识，所设计的活动流程和相关练习要符合成员的性别、年龄、心理需要，要有利于成员积极性和主动性的调动。

（四）可操作性原则

可操作性原则是指团体心理辅导目标的界定要明确、具体，有实现的可能；

方案的设计实际、可行，领导者易于实施和驾驭；应充分考虑可利用的现有资源，具体的活动流程和实施步骤便于操作，便于灵活调整和评估。

（五）循序渐进原则

成员心理的成长和改变是一个渐进的过程，因此，辅导方案的设计也应该循序渐进，不能贪多求快。各个环节和活动练习的设计要"由易而难、由浅而深，由人际表层互动到自我深层经验，由行为层次、情感层次到认知层次"[1]。注意环环相扣，前后衔接，帮助成员逐渐降低心理防御，敞开自我，接纳团体和领导者。

（六）活动性原则

团体心理辅导一般分为静态讨论和动态活动两种模式。对于充满朝气的大学生来讲，他们通常更喜欢参与动态的团体活动。因此，方案的设计可根据团体的目标、性质以及成员的特点和需要体现出一定的活动性，如组织成员进行角色扮演、带领成员进行团体游戏、引导成员进行分享讨论等。这样不仅可以活跃团体气氛，促进成员间相互熟悉和接纳，而且也有助于成员学习经验、模仿行为、自我探索和心理成长。但应注意，团体活动只是团体心理辅导的手段，并不是目的。所以，设计的活动要适度，要紧扣主题，避免流于形式。

（七）民主性原则

团体心理辅导是一个领导者与成员互动、共同获得成长的过程。因此，朋辈心理辅导员要摆正位置，明确角色，以平等的姿态充分表达对成员的理解、支持、共情和认同，包容、接纳成员的不同意见和主张。方案中应避免说教和过多的干预成分，要为成员创设均等的发展机会，营造轻松、安全、平等的心理氛围，在成员间构建有效的良性人际互动。

（八）安全性原则

团体心理辅导方案的设计应充分体现人性化，考虑成员的心理和人身安全。所设计的活动和环节要与领导者的能力、成员的承受力相匹配，要预见活动潜在的危险性，做好必要的准备，以避免成员受到伤害或团体心理辅导过程受阻。

第二节　团体心理辅导方案设计的步骤

尽管目前团体心理辅导方案设计尚无统一格式，但为了方便团体心理辅导

---

[1]　樊富珉.2005.团体心理咨询.北京：高等教育出版社：258

的进行,增强团体心理辅导活动的计划性、规范性和可操作性,朋辈心理辅导员对团体心理辅导方案设计的一般步骤应有所了解。

一、团体心理辅导方案设计的一般步骤

借鉴学者们的实践研究,团体心理辅导方案的设计一般应包括以下步骤。

(一)明确辅导对象的心理需要

为了提高团体心理辅导的针对性和实效性,辅导方案设计之前,朋辈心理辅导员应该对辅导对象进行了解,要清楚哪些人要接受心理辅导、他们的特点是什么、有哪些方面的心理需要、是否有必要以团体心理辅导的方式进行帮助,等等,朋辈心理辅导员可以通过观察、访谈、问卷等方式对上述问题进行全面调查和了解。例如,通常在高校中,新生入学后容易出现环境适应、学习压力、人际交往等方面的心理困惑;大二之后易产生人际交往、情绪管理、恋爱等方面的心理需要;毕业前夕,择业、就业又通常是困扰学生们的主要问题,这些都是了解辅导对象的心理需要时应该关注的重要内容,如果以此为内容及时进行团体心理辅导,可能会帮助许多学生顺利渡过心理难关,增强他们的社会适应性,促进他们的心理成长。当然,在调研的过程中,除上述问题值得关注之外,还应注意,如果一段时间内许多人在关注同一问题,可能说明大家对这一问题存在潜在的共性需求,及时介入、辅导也必然会扩大团体心理辅导的受益面。

(二)确定团体的性质

根据对辅导对象心理需求的了解和评估,明确了团体心理辅导的方向和内容后,领导者就可以确定团体的性质了。确定团体的性质,实际上就是要明确团体是结构式的还是非结构式的,是开放式的还是封闭式的,是同质的还是异质的,是发展性的还是治疗性的。在朋辈心理辅导中,考虑朋辈心理辅导员的实际情况和辅导对象的具体特点,一般比较适合选择结构式团体、同质团体、封闭式和发展性团体。

(1)结构式团体。指预先有充分的计划和准备,有固定程序的活动让成员来参与的团体。这种团体目标明确,计划详尽,领导者的作用容易体现和发挥,对于增强团体凝聚力、促进成员合作有积极作用。

(2)同质团体。指团体成员本身的条件或问题具有相似性,包括性别、年龄、文化程度、社会地位等。由于成员之间相似度高,因此,彼此之间会有共同的语言、经验或体会,容易相互理解和沟通,容易相互启发和借鉴。

(3)封闭式团体。指从团体启动到团体结束,成员固定不变的团体。这种

团体成员之间了解深入,情感维系紧密,团体凝聚力强,有利于团体心理辅导活动的开展。

(4) 发展性团体。指的是通过确定成员共同的兴趣与目标,激发成员参与的热情和主动性,引导成员交流分享、自我探索、积极体验,从而使成员不断完善和成长发展的团体。这种团体在团体心理辅导中应用比较广泛。

(三) 明确团体目标

团体目标是团体心理辅导所要达到的预期结果,主要指经过辅导后,成员在认知、情绪和行为方面应该发生的成长和改变。明确的团体目标具有导向和调控作用,不仅要表明辅导活动对于成员的预期影响,还应为团体辅导活动的运作指明方向,为辅导效果的评估和检验提供依据。因此,为了切实发挥团体目标的功能,给团体心理辅导活动的实施指出一条具体的路径,领导者在方案设计的过程中,必须对目标进行清晰界定,要使目标明确、具体、可评估、可操作。

(1) 目标的确定要符合成员的实际,现实可行。目标的确定应该建立在对团体成员全面了解的基础上,符合成员的年龄特点、心理需求和发展实际。

(2) 目标的表述要言简意赅、清晰明了。团体心理辅导目标不仅是领导者主观愿望的体现,还应该得到全体成员的理解和认同。因此,在方案设计的过程中,领导者必须重视目标的确定性和清晰度,反思团体目标是否能够得到成员的认同,保证目标明确、易于理解。

(3) 目标界定要具体,可操作。朋辈心理辅导员在界定团体目标时要充分考虑自身特点、成员实际和可利用资源,使目标具有可操作性。如把团体目标确定为"发展成员个性"、"提高成员心理素质"就不太合适,太过抽象和笼统,应让目标表述直接、具体,越具体越易于观测和评估。因此,目标的表述要使用结果的形式,如帮助成员学会什么、明确什么、懂得什么、改变什么等,不要使用过程的形式,如学习什么。

(四) 确定团体心理辅导的名称

为了彰显主题,吸引成员的参与,在明确团体心理辅导的性质和目标的同时,要给团体心理辅导活动确定名称。

团体名称的设计要突出主题,生动、新颖,具有吸引力,更要符合团体的性质、目标以及成员特点,尤其是要考虑成员的尊严和心理习惯,注意避免使用标签式名称。如对贫困生进行心理辅导,名称中就最好不要出现"贫困生"的字眼,以免成员反感和受到伤害,不妨采用委婉的方式进行表述,如"风雨后的彩虹"、"成长训练营"等。既要体现心理辅导助人成长的宗旨,又要有个性,有创意。

（五）确定团体领导者

团体心理辅导方案中应明确说明领导者的基本资料，如领导者是谁、有何人格特点、受过何种训练、有哪些团体心理辅导的资质和经验、是否有助手、助手的基本情况等。

另外，为了保证团体心理辅导过程顺利进行，具有实效，如果条件许可，最好能够聘请具有丰富的团体心理辅导理论储备和实践经验的老师、专家来担任督导，以便为团体心理辅导提供专业性的指导和意见。同时，还有必要聘请观察员，从不同视角为领导者提供反馈信息和资料，协助领导者提高心理辅导的专业水平。

督导和观察员的资料在团体心理辅导方案设计中也应有所体现。

（六）确定团体心理辅导的对象与规模

团体心理辅导方案中应注明辅导对象的人数、来源和招募方式等内容。对象的确定与团体目标密不可分，组织什么样目标的团体辅导，就应招募相应的成员为对象。团体对象的来源可以是自愿报名的，也可以是老师推荐的，或是从心理咨询机构转介过来的，但最理想的对象来源是自愿报名参与的。

另外，团体心理辅导方案中还要明确团体的规模。团体规模直接影响团体辅导效果，规模太小，团体气氛、成员间的交流和互动会受到消极影响，阻碍成员成长；规模过大，团体领导者又不容易驾驭和掌控，成员表达和参与的机会将受到限制，团体氛围容易混乱，辅导效果也容易受到制约。一般大学生、发展性团体的人数以 8～20 人为宜。

（七）确定团体心理辅导的时间安排

团体心理辅导方案的设计中应该对辅导时间进行规划，包括辅导开始时间、总计辅导次数、中间间隔时间、每次辅导时间等。一般来讲，团体心理辅导作用的发挥有一个过程，成员发生改变也需要一定的时间。因此，团体心理辅导的时间不要太短，否则会影响效果；也不要持续太长，不然会让领导者精疲力竭，让成员厌烦或对团体产生依赖，而且如果时间持续太长，也容易出现一些不可预期的问题，干扰团体辅导活动的进行。

团体心理辅导应该持续多长时间，每次用时多少取决于团体的目标、类型和成员特点。一般朋辈心理辅导每周 1～2 次，每次 1 个小时左右即可。

在团体心理辅导方案设计的过程中应该做好对时间的设计和规划，但在具体的操作中也可以灵活掌握，不必墨守成规。

（八）确定团体心理辅导的地点

团体心理辅导方案的设计中应该标明活动地点，以便于成员知晓和进行前期环境布置。应注意所选择的活动地点要光线柔和,布置温馨,使成员置身于其中感到舒适和安全;空间要相对宽敞,以方便团体活动的进行;周围环境要相对安静,远离噪声,以避免辅导过程受到干扰;室内布置要简洁,避免成员分心。团体心理辅导的地点不要选择过于偏僻的地方,应交通便利,方便成员往来。

(九)设计成员招募方式

团体心理辅导的成员是本着自愿参与的原则进行招募的,但如何招募,事先要进行精心设计。

一般,团体心理辅导中成员的招募可以通过以下途径进行:一是通过海报进行宣传,介绍团体心理辅导活动的目标、具体安排、对成员的基本要求,吸引成员自愿报名参加;二是利用课堂、集会等场合向同学宣讲,帮助大家增强对团体心理辅导活动的了解,吸纳成员;三是通过辅导员和咨询教师接纳一些有共性问题的同学成为团体心理辅导的成员。具体利用哪种途径,采取何种方式可根据学校实际情况、团体心理辅导活动的需要进行选择和确定。但不论用哪种方法进行成员招募,都要注意将团体心理辅导的名称、主题、目的、对成员的要求、活动时间、地点、报名方式、报名截止日期交代清楚,以方便成员决定和选择。同时注意,宣传时对团体的说明要切合实际,不能盲目夸大其功能,不随意对成员承诺,以免误导成员,使其产生错误认知或过高期待;言语表述应简洁、明了、通俗易懂,且生动、活泼、具有吸引力和感染力,不过多使用专业语汇,显得模糊、隐晦、令人难以捉摸;措辞要顾及成员的心理感受,健康、积极向上,不使用粗俗、消极、敏感的字眼,以避免成员反感和心理受到伤害。

(十)搜集相关文献资料,为团体心理辅导方案的提出寻找理论依据和可借鉴经验

团体心理辅导方案的设计必须要有理论支持,这是保证方案实施取得成功的关键。因此,在进行方案设计时,领导者要围绕团体目标,有针对性地阅读和借鉴相关文献资料,如团体心理辅导、心理咨询、发展心理学、社会心理学等方面的理论,为团体活动流程的设计、辅导方法的选择提供理论依据。同时,领导者还应该搜集一些与本团体主题相关的辅导方案,借鉴他人的经验、教训,修正和完善方案设计,为方案的有效实施做好准备。

(十一)选择团体心理辅导活动的评估方法

为了评价团体心理辅导活动的效果,检查团体心理辅导目标是否实现,领导者的方案设计、组织、安排是否恰当有效,成员的心理需要是否得到满足、问题是否得到解决、心理是否得到成长,领导者必须重视团体心理辅导的评估环节,设计好评估的方式、评估的具体内容以及具体的评估时间安排等,以便

及时总结经验,为日后的团体心理辅导活动提供借鉴。

通常,在学校朋辈心理辅导的过程中,我们可以通过领导者的自我总结、成员的反馈以及观察员的记录对团体心理辅导的效果进行评估,反馈表如下所示。不论选用哪种评估方法都应注意,评估过程要客观,获取信息要充分。而且,领导者要明确,评估不单纯是对辅导效果的检查,同时也是对辅导经验和教训的总结,是在为提高领导者能力、增强团体心理辅导活动的实效作准备,所以要对评估环节高度重视,认真对待。

团体心理辅导活动成员反馈单

团体名称		成员姓名	
领导者		成员班级	
活动时间		活动地点	
活动内容			
成员感受			
意见或建议			

(十二) 设计团体方案

团体方案是团体心理辅导方案设计中的核心,在方案中,领导者必须将团体心理辅导活动的理念和意图清晰呈现出来,对整个辅导过程的活动流程和环节安排进行周密设计和部署。

根据团体目标、领导者特质和个人风格的不同,团体方案一般应涉及活动名称、目标、环节、内容和操作方案、所需材料等方面。它可以是就整个团体过程所进行的总体设计,也可以是对团体流程进行的单元设计,还可以是对一次具体活动进行的细致规划。具体可参见下表。

团体方案设计表[①]

1. 团体名称：

2. 团体性质：

3. 领导者介绍
领导者：
助手：
观察员：
督导员：

4. 团体对象：

5. 团体规模（预计）：

6. 招募方式：

7. 团体心理辅导次数及时间：

8. 团体心理辅导地点：

9. 团体目标：

10. 理论依据：

11. 团体评估计划
项目一：
项目二：
项目三：

12. 团体方案：

13. 参考文献：

团体过程设计表[②]

次数	单元名称	单元目标	预定活动内容	所需材料	时间	备注
1						
2						
3						
4						
5						

---

① 樊富珉.2005.团体心理咨询.北京：高等教育出版社：265
② 樊富珉.2005.团体心理咨询.北京：高等教育出版社：266

团体活动单元计划表[①]

第__单元	单元名称：
聚会时间	____年__月__日__时__分__至__时__分
单元目标	
预定活动内容、步骤或方法	

（十三）对团体心理辅导方案进行演练、修订和完善

为了保证团体心理辅导的效果，在方案设计完成之后，朋辈心理辅导员一方面应该与同行、有经验的教师或督导就方案的可行性进行探讨，听取各方面的意见，对方案进行丰富和完善；另一方面，还应该进行先期演练，检查环节安排是否紧凑、活动设计是否安全可行、时间分配是否得当等。在此期间，发现问题要及时修正，以保证方案设计科学、合理，实施安全、有效。

另外，朋辈心理辅导员还应该充分设想在团体心理辅导过程中可能会出现的问题，并设计好相应的解决方案，做到防患于未然，避免在辅导过程中出现问题，措手不及。如应该考虑到，如果方案实施过程中操作速度过快，出现时间剩余该如何处理？如果操作拖拉，不能按时完成辅导计划该怎样解决？如果成员积极性不高，不投入该如何调动？如果出现特殊成员，比如，具有攻击性的，过于沉默的，总是接话、抢话富有表现欲的又该怎样对待等。这些问题在团体心理辅导过程中容易出现，也是领导者必须予以面对和解决的。朋辈心理辅导员只有在方案设计时对各种可能性进行充分预见，并设计好应对方案，在团体心理辅导的过程中，才能做到镇定自若，游刃有余，使团体心理辅导的作用真正得以体现和发挥。

[①] 樊富珉.2005.团体心理咨询.北京：高等教育出版社：266

二、团体心理辅导方案设计应注意的问题

（一）方案设计要符合领导者的风格

随着人们心理健康意识的增强，团体心理辅导越来越被大家所关注，相关的理论和实践研究不断深入，文献、资料和方案设计也越来越丰富。领导者在进行方案设计时，有必要对其进行广泛搜集和借鉴，但一定不能照搬照抄。不同的团体领导者由于理论储备、设计理念、个人风格等因素的差异，即使使用同一方案操作的效果也必然会有所不同。因此，领导者对此要充分考虑，对自己的领导风格、人格特点、经验擅长有充分认识，本着对成员的心理安全负责的精神进行方案设计。

（二）方案设计要以成员为中心，以成员成长为目标

团体心理辅导的目的是帮助成员自我成长，因此，在方案设计的过程中，环节的创设和活动的安排要以成员为中心，为成员创设澄清自我、探索问题、自己解决问题的机会和空间，避免过分强调领导者的中心地位、过多的说教，以及干预成员的心理转变而把心理辅导的过程变成理论传授和人生教导的过程。

（三）团体活动安排要适当

由于团体活动能够激发成员的参与热情、活跃团体气氛，因此，在团体心理辅导过程中团体活动是不容忽视的重要手段。一些朋辈心理辅导员也乐于设计一些团体活动贯穿辅导过程的始终。比如，在团体活动启动时，设计一些热身游戏，诸如"滚雪球"、"棒打薄情郎"等进行团体催化；实施过程中设计诸如"临终遗言"、"价值拍卖"等活动帮助成员进行自我探索。这些活动本身比较生动，对成员具有吸引力，对于营造团体气氛、推进团体进程有一定的积极作用。但朋辈心理辅导员要清醒地认识到，团体活动只是手段而不是目的。因此，方案设计中要充分考虑团体目标，把握好团体活动使用的时机、频率和安全性，要紧密结合辅导目标、成员特点和心理需要，有针对性地、适度、适当地选择设计团体活动。尤其要注意充分发挥团体活动的功能，在团体活动结束后及时组织、引导成员进行分享讨论，激活成员思维，促进成员成长。切忌在方案设计中活动堆砌，为活动而活动。

（四）方案设计要体现团体心理辅导功能的拓展和延伸

团体心理辅导对成员心理发展的作用不能仅局限于辅导情境中，还应拓展到辅导情境外，能够进行有效迁移，切实对成员未来生活产生积极影响。因此，方案的设计过程中情境的创设要贴近现实生活，考虑将辅导过程与现实情境相

第三节　团体心理辅导方案设计实例

设计目标明确、切合实际的团体心理辅导方案是保证团体心理辅导活动获得成功的重要条件。因此，朋辈心理辅导员要善于在充分了解成员潜在心理需求的基础上，根据自己的领导风格、知识储备和可利用资源进行团体心理辅导方案设计。现介绍一些团体心理辅导方案设计实例，希望能够给朋辈心理辅导员的操作提供借鉴。

一、新生适应团体心理辅导方案设计实例[①]

1. 团体名称
相逢是首歌
2. 团体性质
封闭式、发展性团体
3. 团体目标
帮助成员形成客观的自我意识、积极的自我体验，促进成员有效适应新环境
4. 团体对象
2007 级新生
5. 团体规模
12 人
6. 成员招募方式
海报宣传、自愿报名、面谈筛选
7. 团体活动次数及时间
一次，2007 年 9 月 19 日 15 时 30 分至 16 时 30 分
8. 团体活动地点
教学楼 358 教室
9. 领导者介绍
领导者：

---

① 樊富珉.2005.团体心理咨询.北京：高等教育出版社；214～222；江光荣.2005.心理咨询的理论与实务.北京：高等教育出版社；233～243

助手：

观察员：

10. 理论依据

根据人本主义理论的基本观点，人性是积极的、向上的，人具有解决个人问题的能力。个体能对自己负责，有正面的人生取向，具有成长的需要，只要提供适当的心理环境和气氛，他们就能产生自我理解，改变对自己和他人的看法，形成积极的行为，并最终达成心理健康。因此，本团体充分借鉴这一观点，相信成员的积极性和主动性，创设条件，积极引发成员心理潜能，促进他们对新环境的有效适应。

11. 团体评估方法

项目一：小组成员自我总结

项目二：观察员观察记录

项目三：领导者自我总结

12. 团体方案

团体活动计划表

团体名称	相逢是首歌
聚会时间	2007 年 9 月 19 日　15 时 30 分至 16 时 30 分
活动目标	帮助成员形成客观的自我意识、积极的自我体验，促进成员有效适应新环境
预定活动内容、步骤或方法	一、热身活动 目标：促进成员熟悉，建立良好的成员互动关系 内容：滚雪球 方法： (1) 成员报数，单数成员为一组，组成外圈，双数成员为一组，组成内圈。内外圈成员两两相对，伴随着音乐，内圈成员顺时针移动，外圈成员逆时针移动。音乐停时，相对的成员要相互自我介绍，1 分钟后游戏继续。 (2) 一轮游戏结束后，可扩大交往范围，内外圈相邻两组 4 名成员为一组，相互介绍。 二、主要活动 目标：帮助成员增强团队意识，认识到自己应该迅速适应新环境，融入集体中 内容： 1. 突破重围 (1) 成员手拉手组成一个包围圈，一名成员站在圈外努力冲进包围圈。"包围圈"要力求坚固，避免被对方击破，圈外的成员可以采取各种方式力求突围成功。 (2) 成员分享、交流活动中的感受。领导者要引导成员明确个人的力量是有限的，被排斥在集体之外是痛苦的，从而增强成员的团队意识和对新集体的认同感。 2. 纸杯任务 (1) 成员分成 3 组，每组 4 人，站成一列。 (2) 各组排头的成员杯中要装满水，用嘴咬住，从起点出发，绕过障碍走到指定地点后返回起点，将杯中的水倒入第 2 位成员的杯中。 (3) 各组第 2 位成员手背后拿着空纸杯，接住第 1 位成员传递过来的水。保持该姿势，从起点出发，绕过障碍，走到指定地点后返回起点，将纸杯传递给第 3 位成员。

续表

|（4）各组第3位成员接住第2位同学传递的纸杯，自己的纸杯中也要装满水，双手平举两杯水从起点出发，绕过障碍走到指定地点后返回起点，将水杯传递给第4位成员。 （5）各组第4位成员接住第3位成员传递的水杯，两手平端，嘴里还要衔着一个装满水的纸杯，完成上述路线，先完成任务者获胜。 要求：整个过程中，成员间只能提出意见和建议，不许动手帮忙。如果完成任务时犯规或水洒出，则要回到起点，重新开始操作。 （6）引导成员分享、讨论活动中的感受和体会。 3. 我的大学 （1）成员分组讨论，谈一谈自己理想的大学生活是怎样的？进入大学后自己的感受又是怎样的？哪些人、哪些事让自己印象深刻，感受美好？又有哪些人、哪些事使自己感到困惑？你认为应该怎样面对未来的大学生活？ （2）各组派代表交流讨论结果，领导者给予指导和建议。 三、结束 目标：帮助成员总结收获，进一步强化团体目标 内容： （1）领导者带领成员分享本次团体的收获。 （2）领导者进行总结。 （3）团体在歌曲《相逢是首歌》中结束。

二、人际关系团体心理辅导方案设计实例[①]

1. 团体名称

有你相随

2. 团体性质

封闭式、结构式团体

3. 团体目标

帮助成员增强交往意识，掌握交往技巧，提高交往能力，构建和谐的人际关系

4. 团体对象

在校大学生

5. 团体规模

20人

6. 成员招募方式

海报宣传、自愿报名、面谈筛选

7. 团体活动次数及时间

共3次，2008年4月9日、4月16日、4月23日15时30分至16时30分

[①] 樊富珉. 2005. 团体心理咨询. 北京：高等教育出版社：214～306；刘慧. 2007-5-19. 我也要做"万人迷"——人际交往团体心理辅导方案. 中华心理教育网 http://www.xinli110.com/education/ttfd/ttyx/200705/26467_3.html

8. 团体活动地点

教学楼 358 教室

9. 领导者介绍

领导者：

观察员：

10. 理论依据

（1）埃里克森自我发展理论。根据埃里克森自我发展理论，大学阶段是获得亲密感而避免孤独感的时期。亲密的社会意义，使个人能与他人同甘共苦、相互关怀。如果一个人不能与他人分享快乐与痛苦，不能与他人进行思想情感的交流，不能相互关心与帮助，就会陷入孤独寂寞的苦恼情境之中。

（2）马斯洛需要层次理论。马斯洛需要层次理论揭示，每个人都渴望被别人接受、尊重或欣赏，不过现实生活中如果想得到他人的接受、尊重和欣赏，必须从自我开始，从给予别人开始。

11. 团体评估方法

项目一：领导者自我总结

项目二：观察员观察记录

项目三：团体成员反馈单

12. 团体方案

次数	单元名称	单元目标	活动流程及内容	所需材料
一	你我有缘	1. 促进成员彼此熟悉，构建和谐的团体氛围 2. 建立团体规范	1. 轻柔体操 2. 连环自我介绍 3. 我的心愿 4. 团体契约	图画纸、彩笔、录音机
二	心灵不设防	1. 促进成员相互了解 2. 促进成员认识自我 3. 增进成员间的相互信任和接纳	1. 爱在指间 2. 20 个我 3. 你问我答 4. 信任跌倒	图画纸、彩笔、录音机
三	有你相随	1. 帮助成员学会交往技巧，提高交往能力 2. 安全结束团体	1. 猜猜我是谁 2. 我说你做 3. 交往有技巧 4. 优点轰炸 5. 人际财富	录音机、纸、笔、卡片

13. 活动具体安排

第一单元	你我有缘
聚会时间	2008 年 4 月 9 日 15 时 30 分至 16 时 30 分
单元目标	促进成员彼此熟悉，构建和谐团体氛围；建立团体规范
预定活动内容、步骤或方法	一、热身活动 目标：促进成员间相互熟悉，活跃团体气氛，建立良好的人际氛围 内容：轻柔体操 方法： (1) 成员排成一列，后面的成员将手搭在前一个成员的肩上，首尾相连组成一个圆圈。 (2) 伴随舒缓的音乐，后面的成员要为前面的成员轻轻揉肩、捶背。 (3) 成员向后转，重复进行上述环节。 (4) 活动结束后，相邻的成员间要打招呼、问好，相互表示感谢。 二、主要活动 目标：促进成员相互了解，帮助成员懂得在交往中要关注和尊重他人 内容： 1. 连环自我介绍 (1) 将成员分成 4 组，每组 5 人。 (2) 要求每组要从一名成员开始逐一用一句话进行自我介绍，这句话中要求包括姓名、班级、自己与众不同的特征。 (3) 第二位成员要先介绍第一位成员，再介绍自己，依次类推。 2. 我的心愿 首先，发给成员事先准备好的纸笔，要求成员完成纸笔练习： (1) 我希望通过参加本团体心理辅导活动_____。 (2) 我希望和_____的人成为朋友。 (3) 我希望让自己的人际交往在_____方面发生改变。 (4) 我希望可以在人际交往中_____。 (5) 我希望自己的人际交往关系_____。 其次，引导成员交流、分享。 3. 团体契约 (1) 领导者强调本团体的目标，澄清成员期望。 (2) 引导成员讨论有效完成团体活动应遵循的纪律和规则。对于得到大家认可的内容，领导者要逐一写在白纸上，并请成员签上姓名，从而完成团体契约。 三、结束 目标：整理团体活动历程，强化团体目标，为后续活动做好准备 方法： (1) 引导成员总结团体收获。 (2) 领导者总结，对下期团体活动提出希望和要求。 (3) 预告下期活动内容。

第二单元	心灵不设防
聚会时间	2008 年 4 月 16 日 15 时 30 分至 16 时 30 分
单元目标	促进成员相互了解；促进成员认识自我；增进成员间的相互信任和接纳

续表

预定活动内容、步骤或方法	一、热身活动 目标：促进成员交流，构建轻松、愉悦的团体氛围 内容：爱在指间 方法： (1) 将团体成员通过报数分成人数相等的两组，单数成员一组，围成一个内圈，双数成员一组，围成一个外圈，内外圈的成员两两相视而立。 (2) 成员在领导者的指挥下向对方伸出手指进行示意。伸出1~4个手指，分别表示"不想认识对方"、"愿意初步认识对方"、"很高兴认识对方，希望与对方成为普通朋友"、"很喜欢对方，希望与对方成为好朋友"。 (3) 如果双方手指示意不同，则原地不动；如果双方都伸出1个手指，则各自将头转向一边，跺一下脚；如果都伸出2个手指，则相互微笑示意；如果都伸出3个手指，双方要紧握双手；如果都伸出4个手指，则要拥抱对方。 (4) 每做完一组动作，外圈的成员要顺时针移动一个位置，与下一个成员相视而立，重复上述动作。 (5) 领导者引导成员进行经验分享、交流参与本活动的感受和体会。 二、主要活动 目标：促进成员相互了解，帮助成员客观认识自我，学会信任和接纳 内容： 1. 20个"我" (1) 要求成员在事先准备好的纸上完成20个"我是____"，要求每一个"我"之间不要重复，并应该能够充分反映个人特征。 (2) 引导成员间进行交流分享，帮助成员间相互了解，并使成员对自我形成深刻认识。 2. 你问我答 (1) 一位成员站在场地中间，其他成员任意向其提出有关个人信息的问题，被问者有权利拒绝回答，一旦回答，就要客观、诚实（不要提具有伤害性或涉及个人隐私的问题）。 (2) 引导成员分享感受，帮助成员明白与人交往时要善于与人沟通，要懂得尊重他人。 3. 信任跌倒 (1) 一名成员站在桌子上准备向后倒，其他成员排成两排，按个头高低两两相对，向前伸直手臂，与对方的手握在一起，做好接应准备。 (2) 都准备好后，领导者发出"倒"的指令，桌子上的成员应声向后挺直倒下，其他成员要努力安全地将其接住，并平稳放下。 (3) 重复上述环节。 (4) 引导成员分享参与本活动的体会，帮助成员明确在交往中信任的重要性。 要求：成员身上不要有利器和贵重物品，避免受伤、伤到别人或损坏东西，有心脏病或高血压等疾病的成员不宜参与此活动 三、结束 目标：帮助成员整理收获，促进成员成长 方法： (1) 引导成员回顾团体历程，分享在团体中的收获和体会。 (2) 领导者进行总结，对成员如何参与交往进行指导。

第三单元	有你相随
聚会时间	2008年4月23日15时30分至16时30分
单元目标	帮助成员学会交往技巧，提高交往能力；安全结束团体

续表

预定活动内容、步骤或方法	一、热身活动 目标：活跃团体气氛，促进成员间相互了解 内容：猜猜我是谁 方法： (1) 要求成员在一张纸上用几句话对自己的特点进行描述，不能写名字。 (2) 将写好的纸条装入事先准备好的纸箱内，领导者随机抽取一张，朗读上面的内容，让大家猜猜这是谁。 二、主要活动 目标：促进成员相互了解，帮助成员掌握交往技巧 内容： 1. 我说你做 (1) 成员相背而坐围成一圈，发给每人一张大小、形状相同的纸。 (2) 要求成员根据领导者的指令，按步骤完成撕纸活动。活动期间不许说话，不许和领导者交流，不许看别人的动作。 (3) 展示作品，会发现在同一指令下，成员的作品各不相同，引导成员讨论其中原因。 (4) 进行第二轮游戏，重复上述环节，但要求成员间可以交流，不清楚的地方可以向领导者询问，并可以观察其他成员的动作。 (5) 展示作品，成员的作品应该基本相同。 (6) 引导成员讨论，为什么两次游戏结果会大不相同？帮助成员明确交往中应该善于沟通和交流。 2. 交往有技巧 进行情景剧表演： (1) 夜晚，宿舍的同学已经睡觉了，可是小丽还在没完没了地打电话，同宿舍的小红很气愤，对其进行指责，结果话不投机，二人发生争吵。 (2) 小刚个人卫生习惯不好，脚臭却不爱洗脚、洗袜子，还经常乱丢袜子。小明忍无可忍，要求其改掉恶习，及时洗脚、洗袜子。结果，小刚振振有词，拒不改正，双方不欢而散。 引导成员讨论，在上述情境中为什么会发生冲突，应该怎样正确处理情境中的问题？引导成员发现交往中的技巧。 3. 优点轰炸 (1) 选定一位成员为轰炸目标，大家轮流对其说出他的优点。 (2) 更换轰炸目标，重复上述环节。 (3) 引导成员交流、讨论被人"轰炸"和"轰炸"时的感受。帮助成员增强信心，并懂得在交往中要学会纳他人、欣赏他人。 4. 人际财富 (1) 请成员在领导者带领下，完成人际财富图。要求成员在白纸上画3个大小不等的同心圆，根据与自己心理距离的远近，在不同的圆中写下不同人的名字。其中圆心代表自己，越靠近圆心的人，代表与成员心理距离越近，是成员生活中重视、在意、乐于交往的对象。 (2) 引导成员交流、分享自己的人际财富，思考人际财富给自己生活带来的影响，并认真反省自己的人际交往状态、自己在交往中的优点和不足，明确努力方向。 三、结束 目标：整理团体历程，总结团体收获，安全结束团体 方法： (1) 引导成员总结团体历程，分享团体收获。 (2) 领导者总结，对成员提出交往过程中的指导和建议，并鼓励成员将团体中的收获迁移到生活中去。 (3) 在一张事先准备好的卡片上，领导者和每位成员分别写出对其他成员的祝福。 (4) 大家一同演唱周华健的《朋友》，在歌声中结束团体。

三、恋爱团体心理辅导方案设计实例[①]

1. 团体名称

我们的爱情

2. 团体性质

发展性、结构式团体

3. 团体目标

帮助成员正确认识爱情，澄清爱情取向，端正对待爱情的态度，掌握处理爱情中各种问题的方法和技巧，以积极的心态面对爱情

4. 团体对象

在校学生

5. 团体规模

20人

6. 成员招募方式

海报宣传、自愿报名、面谈筛选

7. 团体活动次数及时间

共3次，2008年3月12日、3月19日、3月26日15时30分至16时30分

8. 团体活动地点

教学楼350教室

9. 领导者介绍

领导者：

助手：

10. 理论依据

（1）马斯洛的需要层次理论。马斯洛的需要层次理论揭示每个人都有爱和被爱的需要，满足这一需要才能为其更高级需要的实现创造条件。

（2）恋爱心理学理论。恋爱是青年释放日益强烈的性冲动的重要途径，通过恋爱接触异性，使人不再感觉到性的压抑紧张，懂得如何在保持自身独立性的前提下调整自身缺陷以适应对方。这对于提高人的社会交往能力、积极适应社会生活具有重要影响。但在大学阶段，由于各种因素的影响，大学生常常不能妥善处理恋爱问题，以至于影响正常生活和学业，因此，有必要及时对其进行引导。

[①] 樊富珉.2005.团体心理咨询.北京：高等教育出版社：216～306；佚名.2005-8-30.大学生恋爱中的心理卫生.http://www.jx.xinhuanet.com/campus/2005-08/30/content_5012120.htm；佚名.2007-9-22."理解性别，美满爱情"团体心理辅导.天天心理网.http://www.xinli365.com/ttfd/ttxlfd/200709/1252.html

11. 团体评估

项目一：领导者自我总结

项目二：团体成员反馈单

12. 团体方案

团体活动单元计划表

第一单元	走近爱情，品尝爱情滋味
聚会时间	2008年3月12日15时30分至16时30分
单元目标	帮助成员明确成功走向爱情的因素以及如何延长爱情"保鲜期"，掌握恋爱中的相处技巧
预定活动内容、步骤或方法	一、热身活动 目标：活跃气氛，促进成员熟悉，建立良好团体氛围 内容：可怜的小猫 方法： (1) 成员围坐成圈，一人在圈中扮演小猫。 (2) "小猫"走到任意一成员面前，蹲下身体，学猫叫。对面的成员要用手抚摸小猫的头，并说："哦！可怜的小猫。"但是绝不能笑，笑就算输，要成为新的小猫。 (3) 如果游戏中抚摸者不笑，则小猫要叫第二次；抚摸者还不笑，再叫第三次；再不笑，就必须离开，寻找别的成员为对象。 二、主要活动 目标：帮助成员澄清对爱情的认识，了解影响爱情的因素 内容： 1. 发给成员卡片，引导成员在上面写下自己理想的爱情 所需材料：卡片、录音机 2. 成员讨论、分享自己对爱情的憧憬以及成功走向爱情应具备的因素 3. 自信心训练：请求与拒绝 (1) 成员两人一组，面对面站好，其中一人要大声向对方表达爱意，请求对方成为其恋人，另一方要予以拒绝。要求目光直视对方，时间3分钟。 (2) 互换角色。 (3) 成员讨论、分享活动中的体会和感受。领导者引导成员懂得面对爱情时要自信，不仅需要表白时的大胆，也需要拒绝时的果断 4. 引导成员分享、讨论怎样延长爱情保鲜期，帮助成员懂得恋爱中不责备，不躲避，不委曲求全，要学会包容与自省 5. 聆听歌曲《开始懂了》 歌声中带领成员一同寻找爱情的味道，从心动到热恋、到失恋、到稳定，体味不同味道的爱情，懂得真正的爱情最终归于宁静与平凡，从而使成员懂得应该怎样维系爱情。 三、结束 目标：帮助成员整理收获，促进成员团体经验的迁移 内容： (1) 请成员分享本次团体的收获。 (2) 领导者总结本次团体活动，鼓励成员将团体收获带入以后的爱情生活。 (3) 领导者祝福成员。 (4) 带领成员同唱歌曲《最浪漫的事》。

第二单元	"80后"的爱情
聚会时间	2008年3月19日下午15时30分至16时30分

续表

单元目标	帮助成员进一步澄清自己对爱情的认识，进行积极的自我探索，树立并端正爱情观
预定活动内容、步骤或方法	一、暖身活动 目的：活跃团体气氛，促进成员互动，体验成长 内容：小鸡的成长 方法： (1) 全体成员都是"鸡蛋"，要分别寻找对手，以"石头-剪子-布"定胜负，胜者进一级，成为小鸡，负者仍为鸡蛋。 (2) 成长为小鸡的成员以"石头-剪子-布"定胜负，胜者进一级，成为凤凰，负者倒退一级成为鸡蛋。 注意：活动中要模仿角色的动作。"鸡蛋"要蹲下，双手下垂贴住身体；"小鸡"要半蹲，手背在身后行走；"凤凰"则双手展开，直立行走。 二、主要活动 目的：帮助成员自我认识、自我探索、澄清爱情需要，端正爱情观 内容： 1. "我"是"80后" 成员分享自己作为"80后"，有哪些人格特点，帮助成员进行客观的自我认识。 2. 非常男女 (1) 把成员分成男女两组，每组分别派一人在场地中间表演一组能体现性别差异的动作，由对方选同学模仿。然后角色交换，以同样的方式进行。 (2) 讨论、分享成员的感受，促进男女生之间的理解。 3. 爱情中的"我"和"你" 发给每位成员一张白纸，画画爱情中的"我"和"你"。要求画完后要向其他成员展示自己的作品，谈谈自己对爱情的理解、希望以及将如何去争取爱情。 4. "我"的橘子 (1) 发给每位成员1个橘子，让成员认真观察自己的橘子的特点。 (2) 让成员将自己的橘子和别人的混在一起，看看每个人是否能找到自己的橘子。 (3) 增加难度，再次将成员的橘子混合，要求闭眼去找自己的橘子。 (4) 引导成员分享感受，使成员理解对待爱情态度要认真、要执著、积极。 三、结束 目标：回顾团体历程，进一步澄清目标，检查成员的成长和收获，并给成员以鼓励和建议，使其端正态度，树立正确的爱情观 内容： (1) 团体成员经验分享。 (2) 领导者总结、祝福。

第三单元	你比从前快乐
聚会时间	2008年3月26日15时30分至16时30分
单元目标	帮助成员澄清爱情观，正确面对失恋，掌握走出失恋阴影的有效策略，促使成员自信、自立、快乐地面对未来的爱情生活
预定活动内容、步骤或方法	一、暖身活动 目的：促进成员互动，形成温暖、相互支持的团体气氛 内容：我的另一半 方法： (1) 将事先准备好的不同颜色的圆形、三角形和长方形分别裁成两半，让成员任意抽取其中一半。

续表

预定活动内容、步骤或方法	(2) 要求成员迅速在团体内找到与自己手中的材料同颜色且形状匹配的另一半。 (3) 将组合好的图形粘在领导者事先准备好的卡纸上，在图形下写上相应两个成员的姓名。 二、主要活动 目的：协助成员学会面对与处理失恋困扰，学会有效解决失恋问题的方法，快乐面对未来生活 内容： (1) 角色扮演：当爱情走到尽头。请两位成员扮演恋人，表演分手时的情景 (2) 领导者与成员共同讨论，角色扮演中失恋者的表现、处理方式是否得当。 (3) 发给每位成员笔和纸，让成员写出自己是否有失恋经历，如果有，请写下面对失恋的态度和解决的策略；如果没有，可以设想一下自己将会怎样处理这一问题。 (4) 讨论分享各种策略的可行性和有效性，帮助成员明确正确的应对方法。 (5) 情绪抒泄。请每位成员以自己认为最舒服、最放松的姿势坐好，闭上眼睛，伴随着班德瑞的音乐，领导者带领成员一同走进失恋情境，让成员适当地发泄情绪，走出悲切，快乐地面对生活，感受世界的美好 三、结束 目的：总结团体收获，促进成员成长 内容： (1) 引导成员回顾团体历程，分享自己的收获。 (2) 大家一起唱《分手快乐》。全体成员手牵着手，围成一个圆，伴随着音乐，以豁达洒脱的心情演唱，唱出心中的不悦，构建良好的心情。

四、成长小组团体心理辅导方案设计实例[①]

1. 团体名称

理想的航帆

2. 团体性质

结构式、封闭式、发展性团体

3. 团体目标

帮助成员在新的环境里，客观认识自我，形成适应性的态度、观点和行为，敢于展现自我，放飞梦想，不断走向成熟

4. 团体规模

15 人

5. 团体对象

具有改变自己、展现自己、放飞梦想的意愿，能认真对待团体活动的 2009 级新生

---

① 樊富珉.2005.团体心理咨询.北京：高等教育出版社；217～306；佚名.2008-6-9.各种有趣的心理游戏、心理活动简介.http://www.gsxinli.com/game/200806/21.html

6. 成员招募方式

海报宣传、自愿报名、面谈筛选

7. 团体活动次数和时间

共3次，2008年10月16日、10月23日、10月30日15时30分至16时30分

8. 团体活动地点

教学楼358教室

9. 领导者介绍

领导者：

助手：

10. 理论依据

按照罗杰斯人本主义观点，每个人都具有潜质，具有完善自我和实现自我的主动性。因此，本团体依据这一观点，强调以成员为主，相信每一位成员的潜力，鼓励成员改变自己，展现自己，找到自己努力的方向。

11. 评估方式

项目一：领导者自我总结

项目二：团体成员反馈单

12. 团体方案

第一单元	改变自己	
成员背景分析与方案构想	参加本团体的成员都是刚入学的新生，对如何在大学生活中展现自我、健康成长缺乏必要的经验。通过本活动要使他们认识到想要成长就要学会改变，改变自己是迈向成功的第一步	
方案目标	单元目标	具体目标
	促进成员相互熟悉、了解，营造良好的团体气氛；引导成员进行自我反思，并分享自己的感受和体会	帮助成员相互熟识，融洽团体气氛；帮助成员客观认识自我，坦然面对自己的问题，并积极寻求改变
具体操作	（1）活动之前准备好需要的纸和笔，并向成员说明活动的基本规则。 （2）棒打薄情郎：帮助成员相互了解、记住彼此的名字。 （3）操作方法：成员围成一个圆圈，依次说出自己的姓名或希望别人如何称呼自己，其他成员要认真倾听并记住彼此的称呼。选一人手执报纸卷成的"棒子"，站在圈内，当领导者任意喊出一位成员的称呼时，被叫者左右两侧的成员要马上站起来，否则要挨当头一棒。 （4）引导成员讨论并分享进入大学后自己的种种感受，借此帮助成员发现自己身上存在的问题。 （5）松鼠搬家：帮助成员懂得要坦然面对生活，积极寻求变化，提高社会适应性。①成员分成三人一组，每组中两人扮演"樵夫"，双手举起对撑搭成一个"小木屋"，另一个人扮"小松鼠"，蹲在"小木屋"里。②成员要根据领导者的指令进行相应变化，如当领导者说"松鼠搬家"时，"小松鼠"要迅速搬家到其他的"小木屋"中；当领导者说"樵夫砍柴"时，搭建"小木屋"的两个人要迅速分开，分别寻找一个新的"樵夫"，重新组成新的"小木屋"；当领导者说"森林大火"时，"小松鼠"变成"樵夫"，"樵夫"变成"小松鼠"。	

续表

具体操作	(6) 引导成员分享、讨论在活动中的感受，领导者和成员及时予以积极反馈。 (7) 冥想练习：伴随音乐，在领导者的带领下想象美好的学校生活，并引导成员注意自己的情绪体验。 (8) 成员在纸上写出面对未来的大学生活自己会做出怎样的改变，并相互交流，进行分享。 (9) 领导者引导成员对本次团体进行总结，分享收获和感受，并和成员一同欣赏歌曲《改变自己》，体会其中的意境。 (10) 家庭作业：20个"我是谁"。	
第二单元	"我"要秀自己	
成员背景分析与方案设计构想	成员对如何积极成长有一定的认识，但信心不足。通过本次团体活动要帮助他们客观认识自我，尤其是发现自己的优点和长处，激发成员展现自己的意愿	
方案目标	单元目标	具体目标
	帮助成员客观认识自我，增强成员信心，强化成员的自我价值感，促进成员间相互支持，增强团队凝聚力	成员分享上期作业（20个"我"是谁），增强对自我的客观认识，促进成员间相互了解；发现自己的优点，并能够自我肯定；成员间要相互欣赏、接纳和支持
具体操作	(1) 引导成员分享上期作业，其他成员和领导者予以积极回馈。 (2) 游戏：捆绑过关——气球任务。①成员两人一组背对背站着，用后背夹住气球，从起点走到终点，传递给下一组成员，用时最短的一组获胜。在整个过程中手不能碰到气球，如有犯规，则重新进行比赛。②游戏之后引导成员进行分享，使成员懂得面对困难要充满信心，要相信我能行。 (3) 通过讲"金丝雀"的故事引导成员讨论，帮助成员懂得要相信自己，敢于展现自我，才会为自己争取机会。故事内容：我有一天到朋友家里做客，谈话间，突然听到悦耳的鸟叫声，原来窗外养了一只金丝雀。这时主人走过来，一边喂鸟一边对我说："我因为太忙，以前养了三只鸟都因为忘记按时喂食而饿死了。只有这只，养了两年多，几乎没有一天忘记喂。""这是为什么呢？"我问。"因为以前养的鸟都不太会叫，即使叫也不响亮。而这只金丝雀经常唱着如银铃般清脆悦耳的歌，自然引起我的注意。" (4) 团体练习：优点轰炸。帮助成员正确认识自我，学会欣赏他人。操作方法：成员围成圈，请一位成员坐在团体中央，其他成员依次说出他的优点，然后被称赞的人说出哪些优点是自己不知道的，哪些是以前就察觉到的（必须说优点，态度要真诚）。 (5) 自我表达训练："我侃，我侃"。帮助成员树立自信，使其敢于坚持自我。①让成员轮流站起来，即席表达自己对时局或某件社会新闻的见解。发言结束时，其他成员均应鼓掌给予鼓励，然后请发言者闭上眼睛，其他成员用举手的方式表示是否给予通过，不能过关者下轮再讲演一次。②让参加者对他所熟悉的某个对象进行赞扬性评价，其他成员用上述同样的方法进行评价。 (6) 伴随着音乐，引导成员总结本次团体活动，分享经验和成长。 (7) 领导者总结：每一个人到这世上来，都要展现自己，展现自己的美丽，展现自己的能力，展现自己的特质。做任何事情都一定要相信自己，付诸努力，就一定能成功！所以，我们要抬起头，看着蔚蓝的天空，肯定地说："我能行，我要秀自己！"	
第三单元	放飞梦想	
成员背景分析与方案构想	成员由于有了前两期的团体感受，对自己更加肯定。通过本次活动要及时帮助成员总结收获和体会，让大家能够有勇气为了自己的梦想而努力拼搏	

续表

	单元目标	具体目标
方案目标	帮助成员自我探索，明确人生目标，帮助成员整理自己在团体中的收获；安全结束团体，促进成员将团体经验迁移到生活中	明确自己的梦想，觉察自己的追求，回顾团体经历，成员间分享感受和体会；领导者及时对成员提出指导建议，促进成员心理成长
具体操作	（1）对前两次团体进行简单回顾和总结。 （2）引导成员讨论、分享自己的梦想是什么，自己是如何为实现梦想而努力的。 （3）在纸上写上自己的梦想，成员间进行交流，相互支持鼓励。然后将写有梦想的纸叠成飞机，向空中掷去（伴随着《蓝色飞扬》音乐）。 （4）成员分享参加本团体的感受，分享收获和体会。 （5）领导者总结，并给成员祝福和建议。 （6）结束团体。	

五、情绪管理团体心理辅导方案设计实例[①]

1. 团体名称

我的心情我做主

2. 团体性质

发展性、结构式团体

3. 团体目标

帮助成员正确理解情绪对个体社会生活和身心健康所具有的意义；帮助成员反省自己的情绪，了解自己的主导情绪特点；帮助成员掌握调节情绪的方法和技巧，学会管理情绪，构建愉悦心情

4. 团体对象

在校学生

5. 团体规模

15 人

6. 成员招募方式

海报宣传、自愿报名、面谈筛选

7. 团体活动次数及时间

共 3 次，2008 年 10 月 15 日、10 月 22 日、10 月 29 日下午 15 时 30 分至 16 时 30 分

[①] 樊富珉.2005.团体心理咨询.北京：高等教育出版社；219～306；北京市社会科学界联合会.2007-5-8.解读心灵——心理健康手册.http://www.360doc.com/content/070508/17/2465_488779.html

8. 团体活动地点

教学楼 258 教室

9. 领导者介绍

领导者：

助手：

10. 理论依据

（1）情绪管理理论。情绪的管理不是要去除或压制情绪，而是在觉察情绪后，调整情绪的表达方式，通过一定的策略和机制，使情绪在生理活动、主观体验、表情行为等方面发生一定的变化，从而使人学会以适当的方式在适当的情境表达适当的情绪。

（2）情绪 ABC 理论。这一理论认为，由于一些不合理的信念人们才会产生情绪困扰。因此，帮助个体形成良好的情绪体验，应该从改变认知、形成对事件的合理认识入手。

11. 评估方式

项目一：领导者自我总结

项目二：团体成员反馈单

12. 团体方案

第一单元	晾晒心情
聚会时间	2008 年 10 月 15 日 15 时 30 分至 16 时 30 分
单元目标	促进成员相互熟悉，建立良好的团体心理辅导关系；帮助成员反省自己的情绪，了解自己的主导情绪特点，并正确理解情绪对个体社会生活和身心健康所具有的意义
预定活动内容、步骤或方法	一、热身 目的：促进成员相互熟悉，活跃团体气氛，构建轻松、愉悦的团体环境 内容： 1. 幸福拍手歌 （1）全体成员围成一圈，伴随音乐，在领导者的带领下共同演唱《幸福拍手歌》。 （2）大声歌唱，并且要配合歌词做出相应的肢体动作。 2. 要求成员带着快乐、幸福的心情与相邻的成员微笑、挥手致意，并作简单自我介绍 二、主要活动 目的：帮助成员梳理近期自己的情绪状态，体会不同情绪体验对生活和身心健康的影响 内容： 1. 冥想放松 伴随舒缓的音乐，选择舒适的姿势，成员放松肌肉，回想近一时期生活中发生的事件，并注意自己情绪上的变化 2. 纸笔练习 发给成员每人一张卡片，要求成员完成下列句子： （1）最近让我感觉高兴的事情是_____，当时我的心情是_____，现在想起这些事，我的心情是_____。 （2）最近让我感觉不高兴的事情是_____，当时我的心情是_____，现在想起这些事，我的心情是_____。

续表

预定活动内容、步骤或方法	(3) 每当心情好的时候,我会觉得_____。 (4) 每当心情糟的时候,我会觉得_____。 (5) 我的心情总是_____。 3. 交流、分享 引导成员间进行交流、讨论,帮助成员了解自己的主导情绪,感受到不同情绪体验对生活、行为、健康的影响,使其认识到积极情绪的重要性。 4. 领导者呈现生活中与情绪有关的小故事,启发成员思考 (1) 面对疾病,不同情绪导致不同结果。 (2) 心理学实验中,相貌平平的女大学生经常被人赞美,心情愉悦,面带微笑,一段时间后,人们一致评价她比原来漂亮多了。 5. 成员讨论 引导成员认识到自己才是情绪的主人,应该主动构建快乐心情。 三、结束 目的:整理团体历程,进一步强化主题 内容: (1) 引导成员分享本次团体活动的收获和体会。 (2) 领导者小结,结束团体活动。 四、家庭作业 目的:强化团体效果 内容:微笑每一天
第二单元	怒也可遏
聚会时间	2008 年 10 月 22 日 15 时 30 分至 16 时 30 分
活动目标	帮助成员了解愤怒对人行为、身心的影响,帮助成员学会宣泄、表达愤怒的方法,掌握控制愤怒的有效策略
预定活动内容、步骤或方法	一、情景表演 目的:唤醒成员对不良情绪消极作用的认识 内容: (1) 两位同学分角色扮演进教学楼时不小心相撞,但互不相让,话不投机,发生争吵,导致双方情绪越来越激动,越来越愤怒,乃至于发生肢体冲突的情景。 (2) 引导成员讨论,怎样看待这一事件?为什么会出现不可控制的局面?如果是你,你会怎样做? 二、"我"也有愤怒 目的:帮助成员觉察自己的愤怒体验,尤其是要体会其给人们带来的不良影响 内容: 1. 纸笔练习 写出自己曾经历的愤怒事件,当时自己的心情、生理反应、行为、后果、事后自己的感受。 2. 分享讨论 (1) 成员间交流自己所写内容。 (2) 讨论:①是否应该表达愤怒?②应该怎样表达愤怒? 三、制怒法宝 目的:帮助成员掌握控制、管理不良情绪的方法 方法: (1) 成员逐一发言,提出自己控制愤怒等不良情绪的策略,其他成员认真倾听。 (2) 领导者带领成员对各种方法的可行性进行鉴别、归纳、整理控制情绪的有效策略。 四、结束 目的:促进成员成长,巩固团体效果

续表

	内容： （1）引导成员分享本次团体活动的收获和体会。 （2）领导者总结，向成员提出控制和管理愤怒的意见和建议。
第三单元	我的心情我做主
聚会时间	2008年10月29日15时30分至16时30分
单元目标	帮助成员掌握调节情绪的方法和技巧，学会管理情绪，构建愉悦心情；帮助成员懂得自己才是情绪的主人，转换视角、善于发现，一定会发现生活中的快乐元素
预定活动内容、步骤或方法	一、上期团体历程回顾 目的：强化成员对情绪作用的理解和认识 方法：领导者引导成员一同回顾上期团体的主要环节，强化成员收获 二、主要活动 目的：帮助成员掌握调节情绪、发现快乐、构建愉悦心情的方法和技巧 内容： 1. 镜中人 （1）成员两人一组，一人扮演照镜子的人，要做出各种快乐的表情；一人扮演镜中成像，要模仿对方的样子。一轮表演完成后，双方互换角色。 （2）分享讨论：①扮演镜中人模仿别人的表情时，自己是否也有情绪变化？②通过这个练习，你感悟到了什么？ 2. "我"有多快乐 （1）每个成员都要说出几件使自己感觉快乐的事情，越多越好。 （2）成员合作，共同探讨，生活中还有哪些时候或事情可以使我们快乐。 3. 快乐密码 （1）成员分别向大家介绍自己保持快乐心情的方法。 （2）成员间讨论，鉴别各种方法的可行性。 （3）领导者总结成员的讨论结果，向大家推荐保持快乐的策略和技巧。 三、结束 目的：总结团体历程，安全结束团体 内容： （1）引导成员分享本次团体活动的收获和体会。 （2）领导者对成员表达祝愿，希望其每天都有好心情。

六、提高自信心团体心理辅导方案设计实例[①]

1. 团体名称

相信我能行

2. 团体性质

发展性、结构式团体

---

① 樊富珉.2005.团体心理咨询.北京：高等教育出版社：214～306；佚名.2006-12-27.自信心训练团体辅导方案.http://www.xinli110.com/qsnxl/ttxl/200612/3419.html

3. 团体目标

帮助成员客观认识自我、悦纳自我，发现自己的优点和长处，掌握提高自信心的方法，提升自我确定感

4. 团体对象

在校学生

5. 团体规模

15 人

6. 成员招募方式

海报宣传、自愿报名、面谈筛选

7. 团体活动次数及时间

共 3 次，2008 年 5 月 14 日、5 月 21 日、5 月 28 日 15 时 30 分至 16 时 30 分

8. 团体活动地点

心理咨询室

9. 领导者介绍

领导者：

观察员：

10. 理论依据

根据认知行为理论的观点，缺乏自信心的人通常是在社会生活中形成了错误的观念，他们会认为自己不如别人，不相信自己有权利坚持自己的主见，或者对坚持自己的主见感到高度的焦虑和恐惧等。通过本团体心理辅导活动，要帮助成员改变妨碍自我肯定的不合理观念，使他们能够客观认识自我，敢于自我表达，不断提高自信体验。

11. 评估方式

项目一：领导者自我总结

项目二：团体成员反馈单

项目三：观察员反馈

12. 团体方案

第一单元	我知我心
聚会时间	2008 年 5 月 14 日下午 15 时 30 分至 16 时 30 分
单元目标	促进成员相互熟悉，营造良好团体气氛；促使成员客观认识自我，发现自身的优点和长处；建立团体规则，增强团体凝聚力
	一、暖身游戏 目的：活跃团体气氛，提高成员的心理安全体验，增强成员的自我确定感，促进成员相互熟悉和接纳 内容："我"的位置

续表

预定活动内容、步骤或方法	方法：要求成员排成一列，站在场地中间，按照领导者指令迅速找准自己的位置，如按身高由高到低排序、按体重由重到轻排序……行动迟疑、缓慢者要说明原因，接受惩罚。 二、主要活动 目的：帮助成员认识自我，悦纳自我 内容： 1. 敞开心扉 (1) 成员分成内外两圈，两两相对，内圈的成员向外圈成员作自我介绍，要求介绍中必须包括自己的优点或特长，然后互换角色。 (2) 内圈成员按顺时针移动一个位置，重复上述环节。 2. "我"是谁 (1) 要求成员在事先准备好的卡片上完成下列句子： ① 父母眼中的"我"：＿＿＿＿＿＿＿＿＿＿；② 朋友眼中的"我"：＿＿＿＿＿＿＿＿＿＿；③ 老师眼中的"我"：＿＿＿＿＿＿＿＿＿＿；④ 同学眼中的"我"：＿＿＿＿＿＿＿＿＿＿；⑤ "我"眼中的"我"：＿＿＿＿＿＿＿＿＿＿。 (2) 成员间交流、分享，并讨论哪个句子最难完成？为什么？ 3. 目光炯炯 (1) 成员两人一组，相对而立，要求目光直视对方一分钟。 (2) 向对方大声说出自己的优点3遍，要求一次比一次声音大。 (3) 成员交流参与该练习的感受和体会。 4. 领导者对本次团体活动进行小结，强调主题，澄清团体目标，并引导成员通过讨论确定团体契约 三、结束 目的：整理团体历程，强化团体效果 内容： (1) 引导成员分享团体收获。 (2) 领导者对成员予以鼓励和肯定。

第二单元	寻找自信
聚会时间	2008年5月21日 下午15时30分至16时30分
单元目标	帮助成员进行自我探索，通过客观评价自己的优点，增强自信体验；进一步增强团体凝聚力
预定活动内容、步骤或方法	一、热身活动 目的：活跃团体气氛，营造良好团体环境 内容：嘴巴、手指不一样 方法：成员在领导者的带领下鼓掌打节奏的同时，轮流说出一个数字，同时还要伸出手指示意。要求速度快，手指示意的和嘴巴说出的数字不能一样，否则要接受惩罚。 二、主要活动 目的：促进成员自我探索，发现自己的优点，增强自信体验 内容： 1. 这就是我 (1) 要求成员在事先准备好的卡片上写出自己的优点。 (2) 请成员本人大声朗读卡片上的内容，其他成员用掌声表示支持和鼓励。 2. 优点轰炸 (1) 成员围成圆圈，依次有一名成员坐在圆圈中，其他成员轮番对其进行赞美，要求赞美要真诚、要客观、实事求是。

续表

(2) 成员分享讨论：①大家的赞美属实吗？②大家称赞的优点你都发现了吗？③你此时此刻的体会和感受是什么？
3. 星光灿烂
(1) 请同学们欣赏凡·高的画《星光灿烂》，并谈谈自己的感受。
(2) 领导者说明：这是凡·高创作的世界名画《星光灿烂》，因为它的调色技术很高超而被艺术鉴赏家们推为世界名画。画是由很多元素组成的，如色彩、构思、形象、寓意等，只要某一方面或某几方面突出就可能成为好作品。人和画一样，也是由许多元素构成的，只要某一方面或某几方面出色就可能成为有用的人。
三、结束
目的：总结团体收获，进一步澄清目标
内容：
(1) 引导成员分享本次团体收获。
(2) 领导者总结。

第三单元	相信我能行
聚会时间	2008年5月28日 下午15时30分至16时30分
单元目标	帮助成员进一步悦纳自我，帮助成员学会肯定和拒绝，增强自信心，安全结束团体
预定活动内容、步骤或方法	一、热身 目的：帮助成员放松心情，活跃气氛，激发成员参与团体活动的积极性 内容：相互帮助 方法：成员分成两人一组，其中一人用纱巾蒙住眼睛，背起另一成员，在其指引下，绕过障碍，达到终点。 二、主要活动 目的：帮助成员增强自我确定感，进一步提高自信心 内容： 1. 赞美衣 (1) 成员在事先用报纸做好的衣服上写出自己的5个优点，穿在身上。 (2) 成员排成纵队，首尾相接组成一个圆形。后面的成员要在前一个成员的报纸衣服后面写上对其赞美的语言，制作完成赞美衣。 (3) 成员脱下赞美衣，相互交流分享感受和体会。 2. 肯定与拒绝练习 (1) 成员两人一组，其中一人向对方提出某种要求，努力让对方接受，另一成员则坚持予以拒绝，完成后互换角色。时间为2分钟。 (2) 成员分享练习中的体会和感受，并分享如何才能坚持自己的观点和立场。 3. 小象的故事 (1) 领导者向成员讲述"小象的故事"：有一只小象，从小被一根不太粗的链子锁住，经过无数次的努力都不能挣脱链子。长大以后，它的力量足以挣脱链子了，然而它却不再努力。 (2) 引导成员分享通过这个故事得到的启示。 4. 团体讨论：自己通常会在什么情况下丧失信心？怎样才能提高自信心？ 三、结束 目的：对团体历程进行总结，强化团体效果 内容： (1) 引导成员回顾团体历程，总结自己的收获和体会。 (2) 领导者进行归纳和总结，鼓励成员将团体中的收获迁移到生活中去。 (3) 安全结束团体。

思考与练习

1. 团体心理辅导方案设计的原则是什么？
2. 设计团体心理辅导方案时应该注意哪些问题？
3. 根据本章的理论，设计一个团体心理辅导方案。

第七章
心理问题分类与症状识别

作为朋辈心理辅导员，仅仅依靠熟悉一些理论和具有助人的热情是远远不够的，还需要对大学生各种心理问题的症状诊断有所了解，以便及时地发现周围同学的困扰和不适，向有需要的同学提供初步的心理帮助和适时的转介，做大学生心理健康的守护者。在本章中，我们将学习和了解如何识别大学生群体中一些常见的心理问题和心理障碍。

第一节 心 理 问 题

通常我们把心理状态分为正常与异常两大类。正常的心理活动能保障人作为生物体顺利地适应环境，健康地生存发展；能保障人作为社会实体正常地进行人际交往，在家庭、社会团体以及其他机构中正常地履行责任，使人类赖以生存的社会组织正常运行；能使人类正常地、正确地反映并认识客观世界的本质及其规律，以便创造性地改造世界，创造出更适合人类生存的环境条件。正常心理状态中包括心理健康和心理不健康，在心理不健康中根据病程、影响程度等的不同，又划分为一般心理问题和严重心理问题。异常的心理活动是指丧失了正常功能的心理活动，其行为违反了文化准则，并对社会构成了威胁，出现统计学上的偏离，或一些少见的或奇特的行为。

每个人在现实生活中的某个阶段，都会在一定程度上存在心理问题，即心理问题是普遍存在的，只是程度不同而已。由于大学生群体的一些特点，大学生往往更容易受到心理问题的困扰，大学生心理不健康的问题也受到社会的普遍关注。因此，作为朋辈心理辅导员有必要了解常见的心理不健康的分类，即一般心理问题和严重心理问题。

一、一般与严重心理问题的界定

(一) 一般心理问题

一般心理问题是指由现实因素激发,持续时间短,情绪反应在理性的控制之下,不严重破坏社会功能,情绪反应尚未泛化的心理不健康状态。

判断条件:现实因素导致内心冲突,体验到不良情绪;不良情绪不间断地持续满一个月或间断地持续两个月仍不能自行化解;不良情绪仍在相当程度的理性控制下,能始终保持行为不失常态,社会功能基本维持正常,但效率有所下降;不良情绪的激发因素仅仅局限在最初事件,没有泛化现象。

对这类问题的解决,除依靠心理咨询机构外,有时有经验的同学、老师、亲友等也可提供帮助,有时也可能自行化解。如果一般心理问题得不到及时的调整和解决,任其发展,很有可能会发展为严重心理问题。

(二) 严重心理问题

严重心理问题指由相对强烈的现实因素激发,初始情绪反应强烈,持续时间长久,内容充分泛化,影响心理活动多个方面的心理不健康状态。患者内心深感痛苦,自身难以摆脱,有时伴有某一方面的人格缺陷。

判断条件:现实刺激较为强烈,对个体威胁较大;不同原因引起的心理障碍,分别体验到不同的痛苦情绪;痛苦情绪间断或不间断地持续两个月以上,半年以下;遭受的刺激强度越大,反应越强烈;多数情况下,会短暂地失去理性控制,对社会功能有一定程度的影响;痛苦情绪不但能被最初的刺激引起,而且与最初刺激相类似、相关联的刺激,也可以引起此类痛苦,即反应对象被泛化。

严重心理问题一旦形成,单纯地依靠"自然发展"或非专业性干预难以解决,对生活、工作和社会交往均有一定程度的影响。

二、大学生的一般心理问题

大学生的一般心理问题,是正常人都可能遇到的心理问题,属于成长性、发展性困扰。

1. 适应问题

此类问题特别反映在大一新生的生活适应能力上,大一新生由于自身家庭环境、受教育环境、成长经历、学习基础等相差很大,到大学后在自我认知、人际交往、环境适应等方面都面临全新的调适,加之大学生生活自理能力和适应能力普遍较低,因而适应能力低下问题普遍存在。

2. 学习压力问题

从中学到大学，学习方式方法的变化使大学生感到学习上的困难与挫折。有的学生发现自己在十几年的学习中总结出来的学习方法并非完全有用，有的学生对于老师列出的参考书目不知从何处入手，有的学生总是担心自己所学的内容将来是否用得上，有的学生很想努力学习却缺乏自控能力，有的学生在学习与工作之间不知如何协调。由于缺乏良好的学习方法、学习态度和学习兴趣，因而许多人在学习中容易产生焦虑心理，失去学习的动力和目标，不利于成长。另外，专业兴趣问题也是影响学习的重要原因。在大学里，常会有部分学生不喜欢自己所学的专业，缺乏学习兴趣，因而情绪低落。正是由于以上这些因素的影响，一部分学生对大学期间的学习产生了厌烦和抵触情绪，从而造成心理上的压力。

3. 人际关系问题

如何建立与周围同学的友好关系是每个大学生面临的又一重要课题。进入大学后，面对新的环境，同学关系和师生关系等都与中学有显著不同。一方面，他们不再像中学一样得到老师的细致关心和照顾；另一方面，同学来自四面八方，经济文化背景各异，生活习惯和行为习惯也不同，因而交往也相对比较困难。宿舍可以说是大学的基本单位，来自不同地域、不同家庭的同学，在许多方面存在着明显的差异，如思想观念、价值标准、生活方式等。要使宿舍成员协调相处并不是很容易的事，如果处理得不好，就容易使气氛紧张，导致心理压力。有些学生很希望能与别人交往，但由于个性内向，再加上心理的闭锁、羞怯和冲动或缺乏一些交往的方法和技巧，使得他们不敢主动与别人交往，或者在交往中感到很紧张，或担心别人看出自己的紧张而在交往的过程中不是很自然，甚至行为失调。可以说，人际关系紧张或不协调是大学生最常见的心理困扰。

4. 情感问题

进入大学后，学生的生活环境有了很大的改变，多数人远离了父母。且大学生均处于青春成长期，因此"爱情"是大学校园中的一个敏感话题，年轻的恋人也是大学校园中一道美丽的风景线。但是，在享受爱情甜蜜的同时，也会有一系列复杂、独特而微妙的情感体验，这也是大学生最容易产生心理困扰的领域之一。通常表现为与异性之间交往的困难，陷入多角恋爱关系不能自拔，单相思、失恋等痛苦，对性冲动的不良反应，对性自慰行为产生的焦虑自责等，由此会产生各种心理问题，甚至导致心理障碍。

5. 求职择业问题

进入大学后，大学生由对前途的憧憬转向现实。如果说他们在填报志愿时还比较理想化，现在他们都从职业准备的角度思考自己的未来。师兄、师姐们的就业形势、社会的人才需求、实际的工作情况，以及自己的主观愿望等，都会引起他们各方面的思考和权衡，在这个过程中也经常会产生各种心理困扰，表现为缺乏选择的主动性，不了解自己，不了解与自己个性能力相匹配的职业领域，对面试缺乏自信，过于追求功利，缺乏走向社会的心理准备等。随着高校毕业分配制度的改革，原有计划经济下的统包统分被打破，不少学生因适应不了这种新变化而苦恼，有的学生面对五花八门的人才市场和招聘单位不知所措，有的学生不知如何推荐自己，有的学生对就业形势不能正确分析，出现逃避社会或过于担心的心理。

另外，大学生也会在其他方面出现困惑和苦恼，如家庭关系、经济负担、出国留学、闲暇生活、个性发展、人生态度等。在这些心理问题中，大学生常常表现出焦虑、抑郁、强迫、紧张等情绪，严重的会演变为心理障碍。[①]

这些大学生常见的心理问题实际是大学生成长中的烦恼，是每个人在自我成长中都会遇到的困扰，这个过程可以区分为一过性和恒久性两个层面。一过性的困扰，具体而言，一般是由环境的改变、学习的压力、人际关系紧张、失恋、就业期待等引起的一种暂时的紧张、烦恼、压抑状态，一般持续时间较短，症状较轻，稍加自我调适或进行必要的心理咨询，就可摆脱、解决。但如果从自我发展成长的角度看，有些很平常的困扰，可能会伴随我们一生，如对自我和人生的认识、协调及定位，对生命意义与价值的追求，对惰性的不断克服和超越，对自我不断发展与完善的执著追求等。它们可能是在人生的某些阶段经常出现的困扰，是人之为人经常会遇到、时常需要面对的，具有恒久性。对于这一类困扰，不是简单的心理咨询就可以解决的，还要以生活和人生为师，以古今文化为鉴，需要我们用一生的努力去探索、面对。[②]

第二节　神经症与人格障碍

一、神经症

（一）神经症及其诊断标准

案例：

> 李某，男，19岁。从小较为懂事守规矩，成绩优良，一直当学生干部。16岁考入县重点高中，学习努力勤奋。因学生干部的社会活动占用太多的时间，

---

① 樊富珉.2002.大学生心理健康教育研究.北京：清华大学出版社；59，60
② 冯建国等.2009.大学生心理健康教育.哈尔滨：黑龙江人民出版社；246

影响其学习成绩，使其有所顾虑，他既怕耽误前程，又怕辜负老师，自此心情烦躁，夜不能寐，学习成绩明显下降。为了搞好学习成绩，他强迫自己起早贪黑的学习，但常虽手捧书本，思想却云游四方。并且，做事更加仔细谨慎，关灯锁门均需十几次，反复验证是否有误；书桌衣箱清理再三，以防失落物件。虽然自感多余，但非如此心不得安。做事效率渐低，多科成绩不及格，李某在矛盾冲突之中，痛苦不堪，经诊断为强迫症。

1. 神经症的定义

神经症也称神经官能症，《中国精神障碍分类与诊断标准（第三版）》（CCMD-3）中对神经症的描述性定义是："神经症是一组主要表现为焦虑、抑郁、恐惧、强迫、疑病症状，或神经衰弱症状的精神障碍。本障碍有一定人格基础，起病常受心理社会（环境）因素影响。症状没有可证实的器质性病变作基础，与病人的现实处境不相称，但病人对存在的症状感到痛苦和无能为力，自知力完整或基本完整，病程多迁延。各种神经症性症状或其组合可见于感染、中毒、内脏、内分泌或代谢和脑器质性疾病，称神经症样综合征。"①

2. 诊断标准

症状标准（至少有下列一项）：①恐惧；②强迫症状；③惊恐发作；④焦虑；⑤躯体形式症状；⑥躯体化症状；⑦疑病症状；⑧神经衰弱症状。

严重标准：社会功能受损或无法摆脱的精神痛苦，促使其主动求医。

病程标准：符合症状标准至少已 3 个月，惊恐障碍另有规定。

排除标准：排除器质性精神障碍、精神活性物质与非成瘾物质所致精神障碍、各种精神病性障碍，如精神分裂症、偏执性精神病及心境障碍等。

（二）神经症分类

《中国精神障碍分类与诊断标准（第三版）》（CCMD-3）②将神经症分为六个亚型：恐惧症、焦虑症、强迫症、躯体形式障碍、神经衰弱、其他或待分类的神经症。下面分别介绍这六种神经症的诊断标准。

1. 恐惧症

（1）定义。这是指在正常情况下，对某一客体或者处境产生过分的或者不合理的惧怕。恐惧发作时患者产生异乎寻常的恐惧或紧张不安的内心体验，从而回避所害怕的客体或处境，患者明知没有必要，但是难以自控。

（2）诊断标准。恐惧症的症状首先要符合神经症的诊断标准，并且以恐惧为主，如果符合以下四项，则可诊断为恐惧症：①对某些客体或处境强烈恐惧，

---

①② 中华医学会精神科分会. 2001. CCMD-3 中国精神障碍分类与诊断标准（第三版）. 济南：山东科学技术出版社

恐惧的程度与实际危险不相称；②发作时有焦虑和自主神经症状；③有持续或反复的回避行为；④明知恐惧过分、不合理或不必要，但难以控制。

需要注意的是，对恐惧情景和事物的回避必须是或曾经是突出症状。

2. 焦虑症

（1）定义。这是一种以持久性焦虑情绪为主的神经症，常伴有头晕、胸闷、心悸、呼吸困难、口干、尿频、尿急、出汗、震颤和运动性不安等症状，其焦虑并非由实际威胁所引起，或其紧张惊恐程度与现实情况很不相称。

（2）焦虑症与正常焦虑情绪的区别：①它的发生毫无根据，并且没有明确的对象和内容；②它指向未来，患者觉得似乎某些威胁即将到来，但是又说不出究竟存在何种威胁或危险；③它持续时间很长，如不进行积极有效的治疗，几周、几月甚至数年迁延难愈；④焦虑症除了呈现持续性或发作性惊恐状态外，同时伴多种躯体症状。

（3）临床表现：①持续性或发作性出现莫名其妙的恐惧、害怕、紧张和不安，这种情绪指向未来，它意味着某种威胁或危险即将到来或马上就要发生，而实际上并没有任何威胁和危险；②精神运动性不安，坐立不安、心神不定、搓手顿足、来回走动，也可表现为不自主地震颤或发抖；③伴有躯体不适感、精神运动性不安和植物神经功能紊乱，如出汗、口干、嗓子发堵、胸闷气短、呼吸困难、竖毛、心悸、脸上发红发白、恶心呕吐、尿急、尿频、头晕、全身尤其是两腿无力感等。

3. 强迫症

（1）定义。这指一种以强迫症状为主的神经症，其特点是有意识的自我强迫和反强迫同时存在，二者强烈冲突使病人感到焦虑和痛苦；患者体验到观念或冲动都来源于自我，但不是出于自己的意愿，虽然极力抵抗，却无法控制；患者本人也意识到强迫症状的异常性，但又不能摆脱。病程迁延者常以仪式性动作为主要表现，虽精神痛苦显著缓解，但其社会功能已严重受损。

（2）诊断标准。强迫症的症状首先要符合神经症的诊断标准，以强迫症状为主，至少符合下列一项：①以强迫思想为主，包括强迫观念、回忆或表象、强迫性对立观念、穷思竭虑、害怕丧失自控能力等；②以强迫行为（动作）为主，包括反复洗涤、核对、检查或询问等；③上述两种的混合形式。

4. 躯体形式障碍

（1）定义。这是一种以持久的担心或相信各种躯体症状的优势观念为特征的神经症。病人因这些症状反复就医，各种医学检查阴性和医生的解释，均不能打消其疑虑，即使有时存在某种躯体障碍也不能解释所诉症状的性质、程度，或其痛苦与优势观念。尽管症状的产生与心理冲突和个性倾向有关，但是患者往往拒绝相信心理病因的可能，常伴有焦虑或抑郁情绪。

(2) 诊断标准。躯体形式障碍症状首先要符合神经症的诊断标准，并且以躯体症状为主，至少符合下列一项：①过分担心躯体症状（严重程度与实际情况明显不相符），但不是妄想；②过分关心身体健康，如过分关心通常出现的生理现象和异常感觉，但不是妄想。

符合症状标准的持续时间至少已3个月（躯体形式障碍要求至少2年、未分化的躯体形式障碍和躯体形式的疼痛障碍要求至少半年以上），可诊断为躯体形式障碍。

5. 神经衰弱

(1) 定义。神经衰弱是指由于某些长期存在的精神因素引起脑功能活动过度紧张，从而产生了精神活动能力的减弱。其主要临床特点是易于兴奋又易于疲劳，常伴有烦恼情绪和心理生理症状，如紧张、烦恼、易激惹等，伴有肌肉紧张性疼痛和睡眠障碍等生理功能紊乱症状。这些症状不能归因于躯体疾病、脑器质性病变或其他精神疾病，但病前可能存在持久的精神紧张、疲劳。

当个体处于引起心理冲突的处境时常产生抑郁、紧张等情绪，并且伴有生理上的一些反应，如睡眠不安、头昏脑涨等，这些反应是正常的。如果引起心理冲突的诱因得到改善，困难得到解决，或者这个人"想通了"，那么这些心理以及生理上的反应也就自然消失了，不一定发展成为神经衰弱。如果心理冲突不能解决，生理以及心理上的反应持续时间很长，而且产生了疾病意识，也就是患者除了对困难处境的烦恼心情外，还有对症状的忧虑，这时患者的烦恼反应不仅不消失，反而会加重并固定下来。

(2) 诊断标准。神经衰弱症状首先要符合神经症的诊断标准，并且以脑和躯体功能衰弱症状为主，特征是持续和令人苦恼的脑力易疲劳（如感到没有精神，自感脑子迟钝，注意力不集中或不持久，记忆差，思考效率下降）和体力易疲劳，经过休息或娱乐不能恢复，并至少符合下列四项中的三项：①情绪症状。神经衰弱的情绪症状为易激惹、烦恼、情绪紧张等，常与现实生活中的各种矛盾有关，感到困难重重，难以应付。易激惹表现为发怒和急躁，控制力减弱，微小的事也怒发冲冠，发作之后又感到后悔。很多患者还伴有明显而持久的烦恼，他们对所有的事情都很厌烦。同时，情绪紧张是其第三种情绪症状，患者往往感到生活是一种压力，工作与学习是一种负担，心情一直紧绷，认为很多事情都很糟糕。②兴奋症状。感到精神易兴奋，工作学习、用脑均可引起兴奋，回忆及联想增多，自己控制不住，对声光敏感，并且语言增多。③衰弱症状。这是本病常见的基本症状，患者经常感到精神疲乏、萎靡不振、不能用脑或脑力迟钝，肢体无力，困倦思睡，特别是工作稍久即感到注意力不集中，记忆困难、工作或学习效率显著减退，即使充分休息也无法消除疲劳。④生理症状。神经衰弱的生理功能障碍主要表现为睡眠障碍、肌肉紧张性疼痛及植物神经功能紊乱。睡眠障碍多表现为入睡困难、多梦、易惊醒，醒后感到不解乏，睡眠感丧失，睡眠节律紊乱，白天易困，夜里不眠或睡眠表浅、早醒。患者多诉有紧张性头痛，头部紧箍感，肢体肌肉酸痛，有的患者在头痛的同时可伴有头昏、头胀感。患者可出现植物神经功能紊乱，如心悸、心慌、胸闷、气短等循环呼吸系统症状，腹胀、腹泻、便秘、尿频、早泄、阳痿、月经失调等消化泌尿系统症状以及皮肤潮热多汗、手脚发凉等其他系统方面的症状。并且，病程迁延至少已3个月，病情常有波动，休息后减轻，工作学习紧张则加重。如伴有焦虑情绪往往是短暂的、轻微的，在整个病程中不占主导地位，则可诊断为神经衰弱。

不过需要注意的是神经衰弱症状若见于神经症的其他亚型，只诊断其他相应类型的神经症；神经衰弱症状常见于各种脑器质性疾病和其他躯体疾病，此时应诊断为这些疾病的神经衰弱综合征。

6. 其他或待分类的神经症

诊断标准：①患者主诉的症状主要不是通过自主神经系统中介，并仅仅局限于身体的特定系统或部位；②在时间上与应激性事件或与当前面临的问题和困难密切相关，患者的主诉症状包括肿胀感、疼痛、皮肤蚁行感以及感觉异常（麻刺感或麻木感）；③通过检查并未发现躯体疾病；④吞咽困难；心因性斜颈及其他痉挛性障碍（不包括Tourette综合征等属于童年或少年期抽动障碍者）；心因性痛经（不包括性交疼痛或性冷淡等）；心因性瘙痒症（不包括特殊皮肤损害，如斑秃、皮炎、湿疹、或心因性荨麻疹）也归属本类。

（三）神经症的心理治疗

神经症患者的发病常与心理、社会因素有关，并存在一定的人格基础，患者病情经常反复波动，缠绵难愈，令患者深感痛苦，为了减轻患者的负担、缓解痛苦，一般采用心理治疗或者是辅以心理治疗，效果俱佳。

常用的心理疗法有认知疗法、行为疗法、森田疗法、催眠疗法、精神分析法、生物反馈疗法等。

1. 认知疗法

认知疗法是根据人的认知过程影响人的情绪和行为的原理，通过认知技术来矫正扭曲的认知，改变求治者的不良认知，从而矫正不良的情绪和行为的心理治疗方法。

2. 行为疗法

行为疗法通过条件反射或学习以及适当的奖励和处罚来改进或改变人的行为，与此同时，人的态度和情感也会随着行为的改变而出现相应的改变。用于治疗神经症的行为疗法主要有：①系统脱敏疗法；②冲击疗法（暴露疗法）；③厌恶疗法；④放松疗法，这些方法的详情请参照本书第五章的内容。

3. 森田疗法

森田疗法的基本治疗原则就是"顺其自然，为所当为"，即接受和服从事物运行的客观法则，正视消极体验，接受各种症状的出现，把心思放在应该去做的事情上。

4. 催眠疗法

催眠疗法是通过言语暗示的催眠术使病人处于类似睡眠的状态（催眠状态），然后进行心理治疗的一种方法。

5. 精神分析法

精神分析法将病人潜意识的思想挖掘出来，找到问题的真正原因。医生经由分析来了解病人的各种欲望和动机，认识病人对挫折、冲突或应激的反应方式，并对病人进行解释和帮助，经过长期的治疗，调整病人的内心世界，消除各种情感问题，促进人格的成熟，提高其对现实的适应能力。

6. 生物反馈疗法

生物反馈疗法治疗时将病人的生理活动情况用一些治疗仪记录下来，如肌电生物反馈仪、皮肤电反馈仪等，并将这些情况通过一定方式呈现给病人。通过这种反馈方式，病人通过练习可以在一定范围内调节并控制自己的生理活动，从而放松自己，减轻或消除紧张焦虑等各种症状。

二、人格障碍

（一）人格障碍及其诊断标准

案例：

> 黄某，男，20岁。刚刚步入大学校园时，他就被老师指定为代理班长，半学期后由于与同学关系不和，被撤换班长之职。该生怀疑有同学嫉妒他的才干，在背后搞鬼，使老师对他丧失信心。他始终对撤换班长一事耿耿于怀，认为同学与老师这样对他不公平，指责他们，埋怨他们，后常与同学、老师为此发生冲突，有时还状告到校长和家长那里，并要求恢复他的班长之职，扬言否则要上告、要伺机报复。大家都耐心细致地向他解释，可是他根本不听，不等人家说完就不耐烦了，始终把大家对他的好言相劝理解为恶意、敌意。这样他与同学、老师的关系日益恶化，到大三时，仍无变化，经诊断属人格障碍中的偏执型人格障碍。

1. 人格障碍的定义

按 CCMD-3[①]，人格障碍是指自童年期或者青少年时期发展起来的并持续终生的明显偏离正常的人格，使患者形成了固定的异常行为模式。这种模式显著偏离特定的文化背景和一般认知方式（尤其在待人接物方面），明显影响其社会功能，造成适应不良，患者为此感到痛苦，并已具有临床意义。患者虽然无智能障碍，但适应不良的行为模式难以矫正，仅少数患者在成年后一定程度上可有改善。在相当大的程度上，人格障碍会增加其他各种心理障碍和精神疾病发生的危险性，影响着心理障碍或精神病的发生、发展和转归。

人格障碍不同于人格改变。人格改变通常出现在成年期，是由于脑器质性疾病、严重躯体疾病、精神疾病或严重精神刺激之后发生的人格偏离；人格障碍是心理发育不健全的表现，从儿童期和青少年期就出现人格问题，至成年期呈现明显病理性人格，并延续终身。人格障碍的行为表现程度是不同的，轻者完全过着正常生活，严重者事事都违抗社会习俗，而且行为明显表现于外，很难适应正常的社会生活。

2. 人格障碍的诊断标准

个体的行为特征（不限于精神障碍发作期）与内心体验明显偏离文化背景，这种偏离是广泛、稳定和长期的，并至少符合下列一项：①认知（感知及解释人和事物，由此形成对自我及他人的态度）的异常偏离；②情感（强度、范围及适当的情感唤起和反应）的异常偏离；③满足个人需要及控制冲动的异常偏离；④人际关系的异常偏离。

症状开始于童年、青少年期，现年 18 岁以上至少已持续 2 年，可诊断为人格障碍，不过需要注意的是人格特征的异常偏离并非躯体疾病或精神障碍的表现或后果。

（二）人格障碍分类

常见的人格障碍有偏执型人格障碍、分裂型人格障碍、反社会型人格障碍、冲动型人格障碍、表演型人格障碍、强迫型人格障碍等。

1. 偏执型人格障碍

（1）定义。偏执型人格障碍是一种以猜疑和偏执为主要特点的人格障碍。这类人总是将周围环境中与自己无关的现象或事件都看成与自己关系重大的，是针对他而来的。尽管这种多疑与客观事实不符，与生活实际严重脱离，但是他人无法改变这种想法。持这种人格的人与家人不能和睦相处，与朋友、同事不能融洽相处，别人只好对他敬而远之，以致造成人际关系紧张。

[①] 中华医学会精神科分会.2001.CCMD-3 中国精神障碍分类与诊断标准（第三版）.济南：山东科学技术出版社

（2）诊断标准。符合人格障碍的诊断标准，症状至少符合下述项目中的三项：①多疑，常将他人无意的、非恶意的甚至友好的行为误解为敌意或歧视；②将周围事物解释为不符合实际情况的"阴谋"，无足够根据地怀疑会被人利用或伤害，因此过分警惕与防卫；③易有病态嫉妒，过分怀疑恋人有新欢或伴侣不忠，但不是妄想；④过分自负并自我中心，若有挫折或失败则归咎于人，总认为自己正确；⑤好记恨别人，不能宽容他人过错，并耿耿于怀；⑥脱离实际地好争辩与敌对，固执地追求个人不够合理的"权利"或利益；⑦忽视或不相信与本人想法不相符合的客观证据，因而很难通过说理或事实改变其想法。

2. 分裂型人格障碍

（1）定义。这是一种以观念、外貌、行为奇特以及人际关系有明显缺陷，并表现出情感冷淡为主要特点的人格障碍。分裂型人格障碍患者难以与别人建立深切的情感联系，因此，他们的人际关系一般很差，同时也缺乏表达人类细腻情感的能力。这类人生活平淡、刻板，缺乏创造性和独立性，难以适应多变的现代社会生活。

（2）诊断标准。符合人格障碍的诊断标准，症状至少符合下述各项中的三项：①性格明显内向，基本不与他人主动交往，缺少知心朋友，除生活或工作中必须接触的人外，过分沉湎于幻想和内省；②表情木讷，情感淡漠，不能表达对他人的关心、体贴及愤怒；③对赞扬和批评反应差或无动于衷；④缺乏愉快体验；⑤多单独活动，缺乏亲密、信任的人际关系；⑥很难遵守社会规范，行为比较怪异；⑦在性生活方面不感兴趣（考虑年龄）。

3. 反社会型人格障碍

（1）定义。这是一种以行为不符合社会规范为主要特点的人格障碍。这类人情感淡漠，缺乏同情心；易激惹，常发生冲动性行为；缺乏罪恶感，即使给人造成痛苦，也不会感到内疚自责，因此经常产生破坏性行为，屡教不改，临床表现的核心是缺乏自我控制能力。

（2）诊断标准，符合人格障碍的诊断标准。

第一，患者在18岁前有品行障碍的证据，至少有下述表现中的三项：①经常逃学；②被学校开除过，或因行为不轨而至少停学1次；③被拘留或被公安机关管教过；④至少无故在外过夜2次；⑤经常说谎（不是为了躲避体罚）；⑥吸烟、喝酒；⑦经常偷窃；⑧多次破坏公共财物；⑨经常挑起事端并参与斗殴；⑩经常违反校规；⑪性活动过早；⑫虐待动物或弱小伙伴。

第二，18岁以后有不负责任的违反社会规范的行为，表现至少有下述中的三项：①不能长久地工作或学习，如经常旷工（课），经常无故变换工作；②出现不符合社会规范的行为，且这些行为已违反法律，如破坏公共财产等；③易激惹，并有攻击行为，如经常打架斗殴或攻击别人，包括殴打配偶或子女（不是为保护他人或自卫）；④不承担经济义务，如拖欠债务，不抚养小孩或不赡养父母；⑤无计划的行为或冲动性的行为，如进行无事先计划的旅行，或旅行无目的；⑥不尊重事实，如经常撒谎，使用化名，欺骗他人以获得个人的利益或快乐；⑦不关心自己或他人的安全；⑧对家庭缺乏责任感，如缺乏对孩子必要的基本的关心和照顾等；⑨很难维持长久（一年以上）夫妻关系；⑩对他人造成危害却无内疚感。

在做出反社会型人格的诊断时，所要考虑的最关键方面是患者对自己的反社会行为的反应，在上述特征中，无责任感和无羞耻心特别重要。

4. 冲动型人格障碍

（1）定义。这是一种以情感爆发，伴随明显行为冲动为特征的人格障碍，又称爆发型或攻击型人格障碍。由于发作过程中具有突发性，类似癫痫，故又叫癫痫型人格。这种人在童年时就有所表现，往往因微小的事和刺激，就会突然爆发强烈的暴力行为，自己无法控制，从而造成破坏和对他人的伤害。

（2）诊断标准。符合人格障碍的诊断标准，症状至少符合下述中的三项：①自我形象、目的及内在偏好（包括性欲望）的紊乱和不确定；②有突发的愤怒和暴力倾向，对导致的冲动行为不能自控；③易与他人争吵或冲突，特别是行为受阻或受批评、指责时；④情绪反复无常，不稳定；⑤做事无计划，缺乏坚持性，对很可能出现的事也缺乏预见性，不能坚持任何没有即刻奖励的行为；⑥紧张而不稳定的人际关系，时常出现情感危机；⑦经常出现自杀、自伤行为。

5. 表演型（癔症型）人格障碍

（1）定义。这是一种以过分感情用事或夸张言行以吸引他人注意为主要特点的人格障碍，也称癔症型人格障碍。这类人感情多变、容易受别人的暗示影响，愿出风头，积极参加各种人多的活动，常以外貌和言行的戏剧化来引人注意。他们常感情用事，用自己的好恶来判断事物，喜欢幻想，言行与事实往往相差甚远。

（2）诊断标准。符合人格障碍的诊断标准并至少符合下述中的三项：①富于自我表演性、戏剧性、夸张性地表达情感，喜怒哀乐皆形于色；②肤浅和易变的情感；③以自我中心，对别人要求多，不大考虑别人的利益；④追求刺激和以自己为注意中心的活动；⑤不断渴望受到赞赏、表扬和同情，情感易受伤害；⑥过分关注自己的外表，在行为举止上常带有挑逗性。

6. 强迫型人格障碍

（1）定义。强迫型人格障碍以过分的谨小慎微、要求严格和完美，及内心的不安全感为特征。

（2）诊断标准。符合人格障碍的诊断标准，且症状至少符合下述中的三项：①对所有的活动都事先做出计划；②因个人内心深处所体验的不安全感而导致怀疑、优柔寡断及过分谨慎；③凡事须反复核对，过于关注细节，以致忽视全局。

其表现还有经常被讨厌的思想或行为所困扰，但仍未达到强迫症的程度；过分在意工作成效而不顾个人消遣，并忽视人际关系；固执和刻板，要求别人按其规矩办事；因循守旧，缺乏表达感情的能力。

一般来说，强迫型人格障碍受到强烈刺激或持续的精神压力影响之后，容易导致强迫性神经症。

（三）人格障碍矫治

人格障碍的形成一般与早期的生活经历和心理发展有很大关系，因此，矫治起来比较困难。矫治人格障碍的过程，实际上是人格的再教育、再次形成的过程，而人格的再建是一项艰巨的工程。心理治疗必须个体化，一种治疗方法对不同类型人格障碍或同种诊断的不同人不一定均有效。当然，在一定的范围内，运用有效的方法，还是能收到积极效果的。

1. 药物治疗

尽管药物不能改善人格结构，但能改善人格障碍症状。冲动、攻击行为者，用碳酸锂治疗往往能收效；焦虑表现明显者可选用苯二氮类抗焦虑药；伴有脑电图改变的冲动型人格障碍可予抗癫痫药。

2. 心理治疗

心理治疗的重点不仅仅在于解除精神症状，更重要的是学会如何适应现实社会，也就是社会化的问题。矫正人格障碍要花费巨大力量来重建他们的社会和心理环境，包括内在的精神、人际关系、现实的适应。对于人格障碍的心理疗法在前面神经症的心理治疗中已经进行介绍，这里不再赘述。但是，需要注意的是，如果将团体心理治疗和个别心理治疗相结合的话，效果会更佳。治疗性团体实际上是通过参加团体活动以控制和改善患者的偏离行为。患者与参加这一活动的其他成员相互交往，探索新的较适合的恢复方法和途径，这种方式可以帮助患者摒弃不良习惯。

第三节 精神障碍

一、精神病及精神病典型症状

精神病是影响人们正常生活的一种严重精神障碍，目前，在大学生中，精神病患病率为 0.2‰ 左右，成为影响大学生无法完成学业的首要疾病。所以，这一现象也应当引起广大学校管理者和每位大学生的重视，为此，我们应该认识了解一下精神病，并学习一些识别防治精神病的常识。

精神病是指一组严重精神障碍的疾病，由于丘脑、大脑功能紊乱而产生的感觉、记忆、思维、感情、行为等方面的异常，常出现各种幻觉、妄想等精神病理症状，同时现实检验能力和社会功能严重下降，自知力缺乏。

精神病的典型症状有三个：自知力的部分或完全丧失、幻觉、妄想。下面简单加以介绍。

（一）自知力障碍

1. 定义

自知力又称内省力（insight），是指对自己精神疾病的判断和认识。患者对疾病的态度和认识往往是疾病的组成部分，一般非精神病性障碍如神经症患者，自知力基本完整，即知道自己患有精神方面的疾病，并且积极主动就医；精神病性障碍如精神分裂症等患者均有不同程度的自知力缺失，即患者不承认自己有病，拒绝就医、服药。

自知力是判断精神疾病严重程度和治疗效果的重要指标之一，但是不能简单地将自知力理解为承认或否认有病，自知力是对疾病的不同层次和不同程度的认识判断过程。在精神病初期，患者保留一定的自知力，能察觉到自己的异常表现，对此感到困惑，并且怀疑自己出现了精神问题。随着病情的发展，患者逐渐地丧失判断能力，否认自己曾经的怀疑，认为自己的表现都是正常的，不承认有病，即自知力丧失。当病情有所好转时，自知力也逐渐恢复。

2. 自知力评定标准

自知力在精神科临床诊断、疗效预测、预后判断及心理治疗等方面具有重要意义，国内主要应用简明精神病评定量表（BPRS）、自知力评定量表（SAUMD）、自知力与治疗态度问卷（ITAQ）来评定自知力。简明精神病量表（BPRS）由Overall和Gorham于1962年编制，广泛应用于精神科门诊，包括自知力在内的20个项目都采用1～7分的7级评分法，各级的标准是：①无症状；②可疑或很轻；③轻度；④中度；⑤偏重；⑥重度；⑦极重。通过专业人员观察和病人自己口述，依据临床经验评定最近1周的症状情况。自知力评定量表（SAUMD）共有20个项目，前3项分别是对精神障碍的认识、对药物治疗的认识、对精神障碍所致社会后果的认识，包括目前和过去两方面；其余17项分别评估患者对目前症状的认识、对过去症状的认识、对目前症状归因的认识、对过去症状归因的认识，各项目都采用1～5分的5级评分法，高分提示有较差的认识和归因，由主治医师在患者住院时和出院时分别评定2次。自知力与治疗态度问卷（ITAQ）由11个项目组成，主要评价精神分裂症患者对疾病的认识及服药的态度，每个项目按回答问题的完整程度分为3级，患者又要对每个项目回答两个方面问题,即患者对每个问题的一般看法,及对每个问题给出进一步的说明。

(二) 幻觉

幻觉(hallucination)是一种虚幻的知觉,是在没有现实刺激时出现的知觉体验。幻觉是精神病患者最常见的症状之一,在正常环境中,一个意识清醒的正常人一般不会产生幻觉,只有在殷切盼望、强烈期待、高度紧张和疲劳的情况下,才会出现某种片断而瞬逝的幻觉。常人这类幻觉往往持续时间短,随着时间的流逝、对事情的淡忘以及专业人员的疏导,这种情况会好转。如一位年轻女性痛失她的丈夫,在万分悲痛的情况下有时还会听到丈夫与她讲话,但是过一段时间这种情况就消失了。而作为精神病患者,其幻觉的内容或形式离奇古怪,虽然他的主观感受缺乏相应的现实刺激,但是他始终认为自己主观感受来自于客观现实。

幻听是临床上最常见的一种幻觉,幻听内容是多种多样的,听到各种不同种类和不同性质的声音,如讲话声、喊叫声、唱歌声、音乐声、无线电广播声等,甚至听到自己体内的某种声音,导致患者情绪紧张,极度烦恼、愤怒和不安,甚至过度兴奋、激动或自伤伤人。患者有时还会按照声音的命令做出奇怪的行为和意外的危险动作,从而危及自身和他人的安全。幻视也是较常见的幻觉,内容丰富多样,形象有时清晰、鲜明和具体,但有时也比较模糊。幻视中所出现的形象可以从单调的光色到人物、景色、场面等,景象有时比实物大(视物显大性幻视),有时则又比实物小(视物显小性幻视)。幻嗅是患者可闻到奇臭难闻的气味或难以描述的怪气味,如血腥等。有些患者认为有毒气而整天用毛巾捂着鼻子,少数患者可闻到异香气味。幻味常与幻嗅同时存在,患者尝到饭菜、开水中有某种怪味,往往因之认为饭菜有毒而拒绝进食。幻触是患者感到皮肤黏膜上有虫爬、烧灼、通电、湿润、抽筋等异常感觉。除此之外,还有前庭幻觉、运动幻觉和内脏幻觉等各种各样的幻觉。

(三) 妄想

所谓妄想就是指在意识清晰情况下无中生有或缺乏事实根据,而患者却坚信不疑,并无法被事实说服的一种病态信念。妄想是思维变态的一种主要表现。

一般来说,妄想症患者没有幻觉的症状,少部分会有和妄想主题相关的触幻觉或嗅幻觉。除了跟妄想相关的内容可能受影响外(如怕被黑道追杀而躲在家中),其余的行为、外观等都很正常,病人的人格、智能以及与环境间的关系并没有出现太大的障碍。

妄想内容一般都与个人经历、社会和文化背景有关,并且基本关系个人的安全、荣誉、需要等。按照妄想内容可将妄想分为被害妄想、嫉妒妄想、钟情妄想、躯体妄想、自大妄想，其中被迫害妄想具有潜在的危险性，甚至可能产生主动的攻击而伤害别人，是需要特别警惕的。

1. 被害妄想症

坚信自己受到迫害、欺骗、跟踪、下毒、诽谤或陷害等，患者往往会变得极度谨慎和处处防备，小小的轻侮可能就被病人放大，变成妄想的核心，时常将相关的人纳入自己妄想的世界中。

2. 嫉妒妄想症

又称奥赛罗综合征，是一种病态型思想，认为自己的性伴侣对自己不忠实，而与其他异性有不正当的男女关系的病态信念。表现为以反复侦察、盘问、跟踪、拷打等各种形式，收集私通情人的"证据"。

3. 钟情妄想症

患者会以为异性对自己产生了爱情（实际上两个人只有很少甚至完全没有真正接触），因此朝思暮想，寝不安眠，食不甘味，甚至采取一些异常的举动，如跟踪、骚扰、袭击、绑架，甚至谋杀等。

4. 躯体妄想症

患者坚持自己患病，因而经常求医求治，虽然治疗无效，但仍顽强不息。

5. 自大妄想症

妄想自己具有至高无上的价值、势力、知识、身份，或者有通灵的能力，或是与某位大人物有非同一般的关系。在这种念头的驱使下，患者会刻意改变生活方式来迎合妄想，变得奢侈、傲慢、狂热起来。

妄想症虽然是精神病的典型症状，但是"妄想症"并不是精神病人的"特权"，普通人可能都出现过各种"妄想"的念头。确定有妄想念头的人是否需要专门治疗，需要看这些念头是否干扰正常生活。

二、大学生中常见的精神病

大学生中常见的精神病主要有情感性精神病、精神分裂症以及反应性精神病等。下面我们将加以介绍，以下这些精神病的诊断标准主要参照 CCMD-3。[①]

（一）情感性精神病

情感性精神病是一组以明显而持久的心境高涨或低落为基本特征，并有相应思维和行为改变，呈周期性发作、间歇期内完全正常的精神病，又称躁狂抑郁性精神病。它可能有精神病性症状，如幻觉妄想，大多数病人有反复发作

---

① 中华医学会精神科分会. 2001. CCMD-3 中国精神障碍分类与诊断标准（第三版）. 济南：山东科学技术出版社

的倾向,每次发作多可缓解,部分可有残留症状或转为慢性。

1. 躁狂发作

(1) 诊断标准。躁狂发作以心境高涨为主,与其处境不相称,可以从高兴愉快到欣喜若狂,某些病例仅以易激惹为主。病情轻者社会功能无损害或仅有轻度损害,严重者可出现幻觉、妄想等精神病性症状。

(2) 症状标准。以情绪高涨或易激惹为主,并至少有下列表述中的三项(若仅为易激惹,至少需四项):①注意力不集中或随境转移;②语量增多;③思维奔逸(语速增快、言语急促等)、联想加快或出现意念飘忽的体验;④自我评价过高或夸大;⑤精力充沛、不感疲乏、活动增多、难以安静,或不断改变计划和活动;⑥鲁莽行为(如挥霍、不负责任,或不计后果的行为等);⑦睡眠需要减少;⑧性欲亢进。

2. 轻性躁狂症(轻躁狂)

诊断标准:除了社会功能无损害或仅轻度损害外,发作符合躁狂发作标准。

3. 双相障碍

诊断标准:目前发作符合某一型躁狂或抑郁标准,以前有相反的临床相或混合性发作,如在躁狂发作后又有抑郁发作或混合性发作。

4. 抑郁发作

(1) 诊断标准。抑郁发作以心境低落为主,与其处境不相称,可以从闷闷不乐到悲痛欲绝,甚至发生木僵。严重者可出现幻觉、妄想等精神病性症状。某些病例的焦虑与运动性激越很显著。

(2) 症状标准。以心境低落为主,并至少有下列表述中的四项:①兴趣丧失、无愉快感;②精力减退或疲乏感;③精神运动性迟滞或激越;④自我评价过低、自责,或有内疚感;⑤联想困难或自觉思考能力下降;⑥反复出现想死的念头或有自杀、自伤行为;⑦睡眠障碍,如失眠、早醒,或睡眠过多;⑧食欲降低或体重明显减轻;⑨性欲减退。

5. 轻性抑郁症(轻抑郁)

诊断标准:除了社会功能无损害或仅轻度损害外,发作符合抑郁发作的全部标准。

(二) 精神分裂症(分裂症)

1. 精神分裂症的定义

精神分裂症是一组病因未明的精神病,具有感知、思维、情感、行为等多方面的障碍,以精神活动的不协调以及精神活动与环境不协调为特征的一种最常见的精神病。其多起病于青壮年,一般无意识障碍及智能障碍,病程多迁延。

精神分裂症到目前为止病因未明,好发于青壮年,多发于16~40岁,无器质性改变,为一种功能性精神病。本病患者一般无意识和智能方面的障碍,但发作时不仅影响本人的劳动能力，且对家庭和社会也有影响，应引起各界人士的关注。

2. **症状标准**

至少有下列表述中的两项，并非继发于意识障碍、智能障碍、情感高涨或低落，单纯型分裂症另规定。①反复出现言语性幻听；②明显的思维松弛、思维破裂、言语不连贯、思维贫乏或思维内容贫乏；③思想被插入、被撤走、被播散、思维中断或强制性思维；④被动、被控制、或被洞悉体验；⑤原发性妄想（包括妄想知觉，妄想心境）或其他荒谬的妄想；⑥思维逻辑倒错、病理性象征性思维，或语词新作；⑦情感倒错，明显的情感淡漠；⑧紧张综合征、怪异行为，或愚蠢行为；⑨明显的意志减退或缺乏。

3. **典型病例**

> 患者男性，22岁，大三学生。半年前患者在学习中与同学发生过争论，此后出现失眠、少食，怀疑同学存心刁难他；每次在食堂进餐后均有头昏、手胀、喉塞等症状，怀疑同学在食物中投毒加害于他。开始寻找解毒良方，并且服用解毒药，服用后自觉很有疗效。近2周来，他开始怀疑同学投毒无效，改为用"中子射线"控制其思想和行为，有时听到"中子射线"与他对话，评论他"老实，知识丰富"，命令他"不许反抗"。在家一提到同学即很激动，指责家人"你们都不知道，同学记恨我，想害我！"近日连续写控告信，并去公安局要求保护。身体检查和神经系统检查未发现异常，否认有病。诊断为精神分裂症偏执型。

（三）反应性精神病

1. **反应性精神病的定义**

反应性精神病是由剧烈或持续的精神紧张性刺激直接引起的，这些刺激包括个人损失、居丧、凌辱、自然灾害等。其临床表现的主要内容与精神创伤密切相关，并伴有相应的情感体验，容易被人理解。这类精神病大多数为期短暂，常随诱发因素的消退而缓解，如经适当的治疗，精神状态即可恢复正常。所以，反应性精神病的预后是良好的，且一般不再复发。患者有明确、持久而强烈的精神创伤病史，急性或亚急性起病，约半数病人在精神创伤后1~2天之内出现症状，也有长达1~2个月或数月后发病的。

2. **临床表现**

反应性精神病的临床表现多种多样，根据其主要临床相与治疗的需要，通常把反应性精神病分为如下亚型：

（1）反应性抑郁症为最常见的类型，约占本病的半数，以情绪低落、心境恶劣和兴趣丧失等抑郁症状为特征，但没有严重的精神运动性阻滞，思维及运动的抑制并不明显。

(2) 反应性兴奋少见，起病急、情绪兴奋、言语增多、动作增加，甚至躁动不安。

(3) 反应性意识障碍，多数在严重的精神刺激下突然起病，表现为情感休克，情感反应突然丧失、意识恍惚、目光茫然、表情淡漠；有的不语不动，不吃不喝，但并未到木僵程度；有的意识状态朦胧，可能发生冲动毁物等。

(4) 反应性偏执是在持久的精神刺激下，变得敏感多疑和妄想，妄想以关系和被害为主，如感到有人监视或跟踪等，妄想接近现实，少数人伴随幻听，但没有思维形式的障碍，人格保持完整，本型起病较慢，病程相对较长。

3. 诊断标准

(1) 发病于明显而强烈的应激事件。

(2) 反应的发生与刺激有密切的时间关系。

(3) 精神症状的内容反映患者对应激事件的内心体验，不泛化，不脱离现实，可被人理解。

(4) 随着刺激的消退和适当的治疗，反应也会消退。

(5) 病程短、预后好，一般不复发，不残留精神缺陷或人格改变。

4. 典型病例

> 孙某，女，20岁，学生。孙某性格内向，敏感，身体健康，学习刻苦，理想是当一名作家。2000年参加高考，但不幸的是高考落榜，由于家境困难，再未求学。2年来出现情绪低落，心境恶劣，对任何事情都丧失兴趣等症状。诊断为"反应性精神病-反应性抑郁"。

三、精神病的早期识别

如果已经诊断为精神病，那么须转入精神科接受药物治疗。当然，对于精神病患者来说重点在于早期发现，早期治疗，要学会发现精神病人的早期症状，及时就诊。但是，精神病的早期症状如同其他疾病一样，症状轻、不典型，往往不为人注意，或认识不到是精神病，以致延误治疗时机，给病人带来不良后果。

下面是精神病早期症状的表现：

(1) 性格改变。如原来有涵养的人变得出口脏话，对人无理；原来热情的人变得对人冷淡，与人疏远、孤僻。

(2) 神经症症状。如失眠、头痛、易疲劳、注意力不集中、情绪不稳、工作学习能力下降以及癔症样表现等。

(3) 情感改变。早期的情绪变化常表现为情绪低落，抑郁寡欢，愁眉不展，唉声叹气，悲观厌世，甚至出现自杀行为；或情绪高涨，洋洋自得，趾高气扬，夸夸其谈；或情绪波动，常无客观依据地提心吊胆，担心自己或亲人很快会有疾病或灾祸临头，为此感到神经紧张、忧虑不安、坐卧不宁、唉声叹气、无法放松。

（4）行为改变。有的患者动作和行为变得怪异，无意义动作增多，并且呆板重复；有的患者生活懒散，无法工作和料理家务；有的患者反复重复同一个动作，或者表现刻板仪式样动作等。

（5）注意力不集中，记忆力下降。注意力分散或迟钝，好遗忘，丢三落四，工作效率下降。

（6）敏感多疑。如怀疑有人讲自己的坏话，别人言行举动都在针对他，甚至认为电视上、广播里、报纸上的内容都与他有关；感觉自己的同事、邻居、甚至父母兄弟会害他，惶恐不安；有人觉得周围一切事都变得对他不利，有某种特殊的含义等，这种人对自己的观念常坚信不疑，别人的劝说、解释都不能改变他的观点。

特别提醒大学生朋友及朋辈心理辅导员们注意的是，心理问题与精神疾病的诊断，是一门非常复杂、深奥的学问，绝非想象得那么容易、简单，请大家千万不要胡乱猜测、乱贴标签、先入为主、对号入座，甚至疑神疑鬼、草木皆兵，乃至落下心病，徒增烦恼。在实际工作中，我们经常碰到这样的同学，因为自我的不良暗示而出现心因性的心理问题甚至心理疾病，并且该现象有日渐增加的趋势。

对此问题，有一个简单的解决办法：如果一旦发现自己或周围的同学可能有某些精神症状，一定及时拜访或上报学校的专业心理咨询师，或者转诊去医院的心理科或精神科，请专家诊断处理为好。

思考与练习

1. 你怎样理解心理正常与异常、健康与不健康？
2. 怎样判定一个大学生是否有心理问题？其问题是一般心理问题还是严重心理问题？
3. 大学生常见的心理冲突有哪些？
4. 大学生的一般心理问题有哪些表现？
5. 你怎样理解大学生心理冲突的实质？
6. 怎样理解神经症？许又新提出的神经症的简明评定方法是怎样的？
7. 神经症分哪几类？其评定标准是怎样的？
8. 你怎样理解人格障碍？其诊断标准是怎样的？
9. 人格障碍分几大类？其评定标准各是什么？
10. 什么是自知力？精神病的典型症状有哪三个？
11. 大学生常见的精神病主要有哪几种？其诊断标准是怎样的？
12. 精神病的早期症状表现有哪些？

第八章
日常心理问题的朋辈心理辅导

通过对心理症状分类与识别的介绍，我们初步了解了朋辈心理辅导的工作范围，其中，大学生日常心理问题的心理辅导是朋辈心理辅导的核心。本章中我们将列举大学生日常生活中常见的各种具体心理问题，如大学新生的适应问题、学习问题、人际交往问题、恋爱问题、网络成瘾问题等，并提供具体的辅导思路和方法。

第一节 新生适应问题

大学生心理问题的出现是一个循序渐进、长期发展的过程。刚进入大学时，大部分同学是怀着喜悦的心情进入大学的，但由于大学与高中各方面的不同，部分大学生开始变得时常忧愁、焦虑，这给他们的生活带来不适应和困难，渐渐形成心理问题。为了及时预防和解决大学新生的心理困扰，使他们摆脱心灵的痛苦，保持心理健康，提高对新环境的适应能力及应对挫折的能力，对新入学的大学生做好心理健康教育工作是十分必要的。

一、问题表现及原因分析

从中学到大学环境的转变，每一个大学新生所面临的都是一个全新的环境。对他们来讲，无论是校园环境还是学习方式方法，不管是个人的发展目标还是学校的要求，都发生了很大改变。大学生只有在短期内尽快调整身心状态，认清个人的角色，才能给今后的学习生活打下良好的基础，才能更有效地完成大学学业、安排大学生活。

大学新生面临的第一个变化就是环境的变化。他们多数从中小城市、乡村到大城市学习，即便是在家庭所在地就读的大学生也从走读生变成了住校生。能否适应新的生活环境，成为他们必须面对的一个问题。

(一）校园环境的适应问题

现在的大学生大多没有独立生活的经验，所以入学时常有父母、亲戚等陪同，甚至是父母陪读。近年来，随着独生子女数量的增多，家长护送孩子上大学的现象越来越多，而单独报到入校的则越来越少，这里也包括家境贫寒出不起路费的人和真正有独立处事能力的人。

"有的新生刚进入新的环境，非常拘束、胆小、缺乏安全感，对新环境适应很慢。对新环境适应较快的学生，则很快就成为集体中的佼佼者。他们与老师、新同学接触多，掌握的信息快，锻炼的机会自然也多，各种能力提高很快，上进心及自信心也就很快形成了。"[①]

（二）人际关系的适应问题

中学时学生的生活比较简单，绝大多数时间和精力都用在学习上，生活中的事情大多由家长帮助做。但是，大学生的人际环境相对比较复杂，很多事情都必须自己亲自去做，这对处理人际关系能力的要求就会越来越高。比如，有的同学到了学校都几个星期了，因为感觉很少看到辅导员，学习上也没有人布置任务，便不知所措。

大学生的良好人际关系要求有两方面：一方面，尽快适应同学和老师，宽容别人；另一方面，要维护自己的合法权利。例如，生活在 8~10 个人的宿舍中，同学来自四面八方，个性各不相同，这就要求新生要处理好人际关系，有经验大家一起分享，有自己解决不了的困难时，也要请同学帮助。

人际关系处理不好，有的是过分委曲求全，处处忍让。这样的同学一味迁就别人，别人做得对的他能接受，而别人说的或做得不对他也接受，对别人有了不同想法也不说，生怕伤了同学之间的和气，又怕别的同学对自己印象不好，这样的学生内心过于压抑，也缺少知心朋友。另一种同学是唯我独尊，对同学和老师不宽容，常常以自己的利益为中心，不考虑别人的得失。这样的人在集体中常常是群体孤立的对象，不受人欢迎。

（三）语言环境的适应问题

我国地域辽阔，语言多样，各地口音也各不相同，这就要求大学新生在校园里一般要用普通话进行交流。但是由于各种原因有的学生入学时普通话不够好，影响了与人交谈、沟通，所以语言环境的适应也是大学新生必须面对的问题。有的同学怕别人笑话，就很少开口讲话，结果大学毕业后仍是一口家乡话；有的同学结伴练习普通话，互相促进、提高，效果很好。除此之外，多少掌握

---

① 佚名.2006-6-12.大学生入学适应的心理卫生之二：环境适应适应问题.http：//historytourism. scu. edu. cn/history/students/psycho/stupsy. htm

一些地方方言也有助于适应环境,"比如出门办事和上街买东西都可能与讲方言的当地人打交道。会说当地方言,一是交流起来更方便,少出差错;二是能避免当地人偶然的'欺生'现象。尽快适应环境,使自己消除陌生感有利于大学新生角色的转变"[①]。

二、解决方式和应对策略

(一) 人际关系的适应问题

1. 辅导同学自己的事情尽量自己做

虽然大学生学习、工作、活动较多,但是生活中的一些事情要尽量自己做,尽量少让家长、同学为其代劳。例如,有的学生把积攒起来的脏衣服、换洗的床单放假时全带回家,让家长洗,自己从来不动手;有的送到洗衣店去洗,等等。面对这种情况,朋辈心理辅导员就要与同学签订行为契约,鼓励督促同学自己逐渐独立完成生活自理,促进其成长(参照本节的行为契约表,并按要求填写、辅导训练)。

2. 开展讲座活动,讲解理财知识和经验

独立自理生活能力的一个重要表现是对钱的支配上。大学生除了交学费买学习用品外,一般没有太多"理财"的经验。一些家长习惯于一次性地给孩子生活费用,这就需要大学生独立计划如何进行合理消费。朋辈心理辅导员组织同寝室同学互相监督提醒,必要时作记录,控制同学的乱花钱行为,避免造成不必要的开支,并定期进行总结(参照本节的行为契约表,并按要求填写、辅导训练)。

3. 利用入学教育,提高生活自理能力

在对新生进行入学教育的时候,朋辈心理辅导员可组织系列辅导活动,对新生的生活自理能力进行有意识训练。例如,朋辈心理辅导员要和生活自理能力差的学生签订行为契约,在物品整理、房间打扫、学习计划等方面进行系统辅导(参照本节的行为契约表,并按要求填写、辅导训练)。

(二) 多开展朋辈活动

适应不良的学生积极参与朋辈活动,可以在活动中弥补其不足,以更快地适应大学生活。对非常拘束、胆小、缺乏安全感、新环境适应很慢的同学,朋辈心理辅导员要带领他们一同参与班级活动、寝室活动,让他们感受集体的温

---

① 佚名. 2006-6-12. 大学生入学适应的心理卫生之二:环境适应适应问题. http://historytourism. scu. edu. cn/history/students/psycho/stupsy. htm

暖,其上进心及自信心也就会很快建立;对口音不适应的同学,与他们结伴练习普通话,互相促进、提高,可取得很好效果。还可以以表演小品的形式,掌握一些地方方言,这也有助于适应环境,使大学生消除陌生感,有利于大学新生角色的转变(参照本节的行为契约表,并按要求填写、辅导训练)。

(三) 熟悉校园生活

朋辈心理辅导员可以带领新生在校园走一走,向他们介绍学校有关机构的职能和位置,如学生工作处、教务处、学校办公室、校团委、财务处等,熟悉校园公共服务场所,如食堂、图书馆、银行、邮局、商店、浴池、医院、电话亭等,还要向新生介绍市内的公交线路和有关场所,这样的辅导可以使新生很快适应学校的生活(参照本节的行为契约表,并按要求填写、辅导训练)。

行为契约表

签约时间:　　　年　　　月　　　日

朋辈心理辅导对象	×××	朋辈心理辅导员	×××
辅导内容	理财能力的训练		
辅导目标	通过朋辈心理辅导,使大学生掌握科学的理财方法,提高理财的能力		
辅导时间	××××年××月××日		
奖励与惩罚的措施	实行代币制,实现训练目标的个人有奖励		
辅导结果评价	朋辈心理辅导员根据实际情况进行评价		

第二节　学习问题

学习是大学生的主导活动,由于大学生原有的学习基础、学习动机、学习方法不同,以及学习环境等方方面面的影响,一部分大学生不能很好地学习,出现了各种学习心理问题。

一、问题表现及原因分析

1. 学习不勤奋

具体表现为平时不愿意看书,不愿意动脑子,贪玩;学习上拖沓,散漫,怕苦怕累,并时常为自己的行为找借口;总是在想,"等我精神好一点再学习吧",日子就在"等"中过去了,而他们永远也不可能有时间,精神也不会好。

2. 注意力不集中

学习时容易分心,容易被外界事物所干扰,总是不能专心地干好自己的事情,如读书、思考问题。在学习中表现为一知半解、肤浅,对什么事都如蜻蜓点水，没有恒心。

3. 厌学

在学习上表现为厌倦、退缩、无聊，学习中失败的体验总是大于成功的欢乐，认为学习是乏味的、枯燥的，是一件苦差事，上课经常睡觉。

4. 学习方法不科学

将学习看成是不得不完成的命令，是被迫从事之事，没有主动性，不愿意探索一些适合自己的方法，认为只要能够应付考试就行了。他们由于缺乏新的灵活的学习方法，所以总是不能适应新的学习。

5. 独立性不强

在学习上没有明确的目标，学习行为依赖性强，容易随波逐流，缺乏独立性和创造性，自己很少独立学习。

6. 学习目标不适度

经常给自己确立过高的目标，一旦无法达到目标，就会责备自己，给自己施加更大的压力；总是不满足现状，如总认为字应该写得更好，即使成功也不能给自己带来多少喜悦之情。

7. 情绪经常处于高度紧张状态

往往伴随学习焦虑和考试焦虑，经常体验到紧张不安。由于经常处于巨大的压力和超负荷的学习之中，情绪上、精神上难以松弛，久而久之导致注意力不集中，记忆力减退、思维迟钝等，学习效率随之下降。许多身心问题，如头痛、失眠、烦躁、胃肠功能失调、心悸等，接踵而至。

8. 好大喜功

非常看中自己的名次、分数，经常想考班级前三名，想得到他人的表扬和肯定，害怕失败，如果失败了，就会对自己产生怀疑。

二、解决方式和应对策略

（一）大学生学习能力的辅导训练

大学生学习的核心问题是智能的提高和培养，有关智能的解释有很多种，但无论是何种说法，都离不开知识、智力、能力这三个要素。能力可以划分成智力技能系统和操作技能系统，智力技能系统包括记忆力、想象力、观察力、创造力、思维力等；操作技能系统包括演讲技能、绘画技能、演唱弹奏技能、运动技能、书写技能等。所以，能力就是受人的智力支配的，利用知识和经验，完成某种活动所必需的并直接影响活动效率的实际本领。

1. 记忆能力的辅导训练

许多大学生在学习中苦于记不住学习内容，觉得记忆力不如中学时好。针对这一点，朋辈心理辅导员可以从以下两个方面来进行记忆力的训练指导。

（1）运用奇特联想法训练记忆力。联想是促进记忆的一种方式，奇特联想是联想的一种，是将要记的东西在头脑中人为地形成一定稀奇古怪的联想，从而帮助记忆。朋辈心理辅导员要有计划地组织学生进行奇特联想的训练，比如，要想记住"自行车—狗"这对词，我们可以想象"狗骑着自行车在马路上逛来逛去"。有人要记"鸭梨、河流、大炮、火车、黄狗、松树、街道、高粱、风筝"共9个词，可以进行如下奇特联想："一个人登上了高速火车，火车在河流上奔驰，河流上飘来了一个大风筝，风筝上架着一门大炮，大炮的烟筒里打出来一只鸭梨，鸭梨打进黄狗的嘴里，黄狗像一道闪电，迅速地跑过街道，爬上了一棵老松树，咬住了老松树上长着的一棵高粱。"[①] 这样识记，大大提高了学习效率，也能激发学生的学习兴趣。

（2）运用积极暗示法。凡是记忆力强的人，都对自己的记忆力充满信心。要想树立起这种信心，朋辈心理辅导员需要组织学生分组进行积极的自我暗示。如在心中默念："我一定能记住！"当学生对能否记住缺乏信心时，可以让其回忆自己过去的成功经验，如"我的考试成绩曾在全班排前五名"、"我几岁的时候就能背许多古诗"。当这些过去良好的记忆形象再次浮现时，会增强他们"一定能记住"的信心，并提高记忆能力。

2. 观察能力辅导训练

在辅导训练中朋辈心理辅导员要指导学生对学习对象产生浓厚的兴趣。兴趣是最好的老师，也是观察的前提，不感兴趣，不会主动去观察，更谈不上培养观察能力。

观察的同时要勤于思考，不进行思考就不会提高观察水平，因此只有多思考，多问为什么，观察能力才能得到提高。

要学会并养成细致观察、反复观察的方法和习惯，才能敏捷地找到事物的本质特征，捕捉到稍纵即逝的机遇、灵感。

3. 想象力辅导训练

想象力就是大脑在思维的基础上，对自己原有知识和表象进行加工、改造而创造出新事物形象的心理过程，幻想、联想、梦想、空想等是想象的表现形式。对大学生来说，想象力是一种十分重要的能力，杰出的科学家、文学家、艺术家等都具有丰富的想象力。提高大学生的想象力可从以下几方面着手进行辅导训练：

（1）全面学习文化知识，建立扎实的知识结构。丰富的想象力离不开丰富的知识储备，知识经验丰富的人，更容易产生新的联想和独特的见解。

---

① 佚名.2007-6-16.如何进行最有效的记忆力训练. http://blog.sina.com.cn/s/blog_4b367f330100094r.html

（2）精力充沛，思维活跃。生活要有规律，经常使大脑处于活跃状态，避免出现思维刻板、僵化、麻木等不良现象。大学生的学习需要求异思维、发散性思维，敢于表达不同的见解，不迷信权威。

（3）善于观察，去伪存真，掌握事物的本质特征，运用科学的方法来培养想象力。比如，锯子的发明原型是叶片上有毛刺的草，潜艇的原型是水里的鱼，飞机的原型是天上飞的蜻蜓。

大学生学习能力辅导训练方案

朋辈心理辅导员	×××
辅导内容	记忆力辅导训练
辅导目标	通过朋辈心理辅导，使大学生掌握科学的记忆方法，提高记忆的效果
辅导方法	小组竞赛（异质分组），实行代币制，优胜的小组或个人有奖励
辅导时间	××××年××月××日
辅导过程	(1) 由朋辈心理辅导员将辅导对象根据不同属性进行异质分组。 (2) 各小组同时进行相互介绍。 (3) 由朋辈心理辅导员说明本次训练的目标、要求。 (4) 呈现记忆的内容，分小组进行记忆力的实际训练，记录记忆成绩。 (5) 各小组进行小结，通过讨论总结经验。 (6) 对获胜的小组或个人分发代币。
辅导效果	朋辈心理辅导员根据实际情况进行评价

（二）学习方法的辅导训练

1. 朋辈心理辅导员要讲清选用学习方法的基本要求

"学习有法，但无定法"，好的学习方法很多，都是在一般学习方法基础上各自经验的总结。要从总体上全面认识学习方法，在此向同学们推荐"学习方法十六字诀"，即"学习有法，学无定法，我用我法，贵在得法"。

学习有法，这个"法"指一般的规律。学习是有规律的，学习方法是一门科学，也是一门艺术。学习的人要有方法意识，探索最优化的学习方法，学习之前要认真地选择什么样的学习方法最有效率。

学无定法，学习方法不是教条的、固定不变的。选用学习方法要因学习阶段、教学环节、学习环境而异，因人而异，因师而异，因课而异。

我用我法，自己的学习方法要适合自己的实际情况，要为自己所掌握，为自己所使用，符合自己学习实际的方法才是最好的方法。因此，对他人的学习方法要善于借鉴，重要的是通过实践不断总结经验，形成自己的学习方法体系。

贵在得法。方法不当，事倍功半，甚至一无所获；方法得当，事半功倍。验证方法好坏的标准是学习效果，好的学习方法，既有高的学习效率，又节省时间。

2. 指导同学明确主要的学习能力

大学的学习是一种新的学习，一些学生不知如何学习，也不清楚需要哪些学习能力，处于盲目状态。针对这种情况，朋辈心理辅导员要向学生介绍几种能力：①信息搜集整理的能力，包括感知、阅读、搜索、整理资料的能力等；②应用、创造信息的能力，主要包括记忆力、思维力、表达能力、动手操作能力、创造能力；③学习调控能力，包括确定学习目的、制订并适时调整学习计划、培养学习兴趣、克服学习困难等。在学习方式上，朋辈心理辅导员引导同学不要等待，要自主学习、合作学习、研究性学习，打破中学时期的学习模式。

3. 营造良好的学习氛围

朋辈心理辅导员要积极通过校园网、广播、报刊、板报等渠道开展学习心理健康知识宣传，营造良好的学习氛围。特别是要结合当前学生普遍存在的学习情绪多变、学习意志薄弱等问题，开展专题辅导活动，着重引导学生正确认识大学学习的特点和规律，正确评价自身学习心理状况，查找学习困扰产生的原因，掌握自我调节学习情绪、排除学习干扰、应对学习挫折的基本方法。同时，开展学习心理互助、朋辈咨询、团体辅导、经验交流等活动，引导学生相互关怀与帮助、相互鼓励与促进，培养学生学习心理调适的助人自助能力。

第三节 人际交往问题

人际交往是指人运用语言或非语言符号交换意见、交流思想、表达感情和需要的过程。大学生每天除了睡眠外，其余时间中大约有 70% 的时间用于人际交往。无数个事实说明，一个人一生的成长、发展都是在人际交往中完成的，一个人独来独往，既会感到十分寂寞，也会感到不幸福。所以，可以说一个人的幸福和才智来自于人际交往，一个人的痛苦和不幸也与人际交往密不可分。因此，人际交往是大学生健康成长的关键因素之一。

人际交往所形成的环境是大学生成长发展的主要外部环境。人际交往能力是大学生所应该具备的重要素质，也是衡量大学生能否有效适应社会的一个最关键的指标。要想在不久的将来在这个充满竞争的社会中求得自己的一席之地，大学生必须要学会与人打交道，学会与他人合作共事。

人际交往并不是一帆风顺的，总会出现各种各样的问题，人们的交往能力就是在面对问题、解决问题的过程中得到发展的。在朋辈心理辅导中，辅导员要善于发现问题，帮助同伴解决问题，提高他们的交往能力。

一、问题表现及原因分析

（一）人际交往中常见问题的表现

1. 缺乏交往能力

进入大学之后，大学生都有强烈的人际交往的欲望，但又常常感到人际交往很困难。因为大学的交往对象和中学时代有明显的不同,更加多样和复杂。一些学生不能适应大学生活,在交往上表现出不良心理,如自卑、猜疑、嫉妒、孤独、羞怯、恐惧等,不会正确的交往,缺乏人际交往的基本技能。他们一般都渴望交往,但由于交往方法欠妥、交往能力有限、个性缺陷或交往心理障碍等原因,在交往过程中缺乏基本的知识,不了解别人,也不了解自己,结果必然使交往活动受到挫折。长期的交往挫折使得一些学生把交往看成是一种包袱,又不主动学习有关的技能,使他们把自己封闭起来,究其原因是对现实生活中的人际交往所表现出的强烈不满。有的大学生不懂得交往在于平时的交往积累,总希望别人主动关心自己,主动与自己交往,而自己总是处于被动地位;不懂得交往中的心理互惠互利原则和科学的交往方法,使对方感到与之交往不能使自己受益,甚至感到是负担,这种交往就不能继续保持下去,缺乏交往能力的人会感到非常失望和痛苦。有些人不懂得尊重对方的习惯,不懂得给人留面子;有的自身修养较差,用粗鲁的语言伤害对方的自尊心,等等,这些都影响了同学之间进一步的交往。有些大学生没有充分了解和掌握交往的知识、技巧,在交谈的过程中显得过于生硬,有感激的心情也不会表达,或者不能使人理解;有的是认知偏见产生的理解障碍,不注意交往中的"首因效应",不注意沟通方式,这都会造成人际交往的困难。

2. 胆小畏缩不敢交往

有一部分大学生由于个性上的弱点,如害羞、自卑等,在与人交谈时显得词不达意,语无伦次;在与人交往时显得特别紧张,表现在外部表情行为上,如眼睛不敢正视对方、面红耳赤,心跳加剧,特别是在人多的场合或者在集体活动中更感到恐惧,不敢和人打招呼,很想避开他人,在别人面前不敢表现自己。这些同学往往内向、老实,胆小畏缩,长此以往,就会在交往上出现许多心理问题。

3. 主观上不愿意与人交往

有的大学生入学后,发现自己不如在中学时那么突出了,认为自己已经不如别人了,怕别人看不起自己,进而形成嫉妒与自卑心理而造成人际障碍。有的同学遇事总是回避退让,缺乏交往的愿望和兴趣,他们自我封闭,但又特别敏感,心理承受力差,不愿意出头露面,主观上不愿与人交往。有的同学以自我为中心,集体意识淡薄,对周围的人与事漠不关心,缺乏基本的合作精神。还有的同学自高自大,势利眼,看不起别人,不高兴的时候就不愿意理会别人。同学之间缺乏必要的宽容心,甚至会因一些很小的事就闹矛盾。①

---

① 白振伟. 2007-11-28. 大学生如何处理同学、师生、集体关系. http://www.jxust.com/blog

4. 与寝室同学之间的关系紧张

大学和中学的不同之一是外地学生多，大学生入学后都要住校，大学生的寝室人际交往成为大学生活中最基本的人际交往，同寝室同学在交往中也就会产生纠纷、矛盾。同学之间的个体差异和行为习惯，在寝室里表现得十分明显。存在较大差异的同学之间就不可避免地产生矛盾，如有的同学不喜欢别人坐自己的床铺，怕把床坐脏了；有的同学不喜欢别人用自己的东西，如果某些同学不拘小节，就容易引起寝室同学的不愉快。很爱整洁的同学与乱放杂物、没有良好习惯的同学之间会产生矛盾，住上下铺的同学之间也可能产生矛盾，喜欢热闹气氛的同学与喜欢安静环境的同学之间也会互相不适应，多方面均可能相互误解、讨厌、反感和敌视。如果不同班级不同专业的学生混合住在同一个寝室，还会遇到更为复杂的人际交往问题。所以，寝室同学之间的关系紧张与矛盾是大学生活中常见的人际交往问题。例如，某大学一女寝 8 个同学之间分成了 3 小帮，关系十分紧张，互不理睬，她们都感到很别扭，平时都不愿意一起回寝室休息，结果整个寝室同学人际交往质量很差，给自己留下了一段不愉快的回忆。

（二）产生人际交往问题的原因

产生人际交往问题的心理原因是多方面的，归纳起来，有以下三个方面。

1. 较严重的自我封闭心理是影响人际交往的重要心理因素

有些大学生把自我封闭起来，无法与别人沟通，在心理上建立了一道屏障，从而使自己的人际关系处于十分不利的状态之中；有些大学生在与别人交往时，总喜欢把自己的真实思想、情感和需要掩盖起来，他们往往持一种孤傲处世的态度，只注重自己的内心体验，行为和习惯有时令人难以理解。这种自我封闭不仅影响自我发展，而且影响同学之间的交往。

2. 明显的面子心理

大学生的许多人际关系问题，大多产生在没有什么原则问题的小事情上。例如，本来两个人只要打个招呼、说声道歉的话，也就没什么事了，但双方都想保护自己的面子，谁也不先打招呼，不愿先道歉，而是扳着面子、拿起架子，结果关系紧张起来，以至于如一次无意地碰撞、不经意的言语伤害之类小事，双方都在用不适当的方法维护自尊，仿佛谁先道歉就伤了面子。这种现象经常在一些学生身上表现出来，而造成没有人愿意与之交往。

3. 较重的自私心理

有些大学生在与别人交往时总是为自己着想，只关心自己的需要和利益，强调自己的感受，不尊重他人的价值和人格，漠视他人的处境和利益。在交往中目中无人，与同伴相聚时，不顾场合，也不考虑别人的情绪。自己高兴时，有说有笑，手舞足蹈，眉飞色舞；不高兴时，不理不睬，抑郁寡欢，有时还会乱发脾气，弄得其他人莫名其妙。他们常把别人当做达到目的、满足私欲的工具，这种人在人际交往中，缺乏对自己的正确认识，缺乏宽广的胸怀。如果不改变自私的心理，无论他们多么精明，都不会与人建立牢固、持久、良好的人际关系。

二、解决方式和应对策略

在朋辈心理辅导中，朋辈心理辅导员要懂得解决交往中的问题，学会解决问题的基本方式。

（一）运用说理法掌握成功交往原则

通过朋辈小组讨论、辩论会掌握一些合理的交往原则，一般有以下四种原则。

1. 平等真诚原则

人际交往的基础是人格平等，以诚相待。因此，大家应该在学习、生活、工作特别是困难面前，互帮互助。同学之间没有高低贵贱之分，人格上是平等的，只有尊重他人，才能使别人尊重自己。所以，引导同学尊重和理解他人的人格，真诚地赞许与诚恳地批评，都能使彼此愿意了解、信任、交心、倾诉。

2. 敞开心灵原则

每个人所隐藏的内心世界，正是他人期待探索的奥秘。一般来说，只有真诚开放了自己的内心，才能走进别人的心灵世界。善于与人交谈、能恰当与人交往、参加集体活动等往往会取得思想上的沟通、感情上的融洽以及人际关系的稳固。当你对同学做出一个友好的行动来表示支持或接纳他时，对方心里就会形成一种压力，为保持自己的心理平衡，他便会对你报以相应的友好行为。由此可见，敞开心灵是成功交往的一条重要原则。

3. 心理相容原则

站在别人的位置看问题，就会理解别人的所言所行，获得许多从未有过的共情，便会觉得心理上的距离缩短了。"如果时时处处尊重和理解别人的选择，不过高要求别人，就可以减少误解。努力使自己心胸豁达，相互谅解，从而达到心理相容，这样人际交往水平就会得到提高。所以同学之间的心灵沟通在人际交往中十分重要。"[1]

4. 合作协助原则

每个人都不是一个孤立的个体，大学生生活的环境，使得彼此间的合作不可避免，因此要处处考虑自身与外界的关系。例如，有同宿舍朋友、亲友来访，上前热情帮助接待；别人睡觉时需要安静的环境，所以自己应尽量放轻动作。

---

[1] 佚名.2006-12-7.大学生人际交往问题和应对策略.http://www.gxai.cn/jcw/lady/xlzs

现实生活中，当你设身处地地为别人着想时，彼此就更能合作和取得默契，交往双方的关系就会更加亲近。

（二）辅导同伴掌握人际交往的艺术

人际交往艺术是形成良好人际关系的催化剂，可以通过团体辅导、心理情景剧、模仿示范等方式，使有问题的同学学会人际交往的艺术。

1. 辅导同伴学会有效倾听

倾听是改善人际交往的重要方式，所以，大学生要学会有效的倾听。在朋辈心理辅导中，通过训练，增强有效倾听的实际感受，提高有效倾听的能力。在与人沟通时，作为听者要少讲多听，不要打断对方的谈话，最好不要乱插话，等别人讲完之后再发表自己的见解；要尽量表现出倾听的兴趣，听别人讲话时正视对方，力求在对方的角色上设身处地地考虑问题，对对方表示关心、理解和同情，不轻易与对方争论。

2. 辅导同伴学会语言表达艺术

语言艺术运用得好，就能优化人际交往；相反，如果不注意语言艺术，往往在无意间就会出口伤人，产生矛盾。人际交往中要注意称呼得体和讲话注意礼貌，良好的语言艺术必须要做到适时、适度、适量。朋辈心理辅导员在与同学交往中，主动作出示范，为同学作表率。在团体心理辅导中，集中创设情景，体验不同语言表达所带来的不同效果，进行语言表达艺术的训练。例如，把不礼貌地叫同学绰号和以尊重的口气称呼同学进行对比，让同学体会，从而放弃不礼貌的表达方式。

3. 学会正确运用非语言艺术

"非语言一般包括眼神、手势、面部表情、姿态、位置、距离、肢体语言等"[1]，掌握和运用好这种交往艺术，对大学生搞好人际关系是必不可少的。面部表情是内心情绪的外在表现，它能表达人的态度和情感；交往中还可用肢体动作来表达思想。大学生在人际交往中可以根据谈话的内容和场合，正确运用非语言艺术，巧妙地表达自己的思想感情。在朋辈心理辅导中可以采用心理情景剧等形式训练同学正确运用非语言艺术。

（三）辅导同伴增强自己的人际吸引力

刚入学的大学生缺乏人际交往的知识，更缺乏交往的人际吸引力。所以，在朋辈心理辅导中要多组织相关训练活动，提高大学生的人际吸引力。

1. 训练同学建立良好第一印象的能力

给人留下良好的第一印象是人际交往的重要技巧。在指导同学时，特别强

---

[1] 佚名.2008-3-28.大学生人际交往"三步曲".http://hi.baidu.com/87621/blog/item

调，交往中要做到真诚地对待别人；多谈符合别人兴趣的话题；见面做事面带微笑；多提别人的名字，使人感到自己被重视；做一个耐心的倾听者，鼓励别人谈他们自己；以真诚的方式让别人感到他很重要。通过这些细节，就会改善自己的交往形象。

2. 指导同学形成良好的个性品质

在生活中，大家都愿意与性格良好的人交往，没有人愿意与自私、心胸狭隘、虚伪、狡猾、性情粗暴的人打交道。可见，良好的个性品质对于建立良好的人际关系有促进作用，不良个性特征对于建立良好的人际关系有阻碍作用。因此，我们可以通过行为训练不断形成良好的个性特征，从小事做起，克服性格上的弱点和缺陷。

3. 开展多样的朋辈活动，加强同学间的交往，密切同学关系

大学生的生活圈子主要在学校，范围的狭窄使大学生之间接触密切，这是建立大学生良好人际关系的有利客观条件。大学生应充分利用这一优越条件，与同学保持适度的接触频率，如寝室周末活动、班级小联欢、系际联谊会等，使人际交往的空间和频率不断扩大，争取在自己遇到困难时能够得到同学们的帮助。

在朋辈心理辅导中，朋辈心理辅导员要发挥骨干作用，利用好心理辅导的专业知识和技术，以团体辅导理论为指导进行训练。在辅导中，应注意以下三点：

（1）调动团体成员参与的积极性，关注每一位成员，认真观察他们的心态变化，鼓励成员开放自我，积极讨论，激发成员参与活动的兴趣。创造融洽的气氛，使同学之间相互尊重、相互关心，使辅导团体充满温暖、理解、同情、安全感。在这种气氛中团体成员可以真实坦率地开放自己，在彼此互相接纳的气氛中获得成长。

（2）"提供恰当的解释，当同学遇到某些交往中难以把握的问题时，辅导者要提供意见、解释。在提供解释时应注意表达要简洁，通俗易懂，联系实际。避免解释过多，影响成员的独立思考。"①

（3）朋辈心理辅导员应根据辅导团体的实际情况，把握自己的角色，发挥指导者的作用。在辅导期间，辅导者要以一个成员的身份参与活动，为其成员做出榜样，引导同学讨论问题。辅导者要适当引导，把握方向，引导团体成员朝着辅导的目标方向发展。

大学生人际交往中的朋辈心理辅导经常采用小组辅导等形式，设计辅导方案并加以实施。以下提供几个朋辈小组辅导的应用方案。

---

① 佚名. 2008-11-7. 大学生如何掌握人际交往的艺术. http://www.sdada.edu.cn/xsc/show1

方案一　交往观察的辅导

朋辈心理辅导员	×××
辅导时间	××××年××月××日
辅导目的	学习观察他人，了解他人，掌握人际交往的方法和技巧
辅导准备	(1) 将参加的同学分成若干组（每组 8 人左右），并准备一些纸笔。辅导者向小组成员宣布辅导的目的、方法及主要观察内容，如每人需选中 3 位同学，主要观察他（她）的身材、面貌、衣着、发型、打扮等。 (2) 将观察到的结果写在一张纸上，要写出观察对象的姓名。例如，我看到李思蕾笔挺的个子，穿着干净的带绿点的衬衫……我感觉到李思蕾很开朗……我了解到李思蕾说话很快……
辅导过程	(1) 每位成员挑选 2~3 位对象，仔细观察，主要是外表。写在纸上，如我看到江婷婷穿着……头发长长的……我觉得她很活泼……每人写好后，进行全组的分析讨论。观察者先谈，其他成员一起讨论，看其观察的准确度，并分析影响因素。 (2) 观察你关注的几位对象在他人互动中的情况，请用最短的语言描述。小组竞赛（异质分组）实行代币制，优胜的小组或个人有奖励。请被观察者谈感想，看他的观察力及分析水平如何。观察者进一步分析为什么自己观察的状况和被观察者本人的感受相同或不相同。
总结	辅导者总结，请大家交流各自体会，引导成员在交往中要善于观察别人，理解别人

方案二　交往形象的辅导

朋辈心理辅导员	×××
辅导时间	××××年××月××日
辅导目的	通过辅导提高对人际交往形象的认识，不断提高人际交往的能力
辅导准备	(1) 每人若干张白纸。 (2) 互相熟识的人分成 6~8 人的小组。
辅导过程	(1) 辅导者让每人先用一些时间思考自己人际交往的心理特点，写在一张纸上，如与同学交谈我总是说话太慢等。 (2) 请思考同学眼中的你，他们会选用哪些词来形容你，请写在第二张纸上。 (3) 在小组讨论中，可把大家的描述放在一起（都不写自己的姓名），每人轮流抽出一张来读，让大家猜猜写的是谁，像不像，像在什么地方？哪里不像？ (4) 对自己不满意的人际交往形象，请组员帮助讨论如何克服。 (5) 对写得较准确的人，组员认同率高的，如 6 张纸上的内容组员都猜中是谁的，给予鼓励，并请他对大家讲讲自己此时此刻的感受。
总结	辅导员总结本次辅导取得的结果

方案三　真诚助人的辅导

朋辈心理辅导员	×××
辅导时间	××××年××月××日
辅导目的	促进同学之间真诚的帮助
辅导准备	每个人若干张纸条，一个信封，8 人为一小组
辅导过程	(1) 发给每个成员几张纸条、一个信封，信封上写上自己的姓名，然后将自己目前最想得到大家帮助的问题写在纸条上。 (2) 在每张条上写同样的问题并留有足够的空白，最后写上自己的姓名。 (3) 把写好的纸条（问题条）发给每位小组成员，请他们回答。每位拿到纸条的成员要认真思考，怀着真诚助人的心情，以自己独特的方式，把自己对某一问题的真实看法写出来，不用署名，把纸条装进每个人的信封中。 (4) 每个成员取回自己的信封，抽出回条阅读。 (5) 全组集中，每个人谈自己阅读完他人意见后的感想。

续表

总结	辅导员总结本次辅导取得的结果。由于辅导中每个成员都得到多人的帮助,丰富了个人有限的经验,促进了成员之间互相帮助、增进友谊的愿望,提高了交往的能力

第四节 恋爱问题

爱情是人类高尚的精神体验,对于人生而言,只有个体心理的成熟才能够正确客观地理解爱情。爱情不同于人类的其他情感体验,它是个体独特的心灵历程,是双方心与心的沟通与交流,只有真正爱过的人才能体察心灵的互动。恋爱现象在大学校园里已十分普遍,恋爱是大学生性意识发展和完善的重要表现。目前由于大学生对爱情和恋爱的看法各有不同,在恋爱行为上就会出现各种各样的反应,有时会给大学生带来痛苦和烦恼。

面对大学生恋爱问题,通过朋辈心理辅导,可使大学生提高对恋爱心理的认识,使他们学会爱自己,爱他人,进而形成科学的爱情观。

一、问题表现及原因分析

大学生恋爱主要存在以下四方面的心理问题。

(一) 恋爱动机不纯

有些大学生的恋爱动机不是出于爱情本身,而是出于弥补内心的空虚、孤独或随大流的从众心理。这类学生在择偶时很少把恋爱与婚姻结合起来考虑,缺乏责任感。还有极少数的学生为了显示自己的魅力,同时和几位异性同学交往、周旋,搞多角恋爱,甚至和谁都不确定恋爱关系。不道德的多角恋爱易引起纷争、不幸和灾难,也极易发生冲突,酿造悲剧,最终对所有当事人都造成不良后果。

(二) 失恋

所谓失恋是指恋爱受挫失败,失去恋爱对象。失恋引起的主要情绪反应是痛苦和烦恼,大多数失恋者能正确对待和处理好这种恋爱受挫情绪,愉快地走向新生活。然而,也有一些失恋者不能及时排解这种强烈的情绪,导致性格反常,这在大学生中会经常出现,失恋后常常出现一些消极心态,常有如下几种情况。

(1) 失恋者因失恋而绝望暴怒,产生报复心理,造成破坏性的结局。有的大学生从此嫉俗厌世,怀疑一切,看什么都不顺眼,爱发牢骚;有的失恋者玩世不恭，得过且过，追求刺激以发泄心中的不满，这些所折射出来的都是一种扭曲的心理。

（2）失恋者羞愧难当，陷入自卑和迷惘，心灰意冷，走向怯懦封闭。有的人想：连我最爱的人都抛弃了我，这个世界对我还有什么意义？产生绝望念头甚至轻生，成为爱情的殉葬品。

（3）失恋者对抛弃自己的人一往情深，对爱情生活充满了美好的回忆和幻想，自欺欺人，否认失恋的存在，从而陷入单相思的泥潭。也有人会出现一个特殊的感情矛盾——既爱又恨，不能自拔，陷入难以调和的心理矛盾之中。

（三）恋爱中出现感情纠葛

大学生中的三角恋爱也是较突出的恋爱问题，这种问题的表现是感情不专一，不排他，脚踏两只船。这种现象的存在，不仅造成人际关系的混乱，也给当事人带来极大的痛苦。例如，某大学女生，一边是相恋多年的大学师兄，一边是成熟有魅力的白领男友，女大学生身陷三角恋酿出悲剧，两个男人为她发生械斗，导致一方被匕首重伤。事后，这位女大学生后悔不已，始终重复着同一句话："都怨我，是我惹的祸。"可见三角恋爱危害之大。

（四）单相思

"单相思即单恋，是指一方对另一方的以一厢情愿的倾慕与热爱为特点的畸形爱情。"[①] 单恋多是一场感情误会，是因受对方言谈举止的迷惑，或自身的各种主观体验的影响而错误地主动涉足爱河，或因自以为某个异性对自己有意而产生的爱意绵绵的主观感受。单相思有两种情况：一种是毫无理由的单相思，对方毫无表示，甚至对方还不认识自己，而自己执著地爱对方，追求对方，这种恋爱，是纯粹单方向的；另一种是自认为有"理由"的单相思，错误地认为对方对自己有情。

单相思大多出现在性格内向、富于幻想、敏感、自卑感强的同学身上。首先是自己爱上了对方，于是也希望得到对方的爱，在这种具有弥散心理的作用下，就会把对方的亲切和蔼、热情大方当做是爱的表示并坚信不已，从而陷入单恋的深渊不能自拔。单恋者更多体验到情感的压抑，因为他们无法正常地向自己所钟爱的异性倾诉柔情，更不能感受到对方温馨的爱意。

二、解决方式和应对策略

朋辈心理辅导对于大学生恋爱问题的解决有很大的帮助，在辅导中，朋辈

---

① "心理阳光工程"组委会. 2004. 大学生新生心理健康教育读本. 华龄出版社：105，106

心理辅导员可以在了解大学生恋爱问题的基础上采取个别谈话、心理剧、小组辅导等方式，帮助同学自己解决问题。

（一）引导学生追求相互促进、志同道合的爱情

我们通过讨论认识到，恋人选择的最重要条件应该是互相促进、志同道合，思想品德、事业理想和生活情趣等大体一致，应该是理想、道德、义务、事业和性爱的有机结合。在朋辈心理辅导中，通过多次团体辅导，可以提高同学对爱情的认识。

（二）引导学生摆正爱情与学业、事业的关系

通过辩论可以明确，大学生应该把学业、自身发展放在首位，摆正爱情与学业、事业的关系，不能把宝贵的时间都用于谈情说爱而放松了学习，因为学业是大学生价值观的主要支柱。当爱情成为一个人唯一的存在价值时，他本人就会失去人格的独立和魅力，也很容易失去被爱的理由。在大学期间，应以学习为重，不要沉溺于爱河之中。

（三）辅导学生增强恋爱挫折承受能力

单相思、失恋等恋爱心理挫折对大学生的心理承受能力是一种考验。如果承受能力较强，就能较好地应对挫折，否则就有可能造成不良后果。因此，提高恋爱挫折承受能力对大学生的心理健康是非常重要的。

朋辈心理辅导员可以通过引导和行为训练，使同学的情绪得到适当的调节、宣泄和转移，来减轻痛苦。一个人能够理智地从失恋中解脱出来，往往会使自己变得成熟起来。大学生朋辈心理辅导员要在辅导中想方设法地帮助因失恋而痛苦缠身的同学，使他们学会自我拯救、自我调整。

失恋大学生精神遭受打击，被悔恨、惆怅、愤怒、失望、孤独等不良情绪困扰，可以主动找朋友倾诉，释放心理压力；可以用口头语言，把自己的烦恼和苦闷向知心朋友毫无保留地倾诉出来，并听听他们的劝慰和评说，这样心理会平静一些；也可以用书面文字，如写日记或书信把自己的苦闷记录下来，或给自己看，或寄给朋友看，这样便能释放自己的苦恼，并寻得心理安慰和寄托。

朋辈心理辅导员通过谈话进行疏导，辩证地看待所遇到的失恋等恋爱挫折问题。如爱情是以互爱为前提的，不可因一厢情愿而强求，应该尊重对方选择爱人的权利；也可以进行反向思维，多想对方的不足点，分析自己的优势，鼓足勇气，迎接新的生活；还可以这样设想，失恋固然是失去了一次机会，然而却让你进入了另一个充满更多机会的新世界。

及时适当地把情感转移到失恋对象以外的他人、事或物上，发展密切的朋友关系，交流思想，倾吐苦闷，陶冶性情；投身到大自然的博大胸怀中，从而得到抚慰。当然加强自己与其他异性的交往，也不失为一个合适的途径。朋辈

心理辅导员要积极为他们创造移情的环境。

（四）指导学生健康的恋爱行为

恋爱言谈要文雅，讲究语言美。交谈中要诚恳坦率自然，不要为了显示自己而装腔作势，矫揉造作；不能出言不逊，污言秽语，举止粗鲁。恋爱过程中要平等相待，相敬如宾，不要拿自身的优点去比较对方的不足，以此炫耀抬高自己，戏弄贬低对方；也不宜想方设法考验对方或摆架子，这些都可能挫伤对方的自尊心，影响双方的感情。

指导同学在恋爱中反馈自己的行为，对不当的行为要进行控制。不在公共场合做亲昵行为，避免粗俗化。粗俗的亲昵动作有损于爱情的纯洁与尊严，有损于大学生的形象，同时对旁人也是一种不良的心理刺激。这个时期一定要注意行为举止的检点，善于控制感情，理智行事。恋爱中引起的性冲动，一方面要注意克制和调节，另一方面要注意转移和升华，参加各种文娱活动，与恋人多谈谈学习和工作，把恋爱行为限制在社会规范内，不致越轨，使爱情沿着健康的道路发展。

（五）指导学生学会爱

在朋辈心理辅导中可以根据实际情况，为同学提供涉及爱情题材的优秀影视片，提供榜样以引导同学学习模仿，使同学学会如何接受爱，如何拒绝爱，如何发展爱。

一个人面对别人的施爱，能及时准确地做出判断，并做出接受、谢绝或再观察的选择，这是一种爱的能力。缺乏这种能力的人，或是匆忙行事，或是无从把握。大学生要具有接受爱的能力，就应懂得爱是什么；有健康的恋爱价值观，就应主动关心他人，热爱他人。当别人向你表达爱时，能及时准确地对爱的信息作出判断，坦然地作出选择，能承受求爱被拒绝或拒绝他人向自己求爱所引起的心理扰乱。

对自己不愿或不值得接受的爱应有勇气加以拒绝，"拒绝爱要注意两个方面：一是在并不希望得到的爱情到来时，要果断，勇敢地说'不'；二是要掌握恰当的拒绝方式，虽然每个人都有拒绝爱的权力，但是珍重每一份真挚的感情是对他人的尊重，也是一种自珍，同时是对一个人道德情操的检验"[①]。培养发展爱的能力中的"爱"可以是更广泛意义上的爱，我们的亲人、同学、朋友、社会上其他人，都值得我们去热爱。发展爱的能力，就是要培养无私的品格和奉献精神，培养善于处理矛盾的能力，有效地化解消除恋爱和家庭生活中的矛盾纠纷，对恋人负责，对社会负责，才能创造出幸福美满的婚姻。

在朋辈心理辅导中，通过团体辅导形式，对同学进行辅导是比较常用的技

---

① 格劳秀斯. 2008-12-8. 大学生应当如何树立正确的恋爱观. http://qzone.qq.com/blog/

术，下面列举一份辅导方案供我们学习参考。

恋爱心理辅导方案[①]

主题	目的	活动设计
年轻的朋友来相会	1. 相识 2. 分组，给小组取名，制定团体活动公约 3. 增加小组的责任感和信任感	(1) 相识：分组，自我介绍（内容包括姓名、班级、爱好、参加团体的目的）。 (2) 名字识记：识记小组成员姓名，并根据本组成员特点给小组取名。 (3) 小组盟约：制定活动公约。 (4) 问与答：让每位成员轮流当记者，对其他成员就自己感兴趣的话题进行采访，然后把采访结果告诉大家。 (5) 信任之旅：两人一组，一人当"盲人"，另一人当带路人；交换角色分别进行体验；然后大家分别谈体会，以增强信任感和责任感。
彼此两相知	1. 认识自己，了解异性，学会彼此尊重 2. 了解两性在生理、心理、情绪、行为方式上的区别	(1) 知识竞赛：以小组为单位，对有关知识展开竞赛（发现成员的知识漏洞，及时予以讲解，使成员掌握科学、正确的知识）。 (2) 猜测：男女分组，用兴趣牌的方式，猜测异性在一些特定情境中会有哪些情绪表现、心理体验和行为方式，了解两性的区别。 (3) 填词：男女分组，分别在表示男女的图框内，填上自己心目中异性的优秀品质，使大家了解异性所欣赏的优秀品质，为提升自己提供参照。 (4) 小组讨论："水手与姑娘"，按照题目要求每个人排出自己对故事中的5个人物好感的顺序和理由，并进行讨论，以了解男生和女生想法的不同，了解自己和他人想法的区别，促进成员深入思考，澄清自己的价值观。
爱的教育	1. 了解爱的真谛，明确爱的责任 2. 澄清自己的爱情观 3. 思考自己的择偶标准	(1) 脑力激荡：什么是爱情？将大家提到的所有内容都记录在黑板上，然后逐一分析，引导成员得出正确看法。 (2) 个案分析："莫让浪漫的面纱蒙上你的双眼"，理解爱情包括3个方面的成分，即性欲成分、情感成分和认知成分。 (3) 拍卖游戏：对择偶条件进行投标，中标者要介绍自己为什么如此看重这一点，其他成员可提出自己不同看法，促使成员对择偶标准进行思考。 (4) 故事：讲述一个年轻小伙子与一个截瘫姑娘的爱情故事，以使成员理解爱的真谛。
羞答答的玫瑰静悄悄地开	1. 了解大学生恋爱的利与弊，摆正爱情的位置 2. 学习爱情的表达与拒绝 3. 学会调整失恋的挫折情绪	(1) 脑力激荡：说出大学生恋爱的优点和缺点，然后逐一分析，使成员明白大学期间恋爱的利与弊，以及恋爱在人生中的位置、爱情与学业、爱情与事业的关系，并知道如何作出抉择，如何趋利避害。 (2) 角色扮演：如何拒绝爱与如何表达爱。①你和晓刚谈恋爱半年后，发现晓刚脾气不好，打算与他分手，但他不同意，并以武力威胁，你如何处理？②你与晓玲相处1年了，但你认为你们两人不合适，想与她分手，晓玲却坚决不肯，并以死相要挟，你该怎么办？③你与小秀同学3年，一直暗恋她，令你寝食不安，你该怎样办？当你的邀请被拒绝时，你又该怎么办？ (3) 讨论：如何摆脱失恋的痛苦？不做恋人可以做兄妹？如果恋爱中遇到一个条件更好的异性向你表白，你如何处理？当你发现你的恋人背着你又与其他人恋爱时，你该怎么办？

---

① 佚名. 2008-6-2. xsc.gdut.edu.cn/jxcg/ZCCL/LLYJ/Articles/

续表

主题	目的	活动设计
提前发生的故事	1. 明确恋爱中的不文明行为 2. 了解婚前性行为的危害 3. 掌握作决定的方式，避免婚前性行为 4. 对自己行为负责：了解避孕和紧急避孕措施	(1) 讨论：你对校园内不文明的恋爱行为有什么看法。 (2) 辩论：对婚前性行为的看法。让大家自己选择，赞同者站一边，反对者站另一边，中立者站中间，各方谈自己的观点，进行思想交锋，使大家了解婚前性行为可能带来的危害。 (3) 小组讨论：如何看待木子美现象，以引导成员确立健康道德的性意识。 (4) 资料：保护你的金子，以说明现代人要有积极的自我意识，这也是成熟自信的表现。 (5) 拒绝婚前性行为的方法，例如，共同推断后，延迟决定；找借口，用建议替代；转移话题，转换环境如离开幽静的地方，等等。 (6) 讲解：受孕过程、避孕方法、紧急避孕措施。
迈向明天	整理团体活动中的收获并帮助成员将其所得迁移到今后的生活中去	(1) 演讲：20年后再相逢。小组成员逐一畅想自己这20年虚构的经历，把个人注意指向未来。 (2) 真情留言：每个人都在他人的纸上写下赞美和祝福。 (3) 放飞心情：每人将自己对未来的美好憧憬写在纸上，叠成飞机，扔向空中，然后再共同分享。 (4) 课后作业：对参加团体辅导的感受、评价和建议。

第五节　网络成瘾问题

大学生成瘾行为中最为突出的是网络成瘾问题，这一问题是由于网络科技的发展和教育管理的滞后造成的。网络成瘾是一种网络技术下的不良心理和行为问题，是一种因为习惯而导致的过度使用互联网的行为，并造成心理上的不良反应。其主要表现为上网已经占据了大学生的身心，只有不断增加上网的时间和投入程度才能感到满足，从而使得上网的时间比预定时间长；无法控制上网的冲动；因为迷恋上网而面临失学、失业或失去朋友的危险；因为长时间迷恋上网导致睡眠节律紊乱、食欲不振、倦怠、颤抖、视力减退、头痛、头晕等躯体症状，等等。

对于网络成瘾问题，朋辈心理辅导员要充分利用大学生心理健康协会调查网络成瘾行为的影响因素，有针对性地采取辅导措施，帮助网络成瘾同学消除成瘾行为。

一、问题表现及原因分析

（一）大学生网络成瘾问题的表现

大学生上网的目的主要有上网聊天交友、玩网络游戏、网上收集信息等，由于处理不当，会对上网产生心理上的依赖，其主要表现为以下几种形式。

1. 网络游戏成瘾

网络娱乐成瘾包括网络游戏成瘾、网络电影成瘾、网络歌曲成瘾等，其中最为典型的是网络游戏成瘾。网络游戏是借助于数字、电子、网络、创意、编剧、美工、音乐等"先进"的道具，对现实生活的虚拟。有关调查显示，到2005年12月31日，我国上网用户总数突破1亿，其中大专和本科文化程度的网民占50.7%，有33.2%的网民是"网络游戏"用户。大学生上网目的的调查表明，网络游戏已经成为大学生上网的首选目的。在调查中发现，40%以上的大学生对网络游戏达到痴迷程度。

2. 网络聊天成瘾

网络聊天成瘾是指大学生着迷于网络聊天，且为了消除下网后的烦躁不安而不断延长上网时间，由此获得满足感，致使学习、人际关系甚至就业受到影响。网上聊天交友是大学生上网的主要目的之一，一些大学生对网络聊天深陷其中不能自拔。我国一些省市对上网大学生目的的调查显示，网络聊天占上网大学生的40%以上。一份来自大学生"网民"的调查报告显示，网友个数为5～10个的大学生比率高达66%。

3. 网络色情成瘾

网络色情成瘾是沉迷于成人话题的聊天室和网络色情文学。由于互联网的易介入性和直观性，网络色情的获取轻而易举。无论是有关聊天的网站，还是成人电影的收费网站都可以看到有关色情的话题和图片。"一项有关机关公布的调查显示，上网的大学生中有80%以上访问过色情网站，经常光顾的占12%。网络已经成为大学生的第一色情信息源。大学生一旦沉溺其中，便难以自拔。"①

4. 其他表现

在上网大学生中，有相当一部分热衷于电脑程序的制作，自建和发布个人网页。有的大学生不可抑制地参与网上讨论，在BBS上发表文章等，还想通过网络使自己一夜之间成为百万富翁。还有网络信息收集成瘾，因惧怕所拥有的信息不够而不停地上网漫游或搜寻信息，网络信息收集成瘾的症状主要表现在总是不能自抑地在网上搜索或下载过多对现实生活没有多大用处的资料等。网络信息成瘾的特征主要有：难以自拔的上网渴望和冲动；上网后难以脱离网络；有网络使用时，精神较为亢奋。

（二）大学生网络成瘾的原因

造成网络成瘾的原因很多，主要有以下四方面因素。

---

① 谭毅将.2008-10-29.大学生网络成瘾问题：现状、影响、原因及对策. http://idu.com/nihi.bakony/blog/item/b5dbf31ad417fdfdaf513359.html

1. 大学生自身因素

（1）缺乏自控能力。网络上光怪陆离且层出不穷的新游戏、新技术等对大学生具有很强的诱惑力，大学生由于好奇心的驱使，抱着试一试的心理参与其中，结果一发不可收拾。

（2）补偿心态。刚从紧张的高考走出来的大学生特别容易产生松懈的心理，认为应该把玩耍的时间补回来，从而把大量的时间用在网络上。

（3）逃避紧张生活。现在大学生的压力很大，包括学业的压力、经济上的压力、毕业就业的压力等。一方面，网络能够帮助大学生快速完成必须完成的课程作业；另一方面，许多大学生通过上网与网友交流，以此来掩盖他们难以排遣的恐惧、焦虑和沮丧的情绪，用上网来缓解紧张的情绪，逃避学习生活。

（4）身心疲惫导致网络成瘾。大学生每当对现实世界感到疲惫和无法面对的时候，经常选择网游，以寻求精神上的安慰和刺激。越是逃避现实，精神对虚拟刺激的依赖就越大，离现实就越远，也就越加不愿意面对现实，于是造成上网成瘾。

（5）好奇心和性心理。由于大学生性心理的发展，性科学教育明显滞后，使学生的好奇心无法得到满足，致使上网搜索有关性方面的信息。而色情网站又乘虚而入，对学生身心健康造成不良影响，甚至造成伤害。

2. 社会因素

（1）社会对网络的管理不到位。社会关于网络管理的法律法规不健全，执法不严格，对上网的时间没有作出相应的限制规定，对网络游戏的内容也没有加以限制，加之大学生对上网时间不加节制，全身心地投入其中，包宿上网时有发生。网络营业者只顾追求利益，间接诱导大学生上网。有的网络营业者为了追求利润而为大学生在网吧里提供食宿，使其得以在网吧里通宵达旦地玩网络游戏，而忘记了其他活动。

（2）社会文化的变化。伴随网络而来的网络文化具有娱乐性和通俗性等特征。调查发现，成瘾与非成瘾者上网目的的差别主要在于网络的娱乐性与网络信息的感观刺激，成瘾者进入游戏网站和成人网站多于非成瘾者。在现代的中国社会，传统文化已经不能满足大学生的强烈渴求，西方国家一些低俗文化的侵入，致使大学生极易沉溺于网络世界。

3. 学校方面的因素

高校对校园网络的管理存在薄弱环节，一般的大学对学生个人电脑的使用时间都没有限制，有的大学生因为沉溺网络游戏而通宵上网。另外，教学管理方面力度不大，无课时间多的时候，学生觉得无事可做，便到网吧上网。

4. 其他因素

网络自身具有强烈的吸引力，华丽的画面以及精彩的情节等对大学生产生了极大的吸引力。网络中的一些东西既满足了大学生的好奇心理，又对大学生有强化激励作用，使大学生在网络世界中乐此不疲，加上家长无力遥控学生的花销，致使学生将学费、生活费用于上网，促使学生形成网瘾。

二、解决方式和应对策略

面对大学生网络成瘾行为，首先，各方力量要齐抓共管。社会方面，要加强网络管理，重视网络立法，加强执法力度；加强对网络市场的监管，严格规范各网络营业机构，对高校附近的网吧要作数量的规定，禁止高校附近网吧泛滥现象出现，而且要坚决取缔那些违反规定在学校附近开设的网吧；加强对网络健康教育的宣传，社会各界应一起努力做好网络安全教育的宣传工作；构建和谐的网络环境，严厉打击网络世界中的垃圾文化，清扫网络世界里的网络黄毒。家庭方面，要加强和学校的沟通，时常了解孩子在校的情况，父母要加强与子女的心理沟通。学校方面，加强高校网络环境建设与管理，筑建高校网络文化阵地。其次，高校的教育工作者应从大学生心理方面出发，分析大学生的上网心态，通过心理咨询室或心理信箱的方式给大学生以真诚的帮助和引导，解决大学生在网络面前的困惑。此外，积极培养高校网络教育管理队伍，大力发挥朋辈心理辅导在矫治网络成瘾中的作用。

（一）组织"上网利与弊"的辩论赛，对文明上网行为形成正确认识

充分利用大学生心理健康协会，组织学生开展辩论会，如组织"上网利与弊"的辩论赛，对文明上网行为形成正确的认识。大学生应该明确自己来到大学的目的所在，树立正确的人生观和价值观，认识自己的人生取向，把握好现实生活中的自己，把上网当做大学生成长成才的好帮手。

（二）建立朋辈上网行为契约，加强自我管理

大学生只有不断地加强自我管理，提高自我约束能力，才能有效地控制自己的网上行为，不为网络不良信息所干扰。同学之间朋友之间建立互相约束、互相监督控制的契约关系，对自己上网的时间和上网做什么有一个明确的了解。在上网时间上要自我约束，特别是夜间上网时间不宜过长，同时极力克服上网时间长、沉溺于网络游戏、热衷翻阅网络色情信息等不良习惯，对违背正常上网约定的行为予以惩罚。

（三）同学之间开展网络学习成果评比活动

朋辈心理辅导员引导同学围绕大学的学业生活和未来的就业，开展健康的网络学习与制作评比活动，奖励学习与制作成绩优秀者，促进学生按学习目标和发展目标取得上网成果，使同学有效地利用上网时间，获取有意义、有价值

的网络信息。

(四) 引导同学开展联谊活动,过校园集体生活

大学生在生活中面临着很多困难,如就业的压力、学习的压力、情感的变动等,面对困难有些大学生的心理产生焦虑、孤独、忧伤等情绪。他们对生活失去信心,一心想逃避现实生活中的挫折,于是就把自己闭锁在虚拟的世界里。朋辈心理辅导员引导同学开展联谊活动,过校园集体生活,可以使学生感受到集体大家庭的温暖,这一点,在当前是非常重要的。同学要在交往中鼓励每一个同伴,勇敢面对生活,战胜自我,例如,可以通过团体辅导形式依照下列方案进行训练。

网络成瘾问题辅导的方案

主题	目的	活动设计
学会控制	1. 认识网瘾的危害 2. 学会控制上网行为	(1) 相识:分组,自我介绍(内容包括姓名、班级、爱好、参加团体的目的)。 (2) 讨论危害:小组成员分别介绍自己上网成瘾给自己、家人等带来的危害。 (3) 小组盟约:制定上网行为控制契约,朋辈心理辅导员与成员双方签字。 (4) 控制行为的训练:朋辈心理辅导员进行示范,让每位成员进行模仿,成员独立练习。 (5) 小组成员之间交流学习控制行为方法的体会。 (6) 朋辈心理辅导员总结。 (7) 布置作业:小组成员之间相互监督和检查行为契约执行情况,与朋辈心理辅导员合作,实行奖惩制度。

思考与练习

1. 大学新生如何尽快适应校园生活?
2. 大学生遇到学习上的困难怎么办?
3. 大学生如何提高自己的社会交往能力?
4. 大学生如何解决恋爱过程中的心理困扰?
5. 大学生网络成瘾有哪些表现?如何戒除网瘾?

第九章
心理危机的朋辈心理干预

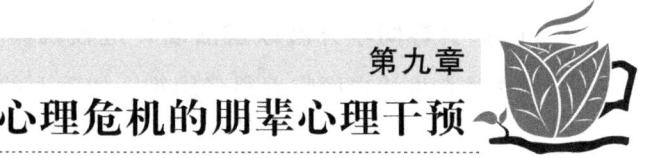

人在一生中总会经历各种各样的事情，小到丢失物品、考试挂科，大到失恋、失去亲人朋友，也许还会遭遇像地震、雪灾这种来自大自然的灾害，这些大大小小的事件都会给我们的身心带来不同程度的影响。个体自身素质的差异使同一事件对每个人的影响有所不同，有的人反应强烈，有的人反应却很轻微。这些反应过度强烈的同学如果能够得到及时的干预，则事件本身不仅不会给他们的学习和生活带来严重的困扰，而且还会是其成长的重要契机；反之，则会严重影响其正常学习和生活，形成永久性的心理创伤，有人甚至还会产生自杀或攻击他人的行为。因此，协助学校相关部门及时发现存在心理危机的同学并采取有效的干预措施，也是朋辈心理辅导员的一项重要工作。本章主要介绍与朋辈心理辅导员工作相关的危机干预的基本理论及操作方法，帮助朋辈心理辅导员在日常工作中更好地为同学服务。

第一节　心理危机与危机干预

一、心理危机概述

（一）什么是心理危机

案例：

一天下午，心理咨询中心的老师接待了一名由辅导员陪同而来的即将毕业的大四女生。原来，该女生在大二的时候与一大三的男生相恋，两人感情一直很好。第二年的夏天，男友毕业并顺利地到深圳某公司发展。同年，男友还邀其去深圳，两人一同度过了快乐的"十一"黄金周。谁知，从深圳回来才一个多月，女生便发现她的男友移情别恋了，她怎么也接受不了这个事

> 实，无论如何也想不通男友为何在如此短的时间里离开自己，继而一种被羞辱和欺骗的感觉笼罩着她。该女生失眠、厌食、愤怒、委屈，整天精神恍惚，以泪洗面，对任何事情都失去了兴趣，甚至想到了轻生。

这是在大学校园里经常发生的危机事件，女大学生在得知男友移情别恋后出现的这种反应，就属于心理危机。

心理危机（mental crisis）是指"个体或群体运用惯常的应对方式无法处理目前所面临的困境时的一种心理失衡状态"[1]。换句话说，它是指个体运用以往的应对方式已无法解决所面临的突发性的或重大生活事件时出现的一种暂时性的心理失衡状态。通常只有符合下列三个条件的才是心理危机：①有诱发事件，即影响人心理变化的重大事件的存在；②重大事件的发生引起人的躯体、情绪、认知和行为等方面的改变，如出现恐惧、悲伤、愤怒、心慌、手脚冰凉等心理和生理变化，但这些变化又不符合任何精神疾病的诊断标准；③当事人用平时的应对方法无效，因而产生无助、无力和绝望感等。

可见，只要当事人遇到突发事件或非常境遇且意识到运用以往的资源和应对机制无法应对当前的困境或应对无效时，就可能产生心理危机。从这个意义上讲，我们每个人在心理危机面前都不具备天然的免疫力。

（二）心理危机的特征

人在一生中总会经历许多事件，但这些事件不一定都会给当事人造成心理危机，只有当人们面对困境出现心理失衡时，才是心理危机，但它与我们通常所说的心理问题还不完全一样。心理问题是指个体或群体心理上出现的不良情绪和消极心理，如焦虑、恐惧、人格障碍、变态心理等，体现的是个体心理不健康的程度；而心理危机强调的是个体心理所处的高度紧张、失衡的状态，体现的是个体无法应对危机情境下的心理失衡的程度。尽管二者有区别，但它们之间又有联系，即心理问题可以是心理危机产生的诱因之一，也可以是心理危机出现后的产物。

心理危机亦不等同于灾难，灾难是指"天灾、人祸造成的严重损害和痛苦"[2]，它所强调的是事件带来的后果；而危机既能给人带来威胁和痛苦，也能成为当事人成长的机遇。若危机事件十分严重，或者当事人因采用不恰当的方法应对而未能使问题得到解决，则会引起当事人焦虑、悲伤、愤懑等不良情绪，导致其心理社会功能的下降，甚至出现自杀行为或他杀，致使当事人或其他人的人身安全受到威胁；若当事人能成功地控制危机情境，或者能够得到及时有

---

[1] 陈蕾．2007．大学生心理危机预防性干预的探索．文教论坛，（4）
[2] 现代汉语字典．北京：商务印书馆：1565

效的干预和帮助，则他不但能重新恢复心理平衡，学会新的应对技能，而且还能使其心理得到发展，此时的心理危机便成为其人生发展的机遇。

那么，心理危机具有哪些特征呢？

（1）心理危机是一种失衡的心理状态，即在一定时间内，当人们面临困境时，使用常规的方法不能解决所遇到的问题时产生的一种心理状态。比如，在前面提到的案例中，女生没有想到男友会移情别恋，其与男友继续相恋的目标被迫中止，而她本人又无法改变这一事实，因而出现心理失衡。

（2）心理危机不是疾病和病理过程，而是人生的一种经历。就像上面案例中提到的失恋女生，对她来说失恋是其人生的一段经历，她因失恋而出现的这种心理、生理的变化恰是表明她正在努力用各种方法保持内心的安宁和自身与环境间的平衡，而非疾病的状态。

（3）心理危机引发的个体心理、行为的改变不符合任何精神障碍的诊断标准，不属于精神疾病。心理危机的发生虽然使个体出现了情绪、认知和行为等方面的变化，出现情绪不稳定、认知能力下降和行为方式的改变，但这些不能作为精神疾病的诊断依据。

（4）引发心理危机的应激事件是突如其来的或是在人生中必然面对的威胁性生活事件。它既可以是来自外界的，如自然灾害；也可能源自自身，如罹患重病；也可能是突发性的灾难，如车祸；还可能是一系列生活事件的累积，如不良的人际关系等。

（5）心理危机的发生及其严重程度与当事人对事件的认识及应对能力、既往经历和个性等方面的因素有关，与事件的大小、严重程度没有绝对的关系。所以，面对同样的事件，对不同人的影响不同，其严重程度及能否产生心理危机也因人而异。

（6）心理危机具有自限性。急性期通常在1～6周，时间的长短取决于当事人自身的经历及个性特征等因素。

（7）心理危机的成功解决是一个人成长的重要契机。虽然心理危机给当事人的生活带来影响，但是，如果个体能从克服危机中学到更好地处理危机的应对策略和手段，能对过去的冲突重新认识，则心理危机便会成为个体成长的重要机遇。

个体一旦产生了心理危机，由于处理方式不同，其结果也会不同：①当事人不仅顺利渡过危机，而且从中学会了处理危机的方法与策略，使心理健康水平得到了提高；②虽然当事人渡过了危机，但留下了心理创伤，对今后的社会适应产生不良影响；③当事人经不住事件带来的强烈刺激，出现自伤、自毁或伤害他人的行为；④当事人未能渡过危机而出现严重的心理障碍。

在人生的不同阶段，我们随时都有可能经历各种各样的危机事件，因此，学会正确面对和克服危机应是大学生的必修课和生存的基本技能之一。作为朋辈心理辅导员，我们对危机的认识和态度是否正确，将直接影响到危机干预工作能否顺利开展。

二、危机干预概述

（一）什么是危机干预

案例：

> 一名家住农村的被录取到计算机系的大学新生，因为不适应大学生活，在不到2周的时间里两次自杀。原来，该生从小性格内向，胆小、腼腆，不敢与人交往，独立生活能力欠缺，上大学是第一次远离家人。入学后，曾因找不到教室和寝室这样的小事而成为同学们的笑谈。因为家境贫寒，他上大学之前从没见过计算机，更别说上机操作了。在新环境中，没有亲人，没有朋友，每天在紧张、焦虑、不安中度过，失眠、饮食无味，他感到度日如年，于是选择了自杀。幸亏被同学发现，及时送到医院抢救。该生经过心理干预，重新建立起对大学生活的信心，并在老师和同学的帮助与支持下，顺利地渡过了难关。后来，该生适应良好，现已顺利考取了本校的研究生。

这是一个在成长中遭遇危机后得到及时有效干预的成功个案。同学们及早发现并果断地将其送医院抢救，心理老师的心理辅导，学院领导、辅导员和老师的关心与帮助，这些都是个案干预成功的重要因素。

危机干预概念最早是在第一次世界大战中由军队精神病临床专家提出来的，经过几十年的实践和发展，危机干预已成为一种在简单的心理治疗基础上发展起来的特殊心理技术。现在，危机干预已成为社区和大学生心理卫生保健的重要部分，在处理危机和预防心理疾病方面发挥着巨大的作用。

关于危机干预概念的描述，综合各家的看法，学者们比较认同的解释是：危机干预（crisis intervention）是指干预者对处于心理危机状态的个人或人群，运用个人、社会和环境资源提供关怀和支持的一种短期帮助方式，这种方式能使危机者的症状得到缓解和消失，心理恢复平衡。

虽然危机干预是在简单的心理治疗基础上发展起来的一项特殊的心理技术，但它不同于一般的心理咨询和治疗，是一种特殊的心理咨询服务，一种在紧急情况下的短程心理治疗。它只是在短时间内为当事人提供关怀与支持，帮助当事人渡过难关，它以解决问题为目的，不求根治，因此，危机干预不涉及对当事人的人格矫治。与通常的心理咨询和治疗相比，危机干预具有帮助的及时性、迅速性等突出特点。需要注意的是，以上所讲的危机干预的概念是从狭义的角度理解的，而广义的危机干预不仅包括危机发生后的干预，即治疗性和补救性的干预，还应包括危机发生前的预防性干预。对朋辈心理辅导员而言，我们的注意力应更多地放在预防性干预上，在日常生活中为身处危机中的同学提供帮助与支持。

（二）危机干预的目的

危机干预最主要的目的有两个，即通过对处于危机状态下的个体采取有效措施：一是帮助危机当事人减轻心理压力，阻断危机进一步发展的可能或预防新的危机的出现，如自伤或伤害他人；二是恢复危机当事人的心理平衡与动力。对高校而言，危机干预不仅是保证大学生身心健康的一个重要举措，而且是一项关系到学生能否健康成长、学校能否稳定发展、家庭和社会能否和谐安定的重要工作。所以，高校心理危机干预的目的除了上述提到的两点之外，还包括构建大学生心理危机预警及干预工作体系，及时发现和有效控制学生中可能出现的心理危机，以降低心理危机的发生率。除此之外，还要通过宣传教育，提升学生的心理健康水平，从而实现促进大学生健康成长、全面发展的高校育人目标。

（三）危机干预的基本原则

危机干预是一项专业性要求很高的工作，在实施危机干预中，要遵循以下原则。

1. 生命第一的原则

此原则即把保证当事人的生命安全放在首要位置，这是"以人为本"的理念在危机干预中的具体体现。研究表明，一个人自杀，其身边至少有6个人的生活受到严重影响。而大学生一旦出现自杀情况，自己可能失去生命；对于一个家庭来说就是一场巨大的灾难；对于他周围的人来说，就会产生强烈的不良刺激；对于社会来说，则会造成极大的损失和严重的影响。所以，保证危机当事人的生命安全是危机干预中的首要原则。

2. 及时性原则

此原则即危机干预工作应在危机事件发生后的数小时、数天之内进行。因为当事人在经历或目睹重大突发事件后，常规的解决问题的手段无法应对当前的困难，当他以往所能承受的极限被突破时，便会陷入紧张、绝望、恐慌、焦虑等情绪状态中，从而使当事人失去生活的方向及对生活的自主和控制能力，最终导致心理崩溃。所以，危机事件发生后应及早进行干预。

3. 发展性原则

此原则即危机干预不仅要保证当事人平稳地渡过危机，而且还要全面提高当事人对未来的信心和能力。通过危机干预，能够使当事人从绝望中看到希望，从危机中看到生机,激活和提高当事人的生命力量,使当事人变得坚强和自信,促进当事人的健康成长与发展。

4. 分工协作的原则

此原则指在高校实施心理危机干预,仅靠一个部门、几个人是远远不够的,相关部门要协调配合,履行职责,积极主动地开展工作,以减少危机给当事人带来的伤害,提高干预的效果。

学生朋辈心理辅导员是高校危机干预队伍中的一支重要力量,在工作中我们要始终把握这几个原则。同时,要认真学习、了解并掌握这方面的知识,如学校的危机干预的组织机构、联系方式等,以便在危机事件发生后,能在最短的时间内将所了解的信息向相关部门报告,能尽快地协助相关部门开展工作。

第二节 大学生心理危机的干预

大学阶段正是一个人一生中生理、心理变化最剧烈的时期,一方面,大学生需要解决所面临的恋爱、就业、走向社会和人生发展设计等诸多重大问题;另一方面,大学生的身心发展还不够成熟,正处于从少年心理向成人心理过渡的关键期,世界观、人生观和价值观尚不稳定,看问题容易形成偏差,解决问题的能力也很有限。因此,当大学生面临复杂的人生课题时,这种不稳定的心理状态和应对问题能力的欠缺,使得他们极易受到外界的影响和干扰,从而产生心理危机。

一、大学生心理危机的特点

朋辈心理辅导员要在危机干预工作中更好地发挥作用,首先必须了解大学生心理危机的特点,这对大学生心理危机的预防、发现和及时干预是极其必要的。大学生心理危机的特点主要体现在以下几方面。

1. 突发性

大学生经历的危机事件,常常是突如其来的、毫无准备的和无法控制的。比如,经历了生活中亲人、同学和好友的突然离去或遭遇严重的自然灾害等突发性事件使原来正常的学习和生活秩序猛然遭到破坏,这种突然的改变,让人猝不及防,容易引发大学生的心理危机。

2. 无助性

由于缺乏应对问题的能力,所以,当危机事件降临时,大学生的人生发展目标受到威胁和破坏。由于先前的应对方式无法应对眼前的危机,加之社会支持系统不完善，大学生会感到无助和绝望。

3. 危险性

危机事件发生后，大学生原有的平衡状态被打破，由于心理承受能力较差，加上个性因素，有些同学就会出现意识狭窄、思维不清、情感紊乱等情况，无原则地放大自己所面临的问题，容易钻进牛角尖，继而做出极端和偏激的行为，如自杀、他杀行为，因而具有很高的危险性。

4. 传染性

危机事件发生后，当事人采取的极端行为不仅给本人带来生命危险，而且可能成为其他处于相同困境学生的样板。在他的影响下，会有一些学生仿效其行为，从而在学生中出现新的危机，使校园陷于恐慌之中。如偶像自杀后，会引发"粉丝"们的仿效行为。

5. 潜在性

大学生的心理危机多数是负性情绪蓄积已久，后因应激事件引发了心理危机。例如，马加爵事件，由于马加爵的不良情绪长期没有得到合理的疏导，最终因一件小事导致其心理危机的爆发。

6. 易觉察

相对于社会中的其他群体，大学生的心理危机具有容易被觉察和发现的特点。这是由于大学生大部分时间是在教室、宿舍、食堂、运动场、图书馆等场所活动，接触的对象主要是同学、老师，心理危机一旦发生，容易被识别出来。

二、大学生心理危机的分类

大学生的心理危机涉及大学生活的方方面面，表现形式也多种多样，但通常可以把它们归为发展性危机、境遇性危机、存在性危机三类。

1. 发展性危机

发展性危机指大学生在成长和发展过程中，面对急剧的变化或转变所形成的异常反应，如升学、就业、结婚等都有可能导致发展性危机。一般而言，在人生发展阶段所遇到的危机，无需专业的干预就能顺利渡过。而一些缺乏适应能力的人群，或是在当事人成长的关键时期，如果危机事件已远远超出当事人的应对能力，则需要进行干预。

2. 境遇性危机

境遇性危机是指在生活中出现的由于个人对其无法预测和控制的罕见或超常的事件而产生的危机。境遇性危机带有随机性、突然性、强烈性、意外性、震撼性和灾难性等特点，如意外交通事故、被绑架、被强奸、突发的重大疾病、亲人、同学好友的死亡、父母离异、重大自然灾害等。

3. 存在性危机

存在性危机是指伴随着重要的人生问题而出现的内部冲突和焦虑。存在性危机往往与重大的人生问题相关联，如人为什么活着、活着的目的和意义是什么、人生的意义何在等。

三、大学生心理危机的表现

人的行为都是内心活动的外在表现，当面临危机时，人的心理和生理都会发生变化。识别大学生个体心理危机可以从以下几个方面来判断。

1. 生理变化

当人处于心理危机中时，身体各系统功能会大受影响，生理变化非常明显，出现如失眠、食欲不振、头痛眩晕、心跳加快、呼吸短促、胸口疼痛、手脚冰凉等生理上的变化。

2. 情绪变化

个体的情绪感受总是伴随着情绪的主观体验，不良的情绪体验是发生心理问题的主要因素，也是判定个体产生心理危机的重要临床指标，异常情绪所造成的负面影响足以产生心理危机，异常情绪包括抑郁、焦虑、淡漠、躁狂等。若大学生的情绪突然改变，明显不同于往常，出现如情绪低落、悲观失望、焦虑不安、无故哭泣、意识范围变窄、忧郁苦闷、烦恼或喜怒无常、易激惹、过分依赖、持续不断地悲伤或焦虑、自我评价丧失、自制力减弱等消极情绪时，就有产生心理危机的可能。

3. 行为变化

行为变化与情绪变化密切相关，不良的情绪必然导致行为的异常，行为异常也是判定个体产生心理危机的重要指标之一。当大学生出现如睡眠困难、饮食或体重明显增加或减少、个人卫生习惯变差、体质或个人卫生状况下降、疲惫、不注意个人仪表、自制力丧失、孤僻独行、无缘无故生气或与人敌对、人际交往明显减少、行为紊乱或古怪、丢弃或损坏平时珍爱的物品、酒精或毒品的使用量增加等非常态行为时，就要注意其是否陷入了心理危机。

4. 学习兴趣下降

正常、有效、良好的学习能力是大学生心理健康的前提和标准。当大学生在智力正常的情况下突然对学习失去兴趣，不去上课，无故缺席，或迟到早退，成绩急剧下降，无法进行正常的学习时，说明其心理状态出现了异常，要予以关注。

5. 自杀意图的流露

与身边人谈论死亡或与死亡有关的问题，如直接说出"我希望我已死去"，

"我再也不想活了",或间接说出,如"我所有的问题马上就要结束了"、"现在没人能帮得了我"、"没有我,别人会生活得更好"、"我再也受不了了"、"我的生活一点意义也没有";或写下遗嘱之类的东西;或者有的已经试图采取过某些方式自杀,当同学出现上述列举的情绪变化和行为反应时,朋辈心理辅导员们一定要高度重视,这些都表明该同学已处于心理危机之中,须及时采取相应的措施。

四、朋辈心理辅导员的心理干预

作为朋辈心理辅导员,平时要注意身边同学的细微变化,特别是要对那些容易出现心理危机的同学予以重点关注,如经济困难、人际交往困难、学习困难、就业困难的同学。在生活中,我们要多给他们关爱与支持,当他们遇到困难的时候,我们要尽己所能去帮助他们解决实际问题,或及时向辅导员老师反映,以避免因这些问题引发心理危机。若发现同学出现了心理危机,朋辈心理辅导员可以运用所学的知识为当事人进行心理干预,同时要及时上报。

朋辈心理辅导员在进行心理危机干预时,应注意做到以下几点:

(1) 耐心倾听并积极关注,让危机当事人感受到被关注的温暖和心理上的支持。

(2) 鼓励当事人将自己的内心情绪表达出来,使负性情绪得以疏泄。

(3) 和当事人一起客观地分析所遇到的困境,使当事人理解目前的境遇,从中找出积极的因素,恢复当事人的自我控制能力,重新建立自信。

(4) 鼓励当事人积极参与社交活动,保持乐观的态度和心境。

(5) 充分发挥社会支持系统的作用,鼓励其多与家人、亲友、同学接触和联系,减少孤独和寂寞感。

第三节 自杀与干预

自杀已成为近年来全世界精神卫生研究领域的重要课题之一,它是影响公众健康的主要问题,给社会和经济的发展带来了极大的消极影响。在我国,自杀是年轻人死亡的首要原因,20~24岁这个年龄段是自杀的高峰期,而大学生恰好处于这一高风险期。最近几年,中国大学生的自杀人数呈逐年上升的趋势,因此,加强自杀预防和干预工作尤为重要,这也成为朋辈心理辅导工作中的一项重要任务。

一、自杀概述

（一）自杀的定义

越来越多的研究表明，自杀不仅是一个严重的社会问题，而且是一个涉及医学、心理学等其他相关学科的重要问题。不同的专家学者从各自不同的角度对它进行了探讨，综合不同学者的观点，我们可以这样定义："自杀是个体蓄意或自愿采取各种手段以结束自己生命的行为。"[①]

自杀行为的发生，无论当事人自杀身亡还是自杀未遂都会给家人、亲友带来极大的痛苦。一人自杀身亡，其身边的家人、朋友、同学和相关服务人员至少6人的情绪和生活会受到长期的影响，他们普遍会有一种罪恶感和自责感，认为自己平时做得不够好，才使得当事人产生自杀的行为，特别是对那些曾经接到当事人发出的求救信号而未予以重视或者是未采取积极有效的措施来预防自杀行为发生的人，他们会更容易自责和内疚，会长时间地生活在内疚、自责的阴影之中。所以，预防自杀行为的发生，不仅仅是挽救当事人的生命，而且还关系到身边人的生活质量，关系到家庭、校园和社会稳定。

（二）自杀的原因分析

当事人为何会选择自杀？导致自杀的原因何在？通常人们所看到的往往都是外因，即诱发因素，实际上，真正决定自杀的是内因。费立鹏等人的研究结果表明："在中国自杀的危险因素相互之间有协同效应，由于各种原因导致某种程度的精神抑郁，继而对自己的生活绝望而自杀。"[②] 以下我们从内、外两方面来进行分析。

1. 外因

引起大学生自杀的外因主要为由生活事件引起的情感危机和情绪障碍。低年级的学生大多是源自于学校生活适应问题，如人际交往、学习适应方面所带来的问题，高年级学生大多是因未来社会适应问题（参见本章第二节的相关内容），由于承受能力和应对能力都比较差，所以，一旦遇到困难，就容易出现应激，想不开就走极端。

2. 内因

内因主要为心理社会因素，主要包括以下五个方面：

（1）自我认知偏差。由于不能正确认识自我，不是过高就是过低地评价自

---

① 章明明、冯清梅、韩肋.2004.大学生心理发展与教育.广州：暨南大学出版社：284
② 王卫红.2006.抑郁症、自杀与危机干预.重庆：重庆出版社：146，147

我，使自己在现实中不断地遭遇挫败，因而失去了信心，失去了生活目标，对生活产生消极评价，久而久之，极易产生悲观厌世的心理，而一些心理脆弱的大学生就容易精神崩溃，出现自杀行为。

（2）安全感和社会归属感的缺乏。由于环境的变化或对环境变化的恐惧，或人际关系遭到破坏，使大学生的安全感和社会归属感降低，其生存的能力、信心和意志也大大降低，因而容易产生自杀想法和行为。

（3）特定的动机。自杀可以有多种不同的动机和目的，大学生自杀的动机往往是想要摆脱来自外界或自身的生理心理压力，如无法解脱的生活问题、情感问题、学业问题等，以此逃避现实的压力。

（4）人格因素。当一个人格不健全、情绪处理方式不成熟的人，面对生活困境时极易选择极端的行为。而具有偏执、过于内向、性格孤僻、易焦虑、无兴趣爱好等特征的学生，往往在遭受挫折时更容易选择自杀。

（5）精神疾病。一些抑郁症、精神分裂症患者是自杀的高危人群。

从上面的分析中可以看出，抑郁心理、自卑心理、抑郁症、精神分裂等精神疾病是引起心理危机、导致自杀等极端行为的主要原因。这提示我们，在日常生活和工作中，要多关注这些群体（有关这部分的内容参见第七章）。

（三）大学生自杀的心理过程

结束自己的生命对任何一个人来说都是一种痛苦的选择，都是内心极度挣扎的结果，做出这种选择绝非一时冲动，而是经过了一个艰难的历程。大学生自杀的心理过程分为三个阶段。

1. 自杀动机形成阶段

有的大学生在遇到挫折或打击后，当感到无力或无法控制事情的发展和结果时，即会产生悲观、厌世的情绪，萌生自杀的想法，或逃避现实，将自杀作为寻求解脱的手段。例如，有位大学生因生活自理能力差，对大学生活难以适应，成绩因此一落千丈，自感生活毫无意义，便决定以自杀来寻求解脱。

2. 心理矛盾冲突阶段

自杀动机产生后，求生的本能又使当事人陷入一种生与死的矛盾冲突之中，一时难以做出自杀决定。此时，他会经常和身边的人谈论与自杀有关的话题，或以自杀来威胁别人，表现出直接或间接的自杀意图，实际这是他向人们发出的寻求帮助或引起别人注意的信号。此时，如能及时得到他人的关注，或在他人的帮助下找到解决问题的办法，当事人很可能就会打消自杀的念头，至少自杀的想法不会像原来那样强烈了；若得不到回应，自杀者就极有可能实施自杀。

3. 危机当事人平静阶段

在这个阶段，当事人似乎已从困扰中解脱出来，不再谈论或暗示自杀，情绪好转，抑郁减轻，显得平静，心情也好了许多，似乎他的心理状态好转了。

这有两种可能：一种可能是经过干预，当事人的心理状态平稳好转；另一种可能是当事人认为自己找到了解决问题的办法，已经做出了自杀的选择，所以，他们不再谈论或暗示自杀，显得心态平稳，而这种状态极有可能是为了摆脱旁人对其自杀行为的阻碍和干预。所以，这个阶段更需要关注。

在自杀行为发生之前，多数人都会流露出自杀的想法或打算。因此，在这三个阶段，只要我们留心注意，都有可能发现危机者欲自杀的线索，如果这时我们发现了并及时提供有效的干预，则自杀行为就可能避免。当然对于理智型的自杀就不是那么容易发现了。

二、大学生自杀的识别

大学生的自杀行为从出现自杀念头到实施自杀行为，往往要经过一段时间。在这段时间里，自杀者多数都会以各种形式向身边的人发出"求助"的信号，如果我们读懂了这些信息，就能够做到对自杀者及时发现、及早干预。这些"求助"的信号，是通过以下两方面来体现的。

在语言方面，自杀者直接告诉身边的人"活着真没有意思"、"太累了，不想活了"、"就要解脱了"、"真没脸活在这个世界上了"、"快点解脱吧"、"再也坚持不下去了"、"这个世界再没什么可留恋的了"等等，也有的在博客、短信或文章中表达自己不想活下去了，或明确地写出自己将于何时、何地离开这个世界等。

在行为方面，行为出现突然的改变，睡眠饮食没有规律，不愿参加集体活动，不学习，旷课，对任何事情都没有兴趣，将以往珍爱的物品送给他人，经常喝酒，借酒浇愁，喝到醉酒，滥用药物，有自伤行为，向身边的人表达感激之情，或向别人道歉，请求别人原谅自己，偿还过去欠的钱物等。

这些"信号"都在提示我们，当事人的自杀想法已经明确，其自杀的危险程度已经很高。除了上面提到的在语言和行为上发出明显"信号"的人之外，还需要重点关注以下类型的学生：有自杀未遂史或家族中有自杀者的学生；患有严重心理疾病，如患有严重抑郁症（在临床上被诊断为抑郁症的人的自杀率，比一般人要高出 20 倍）、恐惧症、强迫症、焦虑症、精神分裂症、情感性精神障碍等疾病的学生；患有严重生理疾病，治疗周期长且很痛苦的学生，或因为患病，使本不富裕的家庭承受更大的经济压力的学生；遭遇突发事件而出现心理或行为异常的学生，如家庭发生重大变故、遭遇性侵害、受到自然或社会意外刺激的学生；存在严重睡眠障碍，如嗜睡或严重失眠的学生；考试期间承受过多压力的学生；因学习成绩不理想或考试失败而出现心理异常的学生；自感无能力完成学业或研究课题的学生；注意力难以集中，内心十分痛苦的学生；

近期恋爱关系破裂而遭受严重打击的学生；与他人纷争而感到丧失"尊严"并引起愤怒、寻求报复的学生；感到极度孤独绝望，有走投无路的感觉，自认为没有谁可以帮助自己的学生；性格非常内向、孤僻、缺乏社会支持的学生；人际互动比以往明显增加或减少的学生；在与人交谈中，明显地表现出语无伦次或答非所问的学生；严重环境适应不良而导致心理或行为异常的学生；家境贫困、经济负担重、严重自卑的学生；由于身边的同学出现个体危机状况而受到影响，产生恐慌、担心、焦虑和困扰的学生；近期情绪波动较大，如情绪过于高涨或低落的学生；控制自我冲动能力差的学生；具有暴力倾向或暴力行为的学生；非常担心毕业后就业问题的学生；经常酗酒或网络成瘾的学生；严重违法违纪的学生；具有高度反社会倾向的学生。①

上面提到的这些类型学生是自杀的"易感人群"，由于他们已经身陷困境，加上人格问题或错误的认知，他们就非常容易陷于绝望的境地而引发自杀行为。

三、自杀的预防与干预

（一）自杀的预防

朋辈心理辅导员作为学校危机干预体系中的一支重要力量，最重要的是要在危机预防中发挥积极的作用。为了避免心理危机事件的发生，并做到有效预防，朋辈心理辅导员除了能够准确识别有重大压力的学生或是有自杀危机的学生外，还应协助学校的老师在学生中开展心理健康教育，提高大学生的心理健康水平，增强大学生抗挫折能力，做到防患于未然。

在日常生活中，朋辈心理辅导员要做到以下几点：

（1）观察并及时反映身边同学的心理动态，尤其是对同学心理危机状况进行按月定期上报，即把同学的心理问题经本院的辅导员及时提交到学校的心理咨询中心。在紧急情况下，可直接与咨询中心的危机干预老师联系。

（2）协助学校做好一年一度的班级同学的心理建档工作。定期收集在同学中存在的一般性心理困惑并及时反馈到上一级机构寻求解答；对需要做心理测试的同学进行集中登记并与心理咨询部门取得联系。这些工作因每个学校的具体情况不同，可按照本校的实际情况开展工作。

（3）组织全班同学开展心理健康教育活动，比如，通过组织演讲、美文赏析、心理知识竞赛、团体训练、校园心理情景剧、心理电影赏析、专家讲座等多种形式普及心理健康知识，培养大学生正确的人生观和价值观，增强大学生应对挫折的能力；尽可能地创造条件让大家多一些交流的机会，以密切同学之

---

① 杨振斌，冯刚．2008．高等学校辅导员培训教程．北京：高等教育出版社

间的关系，让每个同学都建立安全感和归属感，拥有一个稳定的社会支持系统；多介绍一些生活常识，如安全常识等，同学对这些知识了解得越多，对突发的危机事件的控制能力就越强，也就更有信心去面对问题，从而增强了应对危机的能力。

(4) 协助老师开展如"5.25"心理健康教育、生命教育、感恩教育等主题活动，通过开展这些活动，让大学生树立尊重和重视生命的理念，培养大学生珍爱生命、感恩生活、回报社会的意识，让大学生的生命能量不断壮大，去迎接未来的挑战。

(二) 自杀的干预

1. 有关自杀的错误认识

受我国传统文化的影响，在自杀的问题上，人们尚存在一些误区，这些错误的认识影响了干预的效果。因此，要提高干预的成效，首先必须纠正以下错误认识。[①]

(1) 与想自杀的人讨论自杀会诱导其自杀。事实上与想自杀的人讨论自杀，可以使想自杀的人重新看待所面临的困境。想自杀的人，往往是在遇到困难后，悲观绝望到了极点，觉得自己无路可走。通过干预，会使对方客观地分析眼前的困境，从不同的角度去寻找解决问题的出路，发现自身存在的积极力量，从而获得对生活的控制能力。

(2) 说自杀的人不会自杀。而事实上大量自杀身亡的人曾经威胁过别人或者对他人公开过自己的想法。

(3) 自杀是不合理的行为。很多人不能理解当事人为什么选择自杀，但事实上从自杀者的角度看，他这样做是有充足的理由的，在他眼里，唯有自杀才是解决问题的最好出路。

(4) 自杀者患有精神病。事实上有一小部分自杀未遂者和自杀成功者患有精神疾患，如抑郁症、精神分裂症等。他们中也有很多人是因遭遇到重大的负性生活事件，如失恋、被虐待、受打击、人际冲突等，而产生强烈的抑郁、孤独、绝望、无助等情绪体验。处于这种慢性痛苦时期，一些事件的出现就会起到"扳机"的作用，触发自杀。

(5) 自杀发生在家族中，具有一种遗传倾向。事实上自杀倾向并没有遗传性，但这种用自杀来摆脱困境或解除痛苦的行为方式，会给他人带来示范效应，其他人在遇到困境时，可能会采取相同的方法。

(6) 想过一次自杀就会总想自杀。事实上大部分人只是在他一生中的某个时刻产生自杀企图，他们中大多数人能从短时的威胁中恢复过来，学会适应和

---

① 詹姆斯.2006.危机干预策略.肖水源等译.北京：中国轻工业出版社；246，247

控制，使自己的生活丰富多彩，免受自我冲突的威胁。

（7）一个人自杀未遂后自杀危险可能结束。事实上自杀最危险的时候可能是情绪高涨时期，即当想自杀的人严重抑郁后变得情绪活跃起来的时候。一个危险的迹象是在抑郁或者自杀后出现的"欣然"期，所以，对自杀未遂者解救过来后，依然要加强看护。

（8）一个想自杀的人开始表现慷慨和分享个人财产时，表明这个人有好转和恢复的迹象。事实上大多数想自杀的人在情绪好转后，才有精力开始做出一定的计划，安排他们的财产。这种安排个人财产的行为有时候类似于最后的愿望和遗嘱，这恰是表明自杀者的危险性越来越高。

（9）自杀是一种冲动行为。事实上有些是冲动行为，而有一些则是深思熟虑的结果，对后者，人们很难发现。

当我们澄清了错误的认识之后，才会明白为何对自杀者发出的"信号"要引起高度的重视。

2. 对有自杀倾向的危机者的干预

如果发现身边的同学有自杀倾向或自杀的可能性时，我们应在第一时间向所在院系的辅导员报告，同时要与心理咨询中心的老师联系。在此，朋辈心理辅导员不要有顾虑，认为自己是告密者；相反，我们是挽救同学生命的心灵天使。即便是判断失误，老师也不会责怪你们，因为在这个问题上我们宁可判断失误，也不能有任何的疏忽大意。

若情况紧急，联系不上老师，同学们在现场就要立即对处于危机中的同学进行干预。在这个过程中，不要惊慌，应注意做好以下几点：

（1）保持冷静，耐心倾听，让他说出自己内心的感受，要无条件地接纳他，并适当地予以回应。可以这样说"你怎么了"、"我在这儿陪你"、"我知道你很难过，我怎样做可以帮到你"、"遇到这样的问题，谁都会痛苦难过的"、"我很关心你"等，以表示对他的关心。往往选择自杀的同学都认为自己是被全世界抛弃的人，所以你的关心会让他感到温暖。当然，如果危机者站在高处等危险的地方时，我们要注意保持距离，首先要保证自身的安全，其次才是如何开展工作。

（2）不要试图说服同学改变自己的想法。他有这样的想法一定有他的原因，不要否定对方的想法，不要试图去说服对方，不要用此类的话来否定对方的感受，这只能增强他的逆反心理，如"你太情绪化了"、"你太不懂事了"、"你太软弱了，你要坚强一点"、"情况没你想象得那么严重"、"你真没出息"、"真让我失望"等。这时应该鼓励对方把他的问题讲出来，如"看你那样难过，一定是遇到了特别不开心的事，如果你能讲出来，我们就有可能找到解决问题的办法"，"看你很难过，就哭出来吧"，让对方尽情纾解，把委屈、痛苦、不满和压抑表达出来。当他的负性情绪表达出来后，他的理智才能恢复。

（3）相信同学所说的话，任何自杀迹象均应认真对待；要询问同学是否有自杀的想法或具体计划，不要担心因为自己问到这个问题而会诱发他的自杀行为，如"你这样难过，想过怎样解决吗？"、"接下来，你会怎样做？"以此来了解其自杀想法的强烈程度和自杀激化的危险程度。此时，绝不要答应对他的自杀想法予以保密，同时要及时将这一信息向辅导员和心理咨询中心的老师汇报，这与对朋友不忠绝对不是一回事。

（4）让危机者相信别人是可以给其提供帮助的，并鼓励其寻求他人的帮助和支持；朋辈心理辅导员也要尽量取得他人的帮助，以便与你共同承担帮助同学的责任，这样有助于减轻你的压力。

（5）如果你认为同学有即刻自杀的危险，要立即采取措施，不要让同学独处或将其转移至安全的地方；要去除可以自杀的危险物品；陪其前往精神心理卫生机构，寻求专业人员的帮助。

3. 对自杀未遂者的干预

对自杀未遂者的干预，朋辈心理辅导员要协助学校的老师、医生确定危机当事人是否还有生命危险，身体是否受伤，必要时要送医院；同时立即通知他的家人，在其家人未来之前，要有专人看护，接下来心理老师要为危机当事人提供心理支持和治疗。这期间，朋辈心理辅导员应多与其交流，帮他做一些事情，让其体会到同学的情谊、集体的温暖，这对心理治疗很有好处。

4. 对自杀当事人身边的人的干预

目睹事发经过和当事人身边的人，如同学、老师、亲友、家长以及救援人员等，在事件发生后应当接受心理干预；筛查虽不在现场但是需要心理关注的学生；有严重躁狂、抑郁等情感障碍的学生，曾有自杀未遂史的学生，曾在重大危机事件中遭受过严重创伤者，从精神科医院治疗后回到校园的精神疾病康复者等，这些人群也应接受心理辅导。朋辈心理辅导员可按照上边所列条件协助老师确定接受危机干预的人员。

四、朋辈心理辅导员的自我身心保护

在危机现场对危机者实施干预应是受过专门训练的专业人士的工作。朋辈心理辅导员由于没有接受过专门训练，也没有这方面的经验，原则上不需要做这项工作。但在危机现场，由于事发突然，情况紧急，需要朋辈心理辅导员挺身而出去陪伴当事人，这需要一定的勇气和毅力，不管最后的结局如何，朋辈心理辅导员都已尽力了，所以要从内心深处感激自己。如果觉得疲劳的话，就要好好地睡一觉，好好地放松自己，不要让当事人影响了自己的生活，因为我们每个人都有拥有快乐生活的权利。如果感觉内心有压力或不适，应立即找咨询中心的老师接受辅导。

此外，我们要明白一个道理：在危机事件应急处理和心理危机干预工作中，由于时常面对生活中的各种遭遇和他人心理的极度变化，我们也会产生各种心理压力，这是非常正常的，我们自己必须明白从事危机事件救援和心理危机干预的人也会受到影响。

在进行心理干预的过程中，朋辈心理辅导员可能会出现下列生理上的反应，如精力不足，感觉疲劳，经常地、长时间地发冷，不明原因的头疼，睡眠问题（如失眠、做噩梦、睡不醒、早醒），溃疡，胃肠功能紊乱，消瘦或者发胖，以前得的疾病或陈伤突然发作，肌肉疼痛（如肩膀、背部、腰部），经前综合征反应严重；情绪上出现压抑、无助、受骗、愤怒、挫折等感受，担心自己发疯，反应过敏或反应迟钝；对生活有幻灭和失望的体验，道德信念降低，集中注意自己的"失败"，失去对学习、工作的兴趣，失去对他人的信任，对自己、对他人都无所谓；行为上常常表现为无故缺席，对刺激物品的欲求提高（如咖啡因、酒精、烟草、药品），办事拖拉，难以用口头语言或书面语言表达自己，不愿表现自己或者工作效率降低，活动过度或者懒于活动，喜欢冒险，不尊重他人等。当出现上述反应的时候，我们需要提醒自己关注自身的变化，寻找出根源，并做出相应的调整，必要的时候，也应当接受咨询中心老师的专业辅导。

在平时的学习和生活中，我们要关注自己的心灵成长，注意培养自己对这份工作的热情、责任感和神圣感，树立心理咨询的"助人自助"理念，始终保持一种乐观、积极向上的精神风貌；建立社会支持系统，密切与老师和同学的关系；合理安排自己的作息时间，积极参加体育锻炼，培养多种兴趣爱好，让自己的生命充满生机与力量。

思考与练习

1. 联系生活实际解释什么是心理危机。
2. 心理危机干预的基本原则是什么？
3. 如何进行自杀心理识别？
4. 结合自身体会，谈谈朋辈心理辅导员如何做好身心保护？

参考文献

陈国海,刘勇.2001.心理倾诉:朋辈心理咨询.广州:暨南大学出版社
陈家麟.2004.学校心理健康教育——原理与操作.北京:教育科学出版社
樊富珉.2002.大学生心理健康教育研究.北京:清华大学出版社
樊富珉.2005.团体心理咨询.北京:高等教育出版社
冯建国,黄艳华.2009.大学生心理健康教育.哈尔滨:黑龙江人民出版社
贺淑曼,聂振伟,金树湘等.1999.人际交往与人才发展.北京:世界图书出版公司
侯杰.2008.大学贫困生"心理贫困"问题和对策探析.海峡科学,(2)
黄小忠,龚阳春,方婷等.2007.朋辈咨询的发展与启示.中国学校卫生,(12)
江光荣.2001.心理咨询与治疗.合肥:安徽人民出版社
江光荣.2005.心理咨询的理论与实务.北京:高等教育出版社
莱蒙·凯文.1988.排行学.黑火,黑石译.北京:华岳文艺出版社
李海红,隋丽丽.2007.高校同辈咨询开展状况的调查分析.广西青年干部学院学报,17(6)
李群.2008.运用"同伴辅导"模式促进学生合作学习的研究.网络科技时代,(8)
李泰山.1996.同侪辅导的理论基础与效果研究.辅导季刊,31(4):24~29
李泰山.1999.大专学生同侪辅导者训练模式之建立与分析研究:以勤益工商专校为例.台湾彰化师范大学博士学位论文
林崇德,方晓义.2002.咨询心理学.北京:高等教育出版社
刘新颜.2008.城市生源大学生中独生与非独生子女心理健康状况的比较研究.中国校外教育(理论),(9)
[美]Sharf R S.2000.心理治疗与咨询的理论及案例.胡佩诚等译.北京:中国轻工业出版社
牛格正.1994.同侪辅导的理论基础.辅导季刊,30(2):41~49
萨特.2005.存在主义是一种人道主义.周煦良,汤永宽译.上海:上海译文出版社
申荷永.2004.荣格与分析心理学.广州:广东高等教育出版社
施榕,朱静芬,蔡泳等.2001.大学生艾滋病/性病/安全性行为同伴教育过程评价.上海预防医学杂志,13(1):18~19
石芳华.2007.探析美国学校中的朋辈心理咨询.健康教育与健康促进,2(1)
苏英姿.2006.大学生朋辈心理辅导模式的构建.玉林师范学院学报,27(4)

王磊.2007.同伴辅导在教学中的作用.职业时空,(17)

王晓红.2006.同伴辅导对二语听力理解的影响.西北师范大学硕士学位论文

徐刚,叶冬青,王德斌等.2004.某医科大学学生艾滋病同伴教育效果评价.中国学校卫生,25(4):422~424

颜农秋.2007.朋辈心理辅导理论与技巧.广州:中山大学出版社

袁有华,马昌保.2008.朋辈心理辅导在心理危机干预中的作用.四川教育学院学报,24(7)

张日昇.2002.咨询心理学.北京:人民教育出版社

张淑敏.2006.朋辈辅导在大学生心理健康教育中的应用性研究.社会心理科学,21(1)

张小远,俞守义,赵久波等.2007.独生子女与非独生子女大学生心理健康状态和素质的对照研究.南方医科大学学报,(4)

郑日昌.2000.心理辅导的新进展.心理科学,23(5):599~602

周一贯.1988."同伴辅导法"的理论和实践.湖南教育,(12)

Benard B. 1990. A Case for Peers. Northwest Regional Educational Laboratory, Portland, Oregon

Brown W F. 1965. Student-to-student counseling for academic adjustment. The Personal and Guidance Journal, 43: 811~817

Hamburg B A, Varenhorst B B. 1972. Peer counseling in the secondary schools: a community mental health project for youth. American Journal of Orthopsychiatry, 42(4): 566~581

Johns T, Carlin D. 1994. Philadelphia peer mediation program: report for 1992~1994 period. Good Shepherd Neighborhood House

Norcross J C, Grencavage L M. 1989. Eclecticism misrepresented and integration in counseling and psychotherapy: major themes and obstacles. British Journal of Guidance and Counseling, 17: 227~247

Varenhorst B B. 1984. Peer counseling: past promises, current status, and future directions. In: Lent R W. Handbook of Counselling Psychology. New York: John Wiley and Sons

Vriend T J. 1969. High performing inner-city adolescents assist low performing peers in counseling groups. Person Guid Journal, 47: 897~904